煤矿安全生产管理人员安全培训教材
（复训）

主　　编　黄定国
副 主 编　张彦宾　许胜军

U0275213

中国矿业大学出版社

内容提要

本书是按照 2012 年颁布的《安全生产培训管理办法》、《煤矿安全培训规定》和 2013 年颁布的《安全资格考试与证书管理暂行办法》，根据煤矿安全生产的特点和煤矿安全生产管理人员复训的需要编写的。书中主要介绍了新修订或颁布的法律法规、行业标准，最具推广趋势的新技术与新装备，以及新规定和新事故案例。

本书适用于煤矿安全生产管理人员安全资格复训，也可供煤矿矿长和工程技术人员参考。

图书在版编目(CIP)数据

煤矿安全生产管理人员安全培训教材：复训/黄定国主编 . —徐州：中国矿业大学出版社，2016.3
ISBN 978-7-5646-2913-7

Ⅰ．①煤… Ⅱ．①黄… Ⅲ．①煤矿－安全生产－管理人员－安全培训－教材 Ⅳ．①TD7

中国版本图书馆 CIP 数据核字(2015)第 270897 号

书　　名	煤矿安全生产管理人员安全培训教材(复训)
主　　编	黄定国
责任编辑	陈　慧
出版发行	中国矿业大学出版社有限责任公司
	（江苏省徐州市解放南路　邮编 221008）
营销热线	(0516)83885307　83884995
出版服务	(0516)83885767　83884920(举报电话)
网　　址	http://www.cumtp.com　E-mail：cumtpvip@cumtp.com
印　　刷	北京市密东印刷有限公司
开　　本	787×1092　1/16　印张　12.25　字数　298 千字
版次印次	2016 年 3 月第 1 版　　2016 年 3 月第 1 次印刷
定　　价	35.00 元

（图书出现印装质量问题，本社负责调换。盗版盗印必究。）

全国煤矿三项岗位人员安全培训统编教材(复训)

编审委员会

序　言

2015 年，全国事故总量保持继续下降态势，事故起数、死亡人数同比分别下降 7.9％、2.8％；煤矿事故起数和死亡人数同比分别下降 32.3％、36.8％。但是，安全生产形势依然严峻复杂，尤其是重特大事故仍时有发生且危害严重。

2016 年 1 月 15 日全国安全生产工作会议上，国家安全监督管理总局副局长、国家煤矿安全监察局局长黄玉治就 2016 年煤矿安全作专题部署，强调要强化安全红线意识，把防范遏制重特大事故作为首要任务，把淘汰退出落后和不具备安全保障能力的煤矿作为治本举措，着力推进依法治安、科技兴安、基础保安，强化责任、狠抓落实，促进煤矿事故总量继续下降、死亡人数继续减少。

实现我国安全生产状况的根本好转，必须致力于提高全民的安全文化素质。安全培训工作就是保障人的生命安全重要的基础工作。

按照国家安全监督管理总局、国家煤矿安全监察局"加强安全培训大纲和教材建设，根据不同类别、不同层次、不同岗位人员需要，组织编写安全培训教材"的要求，为提高煤矿企业主要负责人、安全生产管理人员、特种作业人员（简称三项岗位人员）培训质量，针对煤矿三项岗位人员工作特点，结合当前安全培训工作实际，我们组织编写了《全国煤矿三项岗位人员安全培训统编教材（复训）》。

教材编审者是来自全国各省级煤矿安全培训主管部门、科研院所、安全培训机构和煤矿企业的具有较高水平和较强责任感的专家学者。教材编写以国家最新颁布的煤矿安全生产相关法律法规、标准为依据，紧密结合煤矿三项岗位人员培训大纲和考核要求（AQ 标准），紧扣煤矿三项岗位人员考试题库，尽量避免与初训教材重复，以确保教材高质量。

对比初训教材，煤矿主要负责人和安全生产管理人员的复训教材，进一步扩大了知识技能的广度和深度,通过近年来典型事故案例分析,总结了煤矿事故的新规律和新特点,阐明了事故防治的新理念、新理论、新技术、新方法和新措施。特种作业人员的复训教材,突出了实际操作技能,力求使不同地区的特种作业人员"看得懂,记得住,用得上",具有较强的创新性、针对性和实用性。

《全国煤矿三项岗位人员安全培训统编教材(复训)》的出版与使用,必将对我国煤矿安全生产培训工作取得显著成效具有促进作用。

《全国煤矿三项岗位人员安全培训统编教材(复训)》
编审委员会
2016 年 2 月

前　言

　　从事煤矿安全培训工作以来，经常有学员问，为什么要到培训机构进行培训？安全培训到底起到什么作用？我在家自学不行吗？这些问题解答不了，就无法让学员安心培训，更谈不上达到预期的培训效果。为此，我们组织人员进行专题研究，提出了安全培训八字理念，即"警醒、充电、交流、解惑"，得到了学员们的广泛赞同。

　　警醒：日常繁忙的工作让人穷于应付，难免有安全生产之弦松弛的时候，可是自己可能浑然不觉。培训就是让你暂时脱离事务缠绕，专心聆听安全警钟，在头晕脑涨之际冷水浇顶，骤然猛醒，牢记"安全第一"的天职。

　　充电：21世纪正在发生知识爆炸，新的安全理念、安全知识、安全技术和安全装备不断出现。培训就是充电器、加油站，让你不断进行知识更新，永远站在安全管理和技术的前沿，给安全生产不断注入新的营养和活力。

　　交流：煤矿安全生产条件复杂多变，不同地区和岗位各有自己的安全管理心得和技术妙招，众多的经验需要共享。培训就是提供交流平台，学员同学之际，同行之间相互切磋，取长补短，共同提高。

　　解惑：长期工作在煤矿生产第一线，有太多的疑问需要回答，太多的难题需要破解，培训就是一座桥梁，连接你和专家学者，帮你解决实际问题。

　　正是基于这个理念，在编写这本复训教材时就有了明确的目标，就是致力于帮助煤矿安全生产管理人员：一是了解新形势，明白当前煤矿安全生产的形势和任务；二是把握新方向，知晓国家煤矿安全生产的新方针、新政策、新举措、新部署；三是学习新知识，掌握新法规、新标准、新理论、新技术、新装备、新经验；四是敲响新警钟，聆听新事故、新教训，打造一本针对性、实用性和新颖性较强的培训教材。本教材全篇强调一个"新"字，力求向学员传达最新的知识和动态，避免与以往教材内容的简单重复。除事故统计时间跨度较大之外，教材中出现的安全生产形势、法律法规、规章标准、文件精神、管理活动基本上都是2013年以来的。新技术、新装备、新经验、新案例也是原则上只介绍2013年以来发布的，个别事故案例由于最新事故还没有权威的调查报告，采用了2012年的。

　　由于我国统计工作还不尽如人意，很多基础数据难以从一个权威的统计源获得,只能由编者从不同渠道获取。而不同的统计口径差异较大,编者尽可能多方兼顾,平衡取舍,但仍难免偏颇,出现差错。

本教材由河南理工大学安全技术培训中心长期从事煤矿安全培训管理和教学工作的黄定国、张彦宾、许胜军、申霞、闫刚、余华中等同志编写。由于编者水平所限,其中定有不妥之处,敬请广大读者指正。

本教材的编写得到了中国矿业大学(北京)安全技术培训中心的大力支持和帮助,参考了以往众多同仁编写的培训教材和专家学者的著作,在此一并表示感谢!

编　者

2016 年 2 月

目　　录

第一章　煤矿安全生产形势与任务

第一节　我国煤炭行业形势

一、煤炭行业生产状况

2012 年,我国煤炭经济运行总体保持平稳,全国煤炭产量 36.6 亿 t,比上年增长 4% 左右;全年进口煤炭 2.89 亿 t,同比增长 29.8%;出口 926 万 t,同比下降 36.8%。2012 年煤炭采选业固定资产投资累计完成 5 286 亿元,同比增长 7.7%。

2013 年,我国煤炭市场继续呈现总量宽松、结构性过剩态势,全国煤炭产量 39.67 亿 t 左右,消费量 36.1 亿 t,消费量增速降至 2.6%;全国进口煤炭 3.27 亿 t,出口 751 万 t,净进口量达 3.2 亿 t。

2014 年,我国煤炭产量 38.7 亿 t,比上年减少 2.5%;全国煤炭消费量 35.1 亿 t,比上年减少 2.77%;煤炭进口 2.91 亿 t,出口 574 万 t,分别下降 10.9% 和 23.5%。

2015 年,全国规模以上煤炭企业原煤产量 36.85 亿 t,同比减少 1.34 亿 t,下降 3.5%。全年共进口煤炭 2.04 亿 t,同比下降 29.9%;出口 533 万 t,同比下降 7.1%;净进口 1.99 亿 t,同比减少 8 700 万 t,下降 30.4%。

目前,我国煤炭需求增长乏力,进口煤总量较大,存煤量居高不下(预计存煤 4 亿 t 以上),煤价下行压力依然存在,煤炭经济持续向好的基础仍不牢固。

二、煤炭行业发展趋势

当前我国经济处于三期叠加(增长速度换挡期、结构调整阵痛期和前期刺激政策消化期)之下,而这三期都对煤炭行业影响巨大。中央提出的经济新常态对煤炭工业发展提出了新的要求,既有压力和挑战,也有机遇和促进。如何在新形势下保持我国煤炭工业健康稳定发展,成为所有煤炭人必须认真思考的问题。

正如李克强总理在 2015 世界经济达沃斯论坛所讲,中国宏观经济的走势是缓中趋稳、稳中向好,但稳中有难,总体是机遇大于挑战。从产业链角度来看,大规模的基础设施建设仍将继续维持电力、钢铁、建材和化工行业持续增长,使煤炭产业链下游行业保持平稳增长,维持煤炭工业一定的景气度。

在各级政府积极推进煤炭产业结构调整和资产重组的大环境下,未来国内煤炭企业市场集中度将显著提升,煤炭市场竞争格局也将得到根本改变。

在一系列煤炭脱困政策扶持下,煤炭市场已经出现一些积极变化,产量无序增长的势头得到一定遏制,煤价出现回升势头,市场信心有所恢复。2015 年,我国经济仍将面临较多风险和挑战,但在坚持稳中求进的总基调下,国内经济走势将保持平稳增长态势,加之利好煤炭行业的相关政策持续发力,行业发展的整体环境将稳中向好。但"去产能"将是一个漫长而艰难的过程,我国煤炭行业仍将面临高库存、低需求、短资金的严峻挑战。抓住机遇,加快推进转型升级，是煤炭行业亟待解决的问题，也是摆脱困境、走出严冬的最佳出路。总体来看，我国煤炭行业未来会有以下三大趋势。

（一）总量宽松局面仍将持续

据中国煤炭工业协会预计，我国煤炭产能将在 2014～2015 年陆续释放，甚至可能在 2016 年达到峰值，加之当前巨大的库存压力，市场供应体量明显缩减的可能性不大。此外，虽然国家采取增收进口关税，提高准入门槛等措施限制进口煤，但全球煤炭过剩、国际煤价低位运行的状况无明显改善，煤炭进口仍保持较大规模，进一步加大了煤炭市场供应量。煤炭供求失衡的问题难以在短时间内发生根本性转变。

（二）煤炭需求将低速运行

随着我国产业结构调整的继续深化和节能减排与环境保护力度的不断加大，煤炭消费增长仍将低速运行。《能源行业加强大气污染防治工作方案》提出，到 2017 年煤炭占一次能源消费总量的比重降低到 65% 以下，京津冀、长三角、珠三角等区域力争实现煤炭消费总量负增长。随着国家支持清洁能源发电的优惠政策相继出台，未来风能、太阳能、水能等清洁能源将会迎来比较好的发展机会，将进一步降低对煤炭的需求。

（三）煤炭价格上行动力不足

2014 年 10 月以来，由于供给回落、季节等因素作用，煤炭价格触底反弹，累计涨幅近一成。后期来看，受高库存、低需求的制约，加之海运价格持续走低压缩成本，导致煤炭价格上行动力不足。然而，从企业盈利状况看，煤炭价格已处于底部，加之国际煤炭供应商减产以及我国救市政策持续发力，煤炭价格继续大幅走低的可能性不大，预计 2015 年国内煤炭价格将呈低位波动态势。

三、应对措施

2014 年 9 月 16 日，国家煤监局副局长宋元明在"50 个煤矿安全重点县中央企业所属煤矿和省属重点煤矿主要负责人培训班"开班典礼上提出了应对煤炭行业困局的 5 条举措：

（1）适当限产，调控煤炭供应总量。

（2）统筹国内市场，控制煤炭进口总量。

（3）加强质量监督，严格控制劣质煤进入国内。

（4）加大支持力度，减轻税负，提升煤炭企业生存发展能力。

（5）深化改革，促进煤炭行业健康发展。

第二节　　我国煤矿安全生产形势

一、安全生产总体形势

近年来全国发生事故和死亡人数情况统计如表 1-1 所列。

表 1-1　　　　　　　　近年来全国发生事故和死亡人数情况统计

年份	事故起数	死亡人数	亿元 GDP 事故死亡率	工矿商贸 10 万从业人员事故死亡率
2008	413 752	91 172	0.312	2.82
2009	379 248	83 196	0.248	2.40

续表 1-1

年份	事故起数	死亡人数	亿元 GDP 事故死亡率	工矿商贸 10 万从业人员事故死亡率
2010	363 383	79 552	0.201	2.13
2011	347 782	75 572	0.173	1.88
2012	337 805	71 983	0.142	1.64
2013	310 105	69 434	0.124	1.52
2014	299 251	68 061	0.107	1.33

2008~2014 年，我国总体安全生产形势逐年全面好转。事故起数从 41.4 万起降到 29.9 万起、下降 27.7%，死亡人数从 9.1 万人降到 6.8 万人、下降 25.3%；重特大事故起数由 96 起降到 40 起，死亡人数由 1 973 人降到 562 人，分别下降 58.3% 和 71.5%；亿元 GDP 事故死亡率、工矿商贸 10 万从业人员事故死亡率分别下降 65.7% 和 52.8%。

2014 年，全国安全生产继续保持向好态势，实现了"三个继续下降、二个进一步好转"。

（1）事故总量继续下降。事故起数和死亡人数同比分别下降 3.4% 和 4.9%。

（2）重特大事故总量继续下降。事故起数和死亡人数同比分别下降 17.6% 和 13.5%。

（3）主要相对指标继续下降。亿元 GDP 事故死亡率同比下降 13.7%，工矿商贸 10 万从业人员事故死亡率下降 12.5%，煤矿百万吨死亡率同比下降 11.5%，道路交通万车死亡率下降 7.7%。

（4）煤矿等重点行业领域安全生产状况进一步好转。煤矿事故起数和死亡人数同比分别下降 16.3% 和 14.3%，重特大事故同比分别下降 12.5% 和 10.5%。

（5）各地区安全生产状况进一步好转。全国 32 个省级统计单位中，有 30 个单位事故量在控制范围以内，16 个单位实现事故起数和死亡人数双下降，天津、内蒙古、上海等 10 个单位没有发生重特大事故。

二、煤矿安全生产形势

2013 年，煤矿安全生产形势稳定好转，全国发生各类事故 604 起，死亡和失踪 1 067 人，同比分别下降 22.5% 和 22.9%。其中较大事故同比分别下降 31% 和 24.8%，重特大事故同比分别下降 12.5% 和 10.3%。煤矿百万吨死亡率 0.293，同比下降 23%。

2014 年，煤矿安全生产形势进一步好转，全国共发生各类煤矿事故 509 起，死亡 931 人，同比减少 99 起，少死亡 155 人，事故起数和死亡人数同比分别下降 16.3% 和 14.3%，重特大事故同比分别下降 12.5% 和 10.5%。煤矿百万吨死亡率同比下降 11.5%。

2015 年，煤矿安全生产形势进一步好转，表现为"六个继续下降、两个全面完成"。一是事故总量继续下降，二是较大事故继续下降，三是重特大事故继续下降，四是百万吨死亡率继续下降，五是大多数产煤地区煤矿事故继续明显下降，六是所有月份煤矿事故均继续下降。全面完成 2015 年度控制指标；全面完成煤矿安全生产"十二五"规划目标。

近年来全国煤矿安全事故情况统计如表 1-2 所列。

表 1-2　　　　　　　　　近年来全国煤矿安全事故情况统计

年份	事故总量			较大事故		重大事故		特别重大事故	
	事故起数	死亡人数	百万吨死亡率	事故起数	死亡人数	事故起数	死亡人数	事故起数	死亡人数
2010	1 403	2 433	0.749	110	517	18	294	6	238
2011	1 201	1 973	0.564	85	412	20	307	1	43
2012	779	1 384	0.374	71	351	15	225	1	48
2013	604	1 067	0.288	46	224	13	209	1	36
2014	509	931	0.241	46	193	14	229	0	0
2015	352	598	0.162	35	157	5	85	0	0

从总量来看,乡镇煤矿事故起数、死亡人数和死亡人数所占比重都逐年下降,反映出近年来乡镇煤矿整合清理有一定成效。但如果考虑到产量因素,乡镇煤矿的安全生产形势仍然远远劣于地方国有和国有重点煤矿,依然是今后治理的重点。国有重点煤矿和地方国有煤矿,在全国煤矿死亡人数总体连年下降的情况下,不论是死亡人数还是所占比重都起伏不定,特别是重大以上事故死亡人数和所占比重起伏甚大,安全形势不容乐观。

从 2015 年各类事故死亡人数看,顶板、瓦斯、运输、水害事故总量大,顶板、运输、其他事故事故总量下降幅度大,水害较大事故起数和死亡人数同比上升幅度较大。重大事故中瓦斯事故仍最突出,是防范和遏制重特大事故的重点。

近年来全国乡镇煤矿安全事故情况统计如表 1-3 所列。

表 1-3　　　　　　　　近年来全国乡镇煤矿安全事故情况统计

年份	事故总量			较大事故			重大以上事故		
	事故起数	死亡人数	死亡人数比重/%	事故起数	死亡人数	死亡人数比重/%	事故起数	死亡人数	死亡人数比重/%
2010	970	1 700	69.87	78	377	72.92	17	362	68.05
2011	833	1 391	70.50	61	303	73.54	15	244	69.71
2012	506	965	69.73	46	238	67.81	14	235	86.08
2013	324	581	54.45	32	153	68.30	6	102	41.63
2014	269	493	52.95	27	118	61.14	6	100	43.67
2015	165	315	52.68	23	111	70.70	3	42	49.41

注:死亡人数比重是指占全国该级别事故死亡人数的比重。

近年来全国地方国有煤矿安全事故情况统计如表 1-4 所列。

表 1-4　　　　　　　　近年来全国地方国有煤矿安全事故情况统计

年份	事故总量			较大事故			重大以上事故		
	事故起数	死亡人数	死亡人数比重/%	事故起数	死亡人数	死亡人数比重/%	事故起数	死亡人数	死亡人数比重/%
2010	195	262	10.77	10	41	7.93	2	21	3.95
2011	175	244	12.37	11	56	13.59	2	57	16.29
2012	135	191	13.80	13	60	17.09	0	0	0

续表 1-4

年份	事故总量			较大事故			重大以上事故		
	事故起数	死亡人数	死亡人数比重/%	事故起数	死亡人数	死亡人数比重/%	事故起数	死亡人数	死亡人数比重/%
2013	144	203	19.03	6	33	14.73	1	25	10.20
2014	121	203	21.80	7	28	14.51	4	53	23.14
2015	71	80	13.40	0	0	0	0	0	0

注:死亡人数比重是指占全国该级别事故死亡人数的比重。

近年来全国国有重点煤矿安全事故情况统计如表 1-5 所列。

表 1-5　　　　　　　　近年来全国国有重点煤矿安全事故情况统计

年份	事故总量			较大事故			重大以上事故		
	事故起数	死亡人数	死亡人数比重/%	事故起数	死亡人数	死亡人数比重/%	事故起数	死亡人数	死亡人数比重/%
2010	238	471	19.36	22	99	19.15	5	149	23.58
2011	193	293	14.85	13	53	12.86	4	49	14.00
2012	138	228	16.47	12	53	15.10	2	38	13.92
2013	136	283	26.52	8	38	16.96	7	118	48.16
2014	119	235	25.24	12	47	24.35	4	76	33.19
2015	116	203	33.90	12	46	29.30	2	43	50.06

注:死亡人数比重是指占全国该级别事故死亡人数的比重。

三、挑战和机遇

（一）直面挑战

1. 市场变化加大煤矿安全生产压力

"十二五"期间煤炭行业冰火两重天。前期煤炭价格高位运行,个别地区和煤矿企业不能正确处理安全与生产的关系,不能始终把安全生产摆在第一位,盲目追求产量和经济效益;个别煤矿安全生产责任落实不到位,非法违法生产经营建设、超能力、超强度、超定员生产和违章指挥、违章作业、违反劳动纪律现象仍较为严重。后期需求减弱,经营困难,致力于企业脱困,忽视安全生产。

2014 年 9 月 4 日,国家煤矿安全监察局副局长宋元明在煤炭行业脱困工作视频会上讲话指出,目前煤炭行业现状对煤矿安全带来新的影响:一是长期亏损下去,势必影响安全投入,导致安全设施上不去,安全装备的维护和更新跟不上,煤矿安全保障程度下降;二是企业应对煤炭市场竞争和工资欠发、缓发和停发等问题,必将分散煤矿企业领导抓安全的精力,影响煤矿技术人员的稳定和井下一线矿工的情绪,煤矿安全管理、技术管理和现场管理的难度加大;三是在以量补价、低价促销占领市场的环境下,带来了煤炭行业总体减产但局部严重超产的态势,部分大矿严重超能力、超强度生产,引发大事故的风险加大;四是部分小煤矿用违法的方式应对市场竞争,超层越界盗采国家资源,用假图纸欺骗监管,采取不投入、少投入的手段降低成本。

2. 安全基础仍然薄弱,保障能力低

目前,全国煤矿企业平均产能低,专业技术人员匮乏,井下一线工人流动性大,安全生产整体素质有待提高。生产工艺技术落后,设备陈旧老化,安全管理水平低。煤矿尘肺病等职业危害仍较为严重。兼并重组中矿井跨行业、跨地区扩张现象多,办矿标准多层次、办矿格局多元化,现场管理相对薄弱,事故易发。

3.煤矿灾害日趋严重

我国煤矿约91%是井工矿,在世界主要产煤国家中开采条件最复杂。煤矿开采深度平均每年增加20 m以上,随着开采深度和开采强度的不断增加,相对瓦斯涌出量平均每年增加1 m³/t左右,高瓦斯矿井数量每年增加4%,煤与瓦斯突出矿井数量每年增加3%。矿井突出危险性加大,水、火、冲击地压、热害等灾害越来越严重,防灾抗灾难度加大。

(二)抓住机遇

1.加强和创新社会管理,为做好煤矿安全工作提供了根本保证

《中共中央国务院关于加强和创新社会管理的意见》进一步明确提出加强法律法规、政策标准、技术服务、应急处置和救援、社会监督、宣教培训体系建设,落实企业主体责任和地方各级政府监管责任,深化安全生产标准化创建工作和煤矿安全生产专项整治等,为加强和改进新时期安全生产工作指明了方向;《国务院办公厅关于进一步加强煤矿安全生产工作的意见》和有关安全生产工作的一系列重大举措是进一步加强煤矿安全生产工作的重要准则和得力抓手;国家"十二五"规划纲要设立了"严格安全生产管理"专节,从落实企业主体责任、政府监管等方面提出了工作重点和奋斗目标。

2.加快经济发展方式转变,为做好煤矿安全工作提供了重要机遇

随着经济发展方式转变步伐的不断加快和煤炭大集团、大基地建设的稳步实施,煤矿企业兼并重组进一步加快,淘汰落后产能进一步推进,煤炭产业结构进一步优化,有助于尽快解决煤炭行业增长方式粗放、技术落后、安全保障能力低等制约煤矿安全生产的深层次和结构性问题,为煤矿安全生产工作提供了重要机遇。

3.建立健全"六大体系"和全面提升"六个能力",为煤矿安全生产工作奠定了坚实基础

建立完善责任落实、基础扎实、投入到位、管理规范的企业安全保障体系,覆盖全面、监管到位、监督有力的政府监管和社会监督体系,与工业化、信息化发展要求相适应的安全科技支撑体系,门类齐全、配套完备、针对性强的安全生产法律法规和政策标准体系,反应迅速、机动灵活、处置高效的应急救援体系,面向基层、贴近实际、载体多样的宣传教育培训体系;着力提高煤矿企业本质安全水平和事故防范、监察执法和群防群治、技术装备安全保障、依法依规安全生产、事故救援和应急处置、从业人员安全素质和社会公众自救互救"六个能力",有利于加快建设煤矿安全生产长效机制,推动煤矿安全生产状况持续稳定好转。

第三节　　煤矿安全生产新精神

近几年,党和国家极度重视安全生产和煤矿安全。中央领导人多次对安全生产和煤矿安全作出指示和批示,国务院安委会、国家安监总局和国家煤矿安全监察局出台了一系列的政策,在全国范围内开展了卓有成效的煤矿安全生产活动,为安全生产特别是煤矿安全形势的全面好转起到了很好的引领作用,并打下了坚实基础。

一、高层精神

2013年6月6日,正在国外访问的习近平同志针对近期全国多个地区接连发生多起重特大安全生产事故,造成重大人员伤亡和财产损失的情况,就做好安全生产工作再次作出重要指示。习近平同志指出,人命关天,发展决不能以牺牲人的生命为代价,这必须作为一条不可逾越的红线。要求大家进一步警醒起来,吸取血的教训,痛定思痛,举一反三,开展一次彻底的安全生产大检查,坚决堵塞漏洞、排除隐患。并强调,要始终把人民生命安全放在首位,以对党和人民高度负责的精神,完善制度、强化责任、加强管理、严格监管,把安全生产责任制落到实处,切实防范重特大安全生产事故的发生。

2013年11月24日,习近平同志在青岛考察中石化黄潍输油管线事故抢险工作时强调,"安全生产必须警钟长鸣、常抓不懈,丝毫放松不得;必须建立健全安全生产责任体系,强化企业主体责任,深化安全生产大检查,认真吸取教训,注重举一反三,全面加强安全生产工作;各级党委和政府、各级领导干部要牢固树立安全发展理念,始终把人民群众生命安全放在第一位;抓紧建立健全安全生产责任体系,党政一把手必须亲力亲为、亲自动手抓;所有企业都必须认真履行安全生产主体责任,做到安全投入到位、安全培训到位、基础管理到位、应急救援到位;安全生产大检查要做到全覆盖、零容忍、严执法、重实效"。

李克强同志在十二届全国人大二次会议作政府工作报告时讲到2014年重点工作时强调,"人命关天,安全生产这根弦任何时候都要绷紧。要严格执行安全生产法律法规,全面落实安全生产责任制,坚决遏制重特大安全事故发生"。在对国务院安全生产委员会全体会议的批示中指出:安全生产是人命关天的大事,是不能踩的"红线";要认真汲取生命和鲜血换来的教训,筑牢科学管理的安全防线;要树立以人为本、安全发展理念,创新安全管理模式,落实企业主体责任,提升监管执法和应急处置能力;要坚持预防为主、标本兼治,经常性开展安全检查,搞好预案演练,建立健全长效机制。

中共中央关于全面深化改革若干重大问题的决定明确要求"深化安全生产管理体制改革,建立隐患排查治理体系和安全预防控制体系,遏制重特大安全事故"。国务院办公厅于2013年10月发布了《关于进一步加强煤矿安全生产工作的意见》,分七大方面进行了20项具体的工作部署,要求加快落后小煤矿关闭退出、严格煤矿安全准入、深化煤矿瓦斯综合治理、全面普查煤矿隐蔽致灾因素、大力推进煤矿"四化"建设、强化煤矿矿长责任和劳动用工管理、提升煤矿安全监管和应急救援科学化水平。

进入2015年,我国连续发生河南平顶山市鲁山老年公寓火灾、东方之星邮轮沉没、天津滨海新区危险品仓库爆炸等多起特别重大事故,给我国经济新常态下的安全生产敲响了警钟。

习近平同志在对鲁山老年公寓火灾批示中指出"各地区和有关部门要牢牢绷紧安全管理这根弦,采取有力措施,认真排查隐患,防微杜渐,全面落实安全管理措施,坚决防范和遏制各类安全事故发生,确保人民群众生命财产安全"。在主持中共中央政治局第二十三次集体学习时,习近平同志再一次强调要"牢固树立安全发展理念,自觉把维护公共安全放在维护最广大人民根本利益中来认识,扎实做好公共安全工作,努力为人民安居乐业、社会安定有序、国家长治久安编织全方位、立体化的公共安全网"。2015年8月15日针对天津港危险品仓库特别重大火灾爆炸事故,习近平同志再次作出重要指示,指出"确保安全生产、维护社会安定、保障人民群众安居乐业是各级党委和政府必须承担好的重要责任"。"近期一些地方接二连三发生的重大安全生产事故,再次暴露出安全生产领域存在突出问题、面临形势严峻。血的教训极其深刻,必须牢牢记取。各级党委和政府要牢固树立安全发展理念,坚持人民利益至上，始终把安全生产放在首要位置，切实维护人民群众生命财产安全。要坚决落实安全生产责任制，切实做到党政同责、一岗双责、失职追责。要健全预警应急机制，加大安全监管执法力度，深入排查和有效化解各类安全生产风险，提高安全生产保障水平，努力推动安全生产形势实现根本好转。各生产单位要强化安全生产第一意识，落实安全生产主体责任，加强安全生产基础能力建设，坚决遏制重特大安全生产事故发生"。

二、政府举措

2014 年 7 月，国务院安全生产委员会全体会议专门就煤矿安全生产做了部署，要求大力推动煤矿整顿关闭和瓦斯综合治理，深入开展"打非治违"专项行动，积极稳妥推进安全生产改革及试点，切实加强安全生产基础工作。

2015 年 1 月，国家安全监管总局发布了《关于进一步加强当前安全生产工作的紧急通知》（安监总明电〔2015〕1 号），要求：强化责任担当，对岁末年初安全生产工作进行再部署再落实；狠抓预防和源头治理，全面排查和治理安全隐患；突出重点行业领域，坚决防范遏制重特大生产安全事故；加强应急准备，有效提升安全生产应急反应能力。特别是提出煤矿安全是重中之重，要求按照"一矿一组、一矿一策"的要求，扎实开展煤矿隐患排查治理行动，全面贯彻落实煤矿安全"双七条"。

2014 年 12 月 1 日，备受期待的新《中华人民共和国安全生产法》（以下简称《安全生产法》）实施，成为近年来我国安全生产工作的标志性事件。新安全生产法认真贯彻落实习近平总书记关于安全生产工作一系列重要指示精神，从强化安全生产工作的摆位、进一步落实生产经营单位主体责任，政府安全监管定位和加强基层执法力量、强化安全生产责任追究等四个方面入手，着眼于安全生产现实问题和发展要求，补充完善了相关法律制度规定，对指导和规范我国今后一个时期的安全生产工作，预防和减少生产安全事故，有着十分重大而深远的意义。

过去几年，在政策和法律的引领、保证下，我国煤矿安全生产科技发展也取得长足进步，以安全科技"四个一批"（一批当前急需的科研课题、一批可转化为现实安全保障能力的科研项目、一批先进适用技术、一批重点示范工程）为代表的科技成果在煤矿瓦斯、火灾、水害、顶板等重大灾害监测监控和防治以及应急救援方面取得了多项重要突破。

2015 年 1 月 6 日，国务院召开的全国安全生产电视电话会议强调，2015 年要进一步强化红线意识，完善落实"党政同责、一岗双责、齐抓共管"的安全生产责任体系。要深入宣传贯彻新《安全生产法》，加强安全生产法制建设，强化基层监督执法力量，严肃事故查处和责任追究。要继续深化重点行业领域安全专项整治，抓好煤矿治本攻坚和整顿关闭，打好油气输送管道隐患整治攻坚战。要夯实安全基础，继续开展企业标准化建设，强化安全教育培训，提升科技和资金保障能力。要继续深化安全生产改革创新，健全完善安全监管体制机制，创新监管方式方法，完善应急救援体系，提高政府管理服务水平。

2015 年 1 月 26 日，全国安全生产工作会议强调要突出抓好五项重点工作：一是推动安全生产责任体系建设；二是要打好煤矿、油气输送管道隐患治理两场攻坚战，深入开展重点行业领域安全整治；三是狠抓治本和预防措施，加强应急管理；四是加快安全生产科技进步和企业基础管理；五是推进依法治安，深化打非治违，严肃事故查处。

第四节 煤矿安全生产任务与目标

2011年,国家安全监管总局、国家煤矿安监局印发了《煤矿安全生产"十二五"规划》,提出"十二五"规划目标和煤矿安全生产基本原则,并提出了六大主要任务和九项重点工程。2015年是"十二五"规划的收官之年,所有煤矿安全生产管理人员都应该对规划的主要内容有所了解,对照规划目标和实际工作情况,检查进度、寻找差距、制定措施、实现目标。

一、规划目标

(1)煤矿事故死亡人数下降12.5%以上。

(2)较大事故起数下降15%以上。

(3)重大事故起数下降15%以上。

(4)煤矿瓦斯事故起数下降40%以上。

(5)煤矿瓦斯事故死亡人数下降40%以上。

(6)特别重大事故起数下降50%以上。

(7)煤矿百万吨死亡率下降28%以上。

二、基本原则

基本原则包括:标本兼治,重在治本;强化执法,落实责任;严格准入,有序退出;依靠科技,提升素质。

三、六大任务

(一)完善煤矿企业安全生产保障体系,提高煤矿安全水平和事故防范能力

(1)严格安全生产管理。

(2)加大安全投入。

(3)提高瓦斯、水害、火灾等重大灾害防治能力。

(4)严格煤矿安全准入,建立有序退出机制。

(5)加强煤矿安全基层基础建设。

(6)提升职业危害防治水平。

(二)完善煤矿安全监察监管和社会监督体系,提高监察执法和群防群治能力

(1)完善煤矿安全监察监管体制机制。

(2)加强基层监察监管队伍建设。

(3)创新安全监察监管方式。

(4)以信息化建设为载体,提高监管效率。

(5)加强社会舆论监督。

(三)完善煤矿安全科技支撑体系,提高技术装备的安全保障能力

(1)加大煤矿安全科技攻关。

(2)推广使用先进适用技术与装备。

(3)加强安全生产专业技术服务。

(四)完善煤矿安全法律法规和政策标准体系,提高依法依规安全生产能力

(1)完善煤矿安全法律法规和政策标准。

（2）规范企业生产经营行为。

（3）提高安全生产执法效能。

（五）完善煤矿安全生产应急救援体系，提高事故救援和应急处置能力

（1）加快应急救援队伍建设。

（2）建设完善井下安全避险"六大系统"。

（3）加强应急救援基础工作。

（六）完善煤矿安全宣传教育培训体系，提高安全素质和自救互救能力

（1）提高煤矿从业人员安全素质。

（2）强化安全专业人才队伍建设。

（3）加强安全教育培训基础建设。

四、重点工程

（1）瓦斯综合治理工作体系建设工程。

（2）水灾、火灾和冲击地压等矿井重大灾害治理工程。

（3）煤矿井下安全避险"六大系统"建设工程。

（4）安全质量标准化达标工程。

（5）煤矿机械化改造提升工程。

（6）安全技术研发与推广工程。

（7）安全教育培训工程。

（8）职业危害治理工程。

（9）应急救援队伍建设工程。

五、2015 年煤矿安全工作

2015 年 2 月 15 日，《国家煤矿安全监察局关于印发〈2015 年煤矿安全监管监察工作要点〉的通知》（煤安监办〔2015〕3 号）发布，实际上也可看做是我国 2015 年安全生产工作要点。2015 年煤矿安全监管监察工作总的要求是：认真贯彻党的十八大、十八届三中、四中全会、中央经济工作会议和全国安全生产电视电话会议精神，以习近平总书记等中央领导同志重要讲话精神为指导，全面推进依法治安，深入贯彻落实煤矿安全"1＋4"工作法，坚持源头严防、过程严管、后果严惩，在煤矿瓦斯等重点灾害防治上下功夫，在淘汰落后产能、加快落后小煤矿关闭退出上下功夫，在依靠科技进步、夯实基层基础上下功夫，坚决防范和遏制重特大事故，实现全国煤矿安全生产形势持续稳定好转。根据该要点，就八大项、37 个具体内容开展了卓有成效的工作。

（一）推进依法治安，提高煤矿安全监管监察水平

（1）加快《煤矿安全规程》的修订和实施。

（2）完善相关规章标准制度。

（3）严格依法监管监察。

（4）加强对地方监管工作的监督指导

（5）加强执法监督检查。

（6）严肃事故查处。

（7）深化警示教育。

（二）坚持源头管控，提高煤矿安全总体水平

（8）严格安全准入。

（9）严格许可审批。

（10）加强煤矿安全生产许可证管理。

（11）加快淘汰落后小煤矿。

（三）强化瓦斯综合治理，防范遏制重特大事故

（12）落实瓦斯综合防治措施。

（13）狠抓煤矿安全监测监控系统。

（14）严格瓦斯零超限目标管理。

（15）切实推进瓦斯抽采。

（16）加大隐蔽致灾因素普查治理力度。

（四）深化煤矿隐患排查治理，建立完善长效机制

（17）深入开展隐患排查治理行动。

（18）加大重大隐患处罚力度。

（19）建立隐患排查治理长效机制。

（20）继续保持打非治违高压态势。

（21）建立煤矿安全督导巡视和联系督促常态化工作机制。

（五）坚持科技兴安，提高煤矿安全保障能力

（22）提高小型煤矿机械化水平。

（23）加快推进大中型煤矿自动化、智能化建设。

（24）推广先进适用技术。

（六）加强基础建设，提高煤矿安全管理水平

（25）深化安全质量标准化达标工作。

（26）强化煤矿安全培训考核。

（27）推进煤矿安全诚信建设。

（28）组织编制《煤矿安全生产"十三五"规划》。

（29）加快生产能力核定等工作。

（30）督促指导煤矿企业加大安全投入。

（31）加强煤矿职业病危害防治。

（七）突出重点，扩大煤矿安全重点县攻坚战成效

（32）扩大攻坚战范围。

（33）分级开展谈心对话。

（34）抓好"五真"落实。

（八）加强自身建设，统筹做好各方面工作

（35）加强调研督导。

（36）加强作风建设。

（37）加强廉政建设。

第二章　煤矿安全生产法律法规

第一节　煤矿安全生产法律体系概述

一、我国安全生产法律体系

我国安全生产法律体系包括四个部分:一是全国人大及其常务委员会颁布的关于安全生产的法律;二是国务院颁布的关于安全生产的行政法规;三是省(自治区、直辖市)级人大及其常务委员会颁布的地方性法规;四是国务院有关部委、省级人民政府颁布的规章和地方规章。

安全生产是一个系统工程,需要建立在各种支持基础之上,而安全生产的法律体系尤为重要。新中国成立以来,国家制定了一系列的安全生产、劳动保护的法规。据统计,已颁布并在用的有关安全生产、劳动保护的主要法律法规约280余项,内容包括综合类、安全卫生类、三同时类、伤亡事故类、女工和未成年工保护类、职业培训考核类、特种设备类、防护用品类和检测检验类。其中以法的形式出现,对安全生产、劳动保护具有十分重要作用的是《安全生产法》、《中华人民共和国矿山安全法》(以下简称《矿山安全法》)、《中华人民共和国劳动法》(以下简称《劳动法》)、《中华人民共和国职业病防治法》(以下简称《职业病防治法》),与此同时,国家还制定和颁布了数百余项安全卫生方面的国家标准。

我国安全生产法律体系主要包括安全技术法规、职业健康法规、安全管理法规三大部分。

安全技术法规是指国家为搞好安全生产,防止和消除生产中的灾害事故,保障职工人身安全而制定的法律规范。国家规定的安全技术法规,是对一些比较突出或有普遍意义的安全技术问题规定其基本要求,一些比较特殊的安全技术问题,国家有关部门也制定并颁布了专门的安全技术法规。

职业健康法规是指国家为了改善劳动条件,保护职工在生产过程中的健康,预防和消除职业病以及职业中毒而制定的各种法规规范。这里既包括职业健康保障措施的规定,也包括有关预防医疗保健措施的规定。

安全管理法规是指国家为了搞好安全生产、加强安全生产和劳动保护工作,保护职工的安全健康所制定的管理规范。从广义来讲,国家的立法、监督、监督检查和教育等方面都属于管理范畴。安全生产管理是企业经营管理的重要内容之一,因此,管生产的必须管安全。《宪法》规定,加强劳动保护,改善劳动条件,是国家和企业管理劳动保护工作的基本原则。劳动保护管理制度是各类工矿企业为了保护劳动者在生产过程中的安全、健康,根据生产实践的客观规律总结和制定的各种规章。概括地讲,这些规章制度一方面是属于生产行政管理制度,另一方面是属于生产技术管理制度。这两类规章制度经常是密切联系、互相补充的。

重视和加强安全生产的制度建设,是安全生产和劳动保护法制的重要内容。《劳动法》规定:"用人单位必须建立、健全职业安全卫生制度。"《企业法》规定:"企业必须贯彻安全生产制度,改善劳动条件,做好劳动保护和环境保护工作,做到安全生产和文明生产"。此外,《矿山安全法》《乡镇企业法》《中华人民共和国煤炭法》(以下简称《煤炭法》)、《职业病防治法》《全民所有制工业交通企业设备管理条例》《危险化学品安全管理条例》等多部法律法规都对不断完善劳动保护管理制度提出了要求。

二、我国煤矿安全生产法律法规体系

我国现有煤矿安全生产相关法律有《安全生产法》《职业病防治法》《中华人民共和国消防法》《中华人民共和国突发事件应对法》《煤炭法》《刑法》(修正案)《劳动法》《矿山安全法》《中华人民共和国矿产资源法》(修正案)等;行政法规有《煤矿安全监察条例》《突发事件应急预案管理办法》《生产安全事故报告和调查处理条例》《国务院关于预防煤矿生产安全事故的特别规定》《安全生产许可证条例》《中华人民共和国矿山安全法实施条例》《国务院关于特大安全事故行政责任追究的规定》等。此外,还有为数众多的部门规章,如《煤矿安全规程》《爆破安全规程》《安全生产培训管理办法》《煤矿安全培训规定》《煤矿矿长保护矿工生命安全七条规定》等。

第二节　新《安全生产法》解读

2014 年 8 月 31 日下午,第十二届全国人民代表大会常务委员会第十次会议表决通过《全国人民代表大会常务委员会关于修改〈中华人民共和国安全生产法〉的决定》。同日,国家主席习近平签署第十三号主席令,公布《决定》自 2014 年 12 月 1 日起施行。新《安全生产法》的施行,是我国安全生产法制建设的又一重要成果,揭开了依法治安的新篇章。

一、新《安全生产法》出台背景

《安全生产法》自 2002 年 6 月 29 日颁布施行,结束了新中国成立数十年来缺少安全生产领域综合大法的历史,标志着我国安全生产工作开始全面纳入法制化轨道,提高了安全生产工作地位,增强了全社会的安全生产意识,有力地巩固了安全监管监察体制。十余年来,它对预防和减少生产安全事故,保障人民群众生命财产安全发挥了重要作用,促进了全国生产安全形势逐步好转。

然而,随着我国治国理政理念的不断变化、经济社会发展的不断变迁,随着安全生产工作实践的步步推进,这部曾经开创了时代的法律,日益显现出在制度设计上的种种缺陷。

由于当时社会主义市场经济体制、安全监管体制都处于初创时期、探索初期,这时候出台的法律仍带有计划经济体制下的痕迹。2002 年版《安全生产法》是一部完全管制法制模式的法律,更加强调安全生产监督管理,而对企业主体安全生产责任强调不够。这就必将导致政府监管职责过大、责任也过大,企业违法成本过低、自主守法意识也过低,难免出现监管能力不足、难以有效遏制违法违规生产行为等问题。

此外,有法不依、执法不严的问题,在实践中表现非常严重,导致非法违法行为屡禁不止。在 2005 年 5~6 月全国人大常委会组织对全国 10 个省(市、自治区)《安全生产法》执法情况进行检查后,一针见血地提出"刀不快,腰不硬"的问题。"刀不快"是指法律制裁不严、企业违法成本低下;"腰不硬"是指监管者执法地位不高、执法手段缺乏。就是这次大范围的检查,成为修改《安全生产法》的发端。

经过十多年的实践,安全生产领域的诸多关系逐渐理顺,安全生产监管监察体制基本建立,安全生产法制建设不断加快,安全生产责任体系不断健全,尤其是诸多正确、有效的政策措施、工作实践中行之有效的做法,需要通过立法将其规范化、制度化。

2011 年 7 月,我国连续发生京珠高速公路"7·22"特别重大客车燃烧事故和"7·23"甬温线特别重大铁路交通事故,共致 81 人死亡。7 月 27 日,国务院第 165 次常务会议决定加快修改《安全生产法》,进一步明确责任,加大对违法行为的惩处力度。2011 年 12 月,国家安全监管总局向国务院报送修正案(送审稿)。2012 年 6 月 4 日,修正案(征求意见稿)在国务院法制办政府网站上公开向社会公众征求意见。2013 年 10 月 31 日,十二届全国人大常委会将修改《安全生产法》列入本届常委会立法规划第一类项目。2014 年 1 月 15 日,国务院常务会议审议并通过《安全生产法》修正案草案。2014 年 2 月 25 日,全国人大常委会第一次审议修正案(草案)。8 月 31 日,全国人大常委会第二次审议表决通过。

如果说《安全生产法》的制定是十年铸剑的过程,那么其修改就是十年炼剑的成果,十分不易。

二、如何贯彻学习新《安全生产法》

(一)总体要求

新《安全生产法》颁布后,全国掀起了学习贯彻新《安全生产法》的热潮。《国家安全监管总局关于学习宣传和贯彻落实修改后的〈中华人民共和国安全生产法〉的通知》(安监总政法〔2014〕98 号)要求:

(1)提高认识,增强学习宣传新《安全生产法》的自觉性和责任感。

(2)采取多种形式,掀起学习宣传热潮。① 广泛开展社会性宣传。② 抓好领导干部、执法人员的学习培训工作。③ 组织生产经营单位开展新《安全生产法》的教育培训。④ 认真组织学习新《安全生产法》释义和读本。

(3)抓紧做好新《安全生产法》实施前的准备工作。① 抓紧制定修订有关配套规章制度。② 研究制定执法规范,严格行政执法程序。③ 确保相关行政审批事项的调整和监管措施到位。④ 配合做好行政执法和事故追责有关工作。

(二)宣传提纲

1.宣传规范用语

(1)热烈祝贺新修改《安全生产法》公布实施。

(2)认真学习、大力宣传、坚决贯彻新修改《安全生产法》。

(3)学好用好新修改《安全生产法》。

(4)以人为本,安全发展。

(5)高举安全发展大旗,为实现安全生产形势根本好转而奋斗。

(6)强化红线意识,促进安全发展。

(7)安全第一、预防为主、综合治理。

(8)关爱生命,关注安全。

(9)各级人民政府必须依法制定安全生产规划。

(10)安全生产规划必须与城乡规划相衔接。

（11）强化和落实生产经营单位的安全生产主体责任。

（12）建立生产经营单位负责、职工参与、政府监管、行业自律和社会监督的工作机制。

（13）建立健全安全生产责任制。

（14）大力推行安全生产标准化，提高安全生产水平。

（15）严格事故隐患排查治理，坚决消除重大事故隐患。

（16）严禁使用危及生产安全的工艺、设备。

（17）生产经营单位主要负责人对本单位安全生产工作全面负责。

（18）生产经营单位安全生产管理人员必须依法履行"七项职责"。

（19）强化源头控制，确保建设项目安全设施与主体工程同时设计、同时施工、同时投入生产和使用。

（20）严格危险作业现场管理。

（21）严禁违章指挥、违章作业、违反劳动纪律。

（22）从业人员必须严格遵守安全生产规章制度、操作规程。

（23）依法维护从业人员安全生产权利。

（24）任何单位或者个人都有权对安全生产违法行为和事故隐患进行举报。

（25）实行安全生产"黑名单"制度，加强安全生产诚信体系建设。

（26）深刻吸取事故教训，严格依法落实强制性停产措施。

（27）服从统一指挥，加强协同联动，确保事故应急救援高效开展。

（28）事故调查处理必须坚持科学严谨、依法依规、实事求是、注重实效的原则。

（29）依法公布事故调查报告，全面落实整改防范措施。

（30）严格安全生产年度监督检查计划，实施分类分级监管，建设一支高效、公正、廉洁的安全生产行政执法队伍。

2. 重点宣传内容

（1）以人为本，坚持安全发展。新法明确提出安全生产工作应当以人为本，将坚持安全发展写入了总则。这对于坚守红线意识，进一步加强安全生产工作，实现安全生产形势根本性好转的奋斗目标具有重要意义。

（2）建立和完善安全生产方针和工作机制。将安全生产工作方针完善为"安全第一、预防为主、综合治理"，进一步明确了安全生产的重要地位、主体任务和实现安全生产的根本途径。新法提出要建立生产经营单位负责、职工参与、政府监管、行业自律、社会监督的工作机制，进一步明确了各方安全职责。

（3）落实"三个必须"，确立安全生产监管执法部门地位。按照安全生产管行业必须管安全、管业务必须管安全、管生产经营必须管安全的要求，新《安全生产法》一是规定国务院和县级以上地方人民政府应当建立健全安全生产工作协调机制，及时协调、解决安全生产监督管理中的重大问题；二是明确各级政府安全生产监督管理部门实施综合监督管理，有关部门在各自职责范围内对有关行业、领域的安全生产工作实施监督管理；三是明确各级安全生产监督管理部门和其他负有安全生产监督管理职责的部门作为行政执法部门，依法开展安全生产行政执法工作，对生产经营单位执行法律、法规、国家标准或者行业标准的情况进行监督检查。

（4）强化乡镇人民政府以及街道办事处、开发区管理机构安全生产职责。乡镇街道是安全生产工作的重要基础,有必要在立法层面明确其安全生产职责,同时,针对各地经济技术开发区、工业园区的安全监管体制不顺、监管人员配备不足、事故隐患集中、事故多发等突出问题,新法明确规定:乡、镇人民政府以及街道办事处、开发区管理机构等地方人民政府的派出机关应当按照职责,加强对本行政区域内生产经营单位安全生产状况的监督检查,协助上级人民政府有关部门依法履行安全生产监督管理职责。

（5）明确生产经营单位安全生产管理机构、人员的设置、配备标准和工作职责。一是明确矿山、金属冶炼、建筑施工、道路运输单位和危险物品的生产、经营、储存单位,应当设置安全生产管理机构或者配备专职安全生产管理人员,将其他生产经营单位设置专门机构或者配备专职人员的从业人员下限由 300 人调整为 100 人;二是规定了安全生产管理机构以及管理人员的 7 项职责,主要包括拟定本单位安全生产规章制度、操作规程、应急救援预案,组织宣传贯彻安全生产法律、法规;组织安全生产教育和培训,制止和纠正违章指挥、强令冒险作业、违反操作规程的行为,督促落实本单位安全生产整改措施等;三是明确生产经营单位作出涉及安全生产的经营决策,应当听取安全生产管理机构以及安全生产管理人员的意见。

（6）明确了劳务派遣单位和用工单位的职责以及劳动者的权利义务。一是规定生产经营单位应当将被派遣劳动者纳入本单位从业人员统一管理,对被派遣劳动者进行岗位安全操作规程和安全操作技能的教育和培训。劳务派遣单位应当对被派遣劳动者进行必要的安全生产教育和培训。二是明确被派遣劳动者享有本法规定的从业人员的权利,并应当履行本法规定的从业人员的义务。

（7）建立事故隐患排查治理制度。新法把加强事前预防、强化隐患排查治理作为一项重要内容:一是生产经营单位必须建立事故隐患排查治理制度,采取技术、管理措施消除事故隐患;二是政府有关部门要建立健全重大事故隐患治理督办制度,督促生产经营单位消除重大事故隐患;三是对未建立隐患排查治理制度、未采取有效措施消除事故隐患的行为,设定了严格的行政处罚。

（8）推进安全生产标准化建设。结合多年来的实践经验,新法在总则部分明确生产经营单位应当推进安全生产标准化工作,提高本质安全生产水平。

（9）推行注册安全工程师制度。新法确立了注册安全工程师制度,并从两个方面加以推进:一是危险物品的生产、储存单位以及矿山、金属冶炼单位应当有注册安全工程师从事安全生产管理工作,鼓励其他单位聘用注册安全工程师;二是建立注册安全工程师按专业分类管理制度,授权国务院人力资源和社会保障部门、安全生产监督管理等部门制定具体实施办法。

（10）推进安全生产责任保险。根据 2006 年以来在河南省、湖北省、山西省、北京市、重庆市等省（市）的试点经验,重点是为了增加事故应急救援和事故单位从业人员以外的事故受害人的赔偿补偿资金来源,新法规定:国家鼓励生产经营单位投保安全生产责任保险。

（11）建立分类分级监管和年度监督检查计划制度。新法将分级分类监管和按照年度监督检查计划作为安全监管部门的法定执法方式,明确规定:安全生产监督管理部门应当按照分类分级监督管理的要求,制定安全生产年度监督检查计划,并按照年度监督检查计划进行监督检查,发现事故隐患,应当及时处理。

（12）对拒不执行停产执法决定的生产经营单位,依法实施停电停供民用爆炸物品等强制停产措施。近年来,由于没有采取断然措施导致发生重特大事故的情况屡见不鲜。为深刻吸取事故教训,新法规定:对存在重大事故隐患的生产经营单位作出停产停业、停止施工、停止使用相关设施或者设备的决定,生产经营单位拒不执行,有发生生产安全事故的现实危险的,在保证安全的前提下,经本部门主要负责人批准,负有安全生产监督管理职责的部门可以采取通知有关单位停止供电、停止供应民用爆炸物品等措施,强制生产经营单位履行决定。通知应当采用书面形式,有关单位应当予以配合。

(13) 建立严重违法行为公告和通报制度。为加强安全生产诚信体系建设,促进生产经营单位落实安全生产主体责任,尤其是针对实践中一些生产经营单位特别是上市公司"不怕罚款怕曝光"的情况,新法规定负有安全生产监督管理职责的部门应建立安全生产违法行为信息库,如实记录生产经营单位的安全生产违法行为信息;对违法行为情节严重的生产经营单位,应当向社会公告,并通报行业主管部门、投资主管部门、国土资源主管部门、证券监督管理机构和有关金融机构。

(14) 完善了事故应急救援制度。新法将生产安全事故应急救援工作的基本保障和实践中的有效做法上升为法律规定:一是明确国家加强生产安全事故应急能力建设,在重点行业、领域建立应急救援基地和应急救援队伍,鼓励社会力量建立应急救援队伍。二是国务院安全生产监督管理部门建立全国统一的生产安全事故应急救援信息系统,国务院有关部门建立健全相关行业、领域的生产安全事故应急救援信息系统。三是生产经营单位应当依法制定本单位生产安全事故应急救援预案,与有关人民政府组织制定的生产安全事故应急救援预案相衔接,并定期组织演练。四是参与事故抢救的部门和单位应当服从统一指挥,加强协同联动,采取有效的应急救援措施,并根据事故救援的需要组织采取警戒、疏散等措施,防止事故扩大和次生灾害的发生。

(15) 加大对违法行为和事故责任的追究力度。一是规定了事故行政处罚和终身行业禁入。第一,按照两个责任主体、四个事故等级,规定了对生产经营单位及其主要负责人的8项罚款处罚明文;第二,大幅提高对事故责任单位的罚款金额:一般事故罚款 20 万元至50 万元,较大事故 50 万元至 100 万元,重大事故 100 万元至 500 万元,特别重大事故500 万元至 1 000 万元,特别重大事故的情节特别严重的罚款 1 000 万元至 2 000 万元;第三,进一步明确主要负责人对重大、特别重大事故负有责任的,终身不得担任本行业生产经营单位的主要负责人。二是加大罚款处罚力度。结合各地区经济发展水平、企业规模等实际,新法维持罚款下限基本不变、将罚款上限提高了 2~5 倍,并且多数罚则不再将责令限期改正作为前置程序;增加了对直接负责的主管人员和其他直接责任人员的处罚规定。

三、新《安全生产法》十大亮点和十大基本法律制度

(一)新《安全生产法》十大亮点

1.坚持以人为本,推进安全发展

新法提出安全生产工作应当以人为本,充分体现了党和国家关于安全生产工作一系列重要方针政策,在坚守发展决不能以牺牲人的生命为代价这条红线,牢固树立以人为本、生命至上的理念,正确处理重大险情和事故应急救援中"保财产"还是"保人命"问题等方面,具有重大现实意义。为强化安全生产工作的重要地位,明确安全生产在国民经济和社会发展中的重要地位,推进安全生产形势持续稳定好转,新法将坚持安全发展写入了总则。加强安全生产工作,其目的是要建立起切实有效的保障安全生产、维护劳动者安全的法律制度,并以国家强制力保证实施。加强安全生产工作要靠全社会共同参与,包括负有安全生产监督

管理职责的部门对用人单位安全生产工作的监督检查、用人单位加强安全生产工作，防止安全生产事故、社会监督等，发动全社会的力量参与安全生产工作，实现防止和减少生产安全事故，保障人民群众生命和财产安全，促进经济社会持续健康发展的目的。

2. 建立完善安全生产方针和工作机制

新法确立了"安全第一、预防为主、综合治理"的安全生产工作"十二字方针"，明确了安全生产的重要地位、主体任务和实现安全生产的根本途径。"安全第一"要求从事生产经营活动必须把安全放在首位，不能以牺牲人的生命、健康为代价换取发展和效益。"预防为主"要求把安全生产工作的重心放在预防上，强化隐患排查治理，打非违违，从源头上控制、预防和减少生产安全事故。"综合治理"要求运用行政、经济、法治、科技等多种手段，充分发挥社会、职工、舆论监督各个方面的作用，抓好安全生产工作。新法明确要求建立生产经营单位负责、职工参与、政府监管、行业自律、社会监督的机制，进一步明确各方安全生产职责。做好安全生产工作，落实生产经营单位主体责任是根本，职工参与是基础，政府监管是关键，行业自律是发展方向，社会监督是实现预防和减少生产安全事故目标的保障。

3. 强化"三个必须"，明确安全监管部门执法地位

按照"三个必须"（管行业必须管安全、管业务必须管安全、管生产经营必须管安全）的要求：一是新法规定国务院和县级以上地方人民政府应当建立健全安全生产工作协调机制，及时协调、解决安全生产监督管理中存在的重大问题；二是新法明确国务院和县级以上地方人民政府安全生产监督管理部门实施综合监督管理，有关部门在各自职责范围内对有关行业、领域的安全生产工作实施监督管理，并将其统称为负有安全生产监督管理职责的部门；三是新法明确各级安全生产监督管理部门和其他负有安全生产监督管理职责的部门作为执法部门，依法开展安全生产行政执法工作，对生产经营单位执行法律、法规、国家标准或者行业标准的情况进行监督检查。

4. 明确乡镇人民政府以及街道办事处、开发区管理机构安全生产职责

乡镇、街道是安全生产工作的重要基础，有必要在立法层面明确其安全生产职责，同时，针对各地经济技术开发区、工业园区的安全监管体制不顺、监管人员配备不足、事故隐患集中、事故多发等突出问题，新法明确规定：乡、镇人民政府以及街道办事处、开发区管理机构等地方人民政府的派出机关应当按照职责，加强对本行政区域内生产经营单位安全生产状况的监督检查，协助上级人民政府有关部门依法履行安全生产监督管理职责。

5. 进一步明确生产经营单位的安全生产主体责任

做好安全生产工作，落实生产经营单位主体责任是根本。新法把明确安全责任、发挥生产经营单位安全生产管理机构和安全生产管理人员作用作为一项重要内容，作出四个方面的重要规定：一是明确委托规定的机构提供安全生产技术、管理服务的，保证安全生产的责任仍然由本单位负责；二是明确生产经营单位的安全生产责任制的内容，规定生产经营单位应当建立相应的机制，加强对安全生产责任制落实情况的监督考核；三是明确生产经营单位的安全生产管理机构以及安全生产管理人员履行的七项职责；四是规定矿山、金属冶炼建设项目和用于生产、储存危险物品的建设项目竣工投入生产或使用前，由建设单位负责组织对安全设施进行验收。这七项职责包括：

（1）建立、健全本单位安全生产责任制。

（2）组织制定本单位安全生产规章制度和操作规程。

（3）组织制定并实施本单位安全生产教育和培训计划。

（4）保证本单位安全生产投入的有效实施。

（5）督促、检查本单位的安全生产工作，及时消除生产安全事故隐患。

（6）组织制定并实施本单位的生产安全事故应急救援预案。

（7）及时、如实报告生产安全事故。

6. 建立预防安全生产事故的制度

新法把加强事前预防、强化隐患排查治理作为一项重要内容：一是生产经营单位必须建立生产安全事故隐患排查治理制度，采取技术、管理措施及时发现并消除事故隐患，并向从业人员通报隐患排查治理情况的制度。二是政府有关部门要建立健全重大事故隐患治理督办制度，督促生产经营单位消除重大事故隐患。三是对未建立隐患排查治理制度、未采取有效措施消除事故隐患的行为，设定了严格的行政处罚。四是赋予负有安全监管职责的部门对拒不执行执法决定、有发生生产安全事故现实危险的生产经营单位依法采取停电、停供民用爆炸物品等措施，强制生产经营单位履行决定的权力。

7. 建立安全生产标准化制度

安全生产标准化是在传统的安全质量标准化基础上，根据当前安全生产工作的要求、企业生产工艺特点，借鉴国外现代先进安全管理思想形成的一套系统的、规范的、科学的安全管理体系。2010 年《国务院关于进一步加强企业安全生产工作的通知》（国发〔2010〕23 号）、2011 年《国务院关于坚持科学发展安全发展促进安全生产形势持续稳定好转的意见》（国发〔2011〕40 号）均对安全生产标准化工作提出了明确的要求。近年来，矿山、危险化学品等高危行业企业安全生产标准化取得了显著成效，工贸行业领域的标准化工作正在全面推进，企业本质安全生产水平明显提高。结合多年的实践经验，新法在总则部分明确提出推进安全生产标准化工作，这必将对强化安全生产基础建设，促进企业安全生产水平持续提升产生重大而深远的影响。

8. 推行注册安全工程师制度

为解决中小企业安全生产"无人管、不会管"问题，促进安全生产管理队伍朝着专业化、职业化方向发展，国家自 2004 年以来连续 10 年实施了全国注册安全工程师执业资格统一考试，21.8 万人取得了资格证书。截至 2013 年 12 月，已有近 15 万人注册并在生产经营单位和安全生产中介服务机构执业。新法确立了注册安全工程师制度，并从两个方面加以推进：一是危险物品的生产、储存单位以及矿山、金属冶炼单位应当有注册安全工程师从事安全生产管理工作，鼓励其他生产经营单位聘用注册安全工程师从事安全生产管理工作；二是建立注册安全工程师按专业分类管理制度，授权国务院有关部门制定具体实施办法。

9. 推进安全生产责任保险制度

新法总结近年来的试点经验，通过引入保险机制，促进安全生产，规定国家鼓励生产经营单位投保安全生产责任保险。安全生产责任保险具有其他保险所不具备的特殊功能和优势：一是增加事故救援费用和第三人（事故单位从业人员以外的事故受害人）赔付的资金来源，有助于减轻政府负担，维护社会稳定。目前有的地区还提供了一部分资金用于对事故死亡人员家属的补偿。二是有利于现行安全生产经济政策的完善和发展。2005 年起实施的高危行业风险抵押金制度存在缴存标准高、占用资金量大、缺乏激励作用等问题。目前，湖南、上海等省（直辖市）已经通过地方立法允许企业自愿选择责任保险或者风险抵押金，受到企业的广泛欢迎。三是通过保险费率浮动、引进保险公司参与企业安全管理，有效促进企业加强安全生产工作。

10. 加大对安全生产违法行为的责任追究力度

一是规定了事故行政处罚和终身行业禁入。第一，将行政法规的规定上升为法律条文，按照两个责任主体、四个事故等级设立了对生产经营单位及其主要负责人的八项罚款处罚规定。第二，大幅提高对事故责任单位的罚款金额：一般事故罚款 20 万元至 50 万元，较大事故 50 万元至 100 万元，重大事故 100 万元至 500 万元，特别重大事故 500 万元至 1 000 万元；特别重大事故的情节特别严重的，罚款 1 000 万元至 2 000 万元。第三，进一步明确主要负责人对重大、特别重大事故负有责任的，终身不得担任本行业生产经营单位的主要负责人。

二是加大罚款处罚力度。结合各地区经济发展水平、企业规模等实际，新法维持罚款下限基本不变，将罚款上限提高了 2～5 倍，并且大多数罚则不再将限期整改作为前置条件，反映了"打非治违"、"重典治乱"的现实需要，强化了对安全生产违法行为的震慑力，也有利于降低执法成本、提高执法效能。

三是建立了严重违法行为公告和通报制度。要求负有安全生产监督管理职责的部门建立安全生产违法行为信息库，如实记录生产经营单位的安全生产违法行为信息；对违法行为情节严重的生产经营单位，应当向社会公告，并通报行业主管部门、投资主管部门、国土资源主管部门、证券监督管理部门和有关金融机构。

（二）新《安全生产法》10 项基本法律制度

1. 安全生产监督管理制度

（1）国务院和县级以上地方人民政府安全生产监督管理部门实施综合监督管理，有关部门在各自职责范围内对有关行业、领域的安全生产工作实施监督管理，并将其统称为负有安全生产监督管理职责的部门。

（2）国务院和县级以上地方人民政府应当建立健全安全生产工作协调机制，及时协调、解决安全生产监督管理中存在的重大问题。

（3）各级安全生产监督管理部门和其他负有安全生产监督管理职责的部门作为执法部门，依法开展安全生产行政执法工作，对生产经营单位执行法律、法规、国家标准或者行业标准的情况进行监督检查。

2. 生产经营单位安全保障制度

（1）生产经营单位应当具备《安全生产法》和有关法律、行政法规和国家标准或者行业标准规定的安全生产条件；不具备安全生产条件的，不得从事生产经营活动。

（2）生产经营单位应当具备的安全生产条件所必需的资金投入，由生产经营单位的决策机构、主要负责人或者个人经营的投资人予以保证，并对由于安全生产所必需的资金投入不足导致的后果承担责任。

（3）矿山、金属冶炼、建筑施工、道路运输单位和危险物品的生产、经营、储存单位，应当设置安全生产管理机构或者配备专职安全生产管理人员。

其他生产经营单位，从业人员超过一百人的，应当设置安全生产管理机构或者配备专职安全生产管理人员；从业人员在一百人以下的，应当配备专职或者兼职的安全生产管理人员。

（4）生产经营单位应当对从业人员进行安全生产教育和培训，未经安全生产教育和培训合格的从业人员，不得上岗作业。

（5）生产经营单位新建、改建、扩建工程项目的安全设施，必须与主体工程同时设计、同时施工、同时投入生产和使用。

（6）生产经营单位应当建立健全生产安全事故隐患排查治理制度，采取技术、管理措施，及时发现并消除事故隐患。

（7）生产经营单位必须依法参加工伤社会保险，为从业人员缴纳保险费。

3. 生产经营单位主要负责人安全责任制度

生产经营单位的主要负责人对本单位安全生产工作负有下列职责：

（1）建立、健全本单位安全生产责任制。

（2）组织制定本单位安全生产规章制度和操作规程。

（3）组织制定并实施本单位安全生产教育和培训计划。

（4）保证本单位安全生产投入的有效实施。

（5）督促、检查本单位的安全生产工作，及时消除生产安全事故隐患。

（6）组织制定并实施本单位的生产安全事故应急救援预案。

（7）及时、如实报告生产安全事故。

4. 从业人员安全生产权利与义务

（1）权利。① 享有工伤社会保险的权利。② 了解其作业场所和工作岗位存在的危险因素、防范措施及事故应急措施的权利，有权对本单位的安全生产工作提出建议。③ 对本单位安全生产工作中存在的问题提出批评、检举、控告的权利。④ 拒绝违章指挥和强令冒险作业的权利。⑤ 发现直接危及人身安全的紧急情况时，有权停止作业或者在采取可能的应急措施后撤离作业场所的权利。⑥ 获得赔偿的权利。

（2）义务。① 遵守本单位的安全生产规章制度和操作规程，服从管理，正确佩戴和使用劳动防护用品。② 接受安全生产教育和培训。③ 发现事故隐患或者其他不安全因素，应当立即向现场安全生产管理人员或者本单位负责人报告。

5. 生产安全事故应急救援与调查处理制度

（1）建立全国统一的生产安全事故应急救援信息系统。国务院安全生产监督管理部门应当建立全国统一的生产安全事故应急救援信息系统，国务院有关部门应当建立健全相关专业的生产安全事故应急救援信息系统。县级以上地方各级人民政府应当建立或者确定本行政区域统一的生产安全事故应急救援信息系统。生产安全事故应急救援信息系统应当与各级人民政府建立的突发事件信息系统实现互联互通、信息共享。

（2）国家加强应急能力建设。国家建立矿山、危险物品、公路交通、铁路运输、水上搜救、油气田事故应急救援基地和应急救援队伍。县级以上地方各级人民政府应当根据本地区安全生产的特点，建立或者确定相应的专业应急救援队伍，并配备必要的设备、设施和器材。

（3）政府应当储备必要的应急救援物资。县级以上地方各级人民政府应当安排一定数量的生产安全事故应急救援资金，储备必要的生产安全事故应急救援物资，用于重大、特别重大生产安全事故的应急救援工作。

（4）生产经营单位制定应急预案和演练。生产经营单位应当按照有关规定制定生产安全事故应急预案,报安全生产监督管理部门和有关部门备案,并定期进行演练。生产安全事故应急预案应当根据安全生产实际情况适时修订。

(5)应急救援费用的承担。因事故救援发生的费用,由事故发生单位承担;事故发生单位无力承担的,由所在地人民政府解决。

6.生产安全事故责任追究制度

规定了事故行政处罚和终身行业禁入。一是将行政法规的规定上升为法律条文,按照两个责任主体、四个事故等级,设立了对生产经营单位及其主要负责人的八项罚款处罚规定。二是大幅提高对事故责任单位的罚款金额。三是进一步明确主要负责人对重大、特别重大事故负有责任的,终身不得担任本行业生产经营单位的主要负责人。

加大罚款处罚力度。结合各地区经济发展水平、企业规模等实际,新法维持罚款下限基本不变、将罚款上限提高了2～5倍,并且大多数罚则不再将限期整改作为前置条件。

建立了严重违法行为公告和通报制度。要求负有安全生产监督管理职责的部门建立安全生产违法行为信息库,如实记录生产经营单位的安全生产违法行为信息;对违法行为情节严重的生产经营单位,应当向社会公告,并通报行业主管部门、投资主管部门、国土资源主管部门、证券监督管理部门和有关金融机构。

7.安全生产规划制度

安全生产事关人民群众生命财产安全,事关改革发展稳定大局,事关党和政府形象和声誉,因此各级人民政府应当制定安全生产发展规划,经过对未来整体性、长期性、基本性问题的思考和考量,设计未来整套行动的方案,其具有综合性、系统性、时间性等特点。国务院和县级以上地方各级人民政府应根据国民经济和社会发展规划制定安全生产规划,并组织实施。安全生产规划与城乡规划相衔接,主要指安全生产规划中涉及城乡规划的内容应当与城乡规划相衔接,如安全生产规划中有关危险化学品的化工园区建设,涉及化工产业布局等。同时,编制城乡规划时,也应考虑安全生产因素。

8.注册安全工程师制度

危险物品的生产、储存单位以及矿山、金属冶炼单位应当有注册安全工程师从事安全生产管理工作。鼓励其他生产经营单位聘用注册安全工程师从事安全生产管理工作。

注册安全工程师的专业设置、考试、注册、执业及管理办法由国务院安全生产监督管理部门会同国务院人力资源社会保障部门等有关部门制定。

9.安全生产责任保险制度

通过引入保险机制,促进安全生产,规定国家鼓励生产经营单位投保安全生产责任保险。一是增加事故救援费用和第三人(事故单位从业人员以外的事故受害人)赔付的资金来源,有助于减轻政府负担,维护社会稳定。二是有利于现行安全生产经济政策的完善和发展。三是通过保险费率浮动、引进保险公司参与企业安全管理,有效促进企业加强安全生产工作。

10.安全生产诚信(黑名单)制度

(1)监管部门建立安全生产违法行为信息库,记录生产经营单位的安全生产违法行为信息。建立违法行为信息库,将存在安全生产突出问题、严重缺陷或者不良行为记录的生产经营单位列入"黑名单",是完善违法企业惩戒机制的基础,也是我国社会信用体系建设的重要组成部分。建立安全生产违法行为信息库是负有安全生产监督管理职责部门的一项法定义务,有关部门要保证建立信息库所需的人力物力条件,安排专项资金,安排专人负责运营、维护。通过信息库采集、记录安全生产违法行为信息,可以对企业形成压力和监督,促进企业在日常生产经营活动中自觉遵守安全生产法律法规,尽可能减少安全生产违法行为。

（2）向社会公告违法行为情节严重的生产经营单位。对于被列入"黑名单"的生产经营单位,有关部门还要以公告形式定期向全社会公告。违法行为情节严重的生产经营单位,可以通过新闻媒体或安全生产网等渠道予以曝光,纳入公众监督视野。向社会公告违法行为情节严重的生产经营单位,属于信息公开的特定方式,一方面体现了监管部门对有关企业的批评和警示,另一方面为公众监督企业遵守安全生产法律法规提供基础信息,提高公众监督的针对性和实效性。

（3）对违法行为情节严重的,监管部门应当通报相关主管部门和有关金融机构。对于违法情节严重的生产经营单位,在向社会公告的同时,及时向行业主管部门、投资主管部门、国土资源主管部门、证券监督管理机构以及有关金融机构通报,这就在法律上为建立信用联合惩戒机制奠定了基础。一是有助于建立安全生产的失信惩戒机制,企业在争取投资、获得经营用地、在证券市场融资等方面会产生一定的障碍,企业有关的资质有可能被吊销,有关金融机构为了维护自身经营安全,在给此类企业贷款、保险时,也会更加慎重等,从而增加生产经营单位的违法成本;二是有助于引起各行业主管部门对这些生产经营单位的关注,有针对性地加强日常监督检查,尽可能降低企业再次发生类似违法行为的风险。这些措施将对违法者形成极大的威慑,形成一处受罚、处处受限的局面,对遏制安全生产违法行为有很大的作用。

第三节　煤矿安全生产新法规新标准

党十八届中央委员会第四次全体会议通过的《中共中央关于全面推进依法治国若干重大问题的决定》,第一次以执政党最高政治文件和最高政治决策的形式,对在新形势下进一步引导和保障中国特色社会主义建设,通过全面推进依法治国、加快建设法治中国,推进国家治理体系和治理能力现代化,在法治轨道上积极稳妥地深化各种体制改革,为全面建成小康社会、实现中华民族伟大复兴中国梦提供制度化、法治化的引领、规范、促进和保障。2015年1月26日,全国安全生产工作会议提出要牢牢抓住依法治安这条主线,加快改革创新,深化治理整顿,适应经济发展新常态,在预防和治本上继续狠下功夫,全面完成安全生产"十二五"规划目标,为实现全国安全生产状况的根本好转打下坚实基础。

无论是依法治国还是依法治安,立法工作是基础。尽管我国建立了安全生产法律体系,但仍存在着法律覆盖范围不全和修订缓慢等问题。例如,以安全生产著称的日本,其安全生产大法《劳动安全卫生法》颁布40年来,修订了28次,平均不到1.5年就修订一次,最多的一年就修订3次。反观我国《安全生产法》颁布12年才迎来第一次修订,其他很多法律法规亦是如此,因此今后立法任务相当繁重。

除新《安全生产法》之外,近两年,国家安监总局和国家煤监局发布了一系列新的煤矿安全生产行政法规、部门规章、规范和安全标准,简要介绍如下。

一、行政法规

2013 年 10 月 25 日国办发〔2013〕101 号发布《突发事件应急预案管理办法》。该办法详细规定了突发事件应急预案的规划、编制、审批、发布、备案、演练、修订、培训、宣传教育等工作。煤矿生产事故应急预案归该办法管辖。

二、部门规章

1.《煤矿矿长保护矿工生命安全七条规定》

2013 年 1 月 24 日,《煤矿矿长保护矿工生命安全七条规定》由国家安全生产监督管理总局令第 58 号发布。

这七条规定包括:① 必须证照齐全,严禁无证照或者证照失效非法生产。② 必须在批准区域正规开采,严禁超层越界或者巷道式采煤、空顶作业。③ 必须确保通风系统可靠,严禁无风、微风、循环风冒险作业。④ 必须做到瓦斯抽采达标,防突措施到位,监控系统有效,瓦斯超限立即撤人,严禁违规作业。⑤ 必须落实井下探放水规定,严禁开采防隔水煤柱。⑥ 必须保证井下机电和所有提升设备完好,严禁非阻燃、非防爆设备违规入井。⑦ 必须坚持矿领导下井带班,确保员工培训合格、持证上岗,严禁违章指挥。

2.《国家安全监管总局关于修改〈生产经营单位安全培训规定〉等 11 件规章的决定》

2013 年 8 月 29 日,《国家安全监管总局关于修改〈生产经营单位安全培训规定〉等 11 件规章的决定》由国家安全生产监督管理总局令第 63 号发布。

该决定对 11 件有关安全培训的部门规章进行了修改,其中牵涉煤矿的有《生产经营单位安全培训规定》、《安全生产培训管理办法》、《特种作业人员安全技术培训考核管理规定》、《煤层气地面开采安全规程(试行)》、《煤矿安全培训规定》等 5 个安全培训专门规章和《注册安全工程师管理规定》、《防治煤与瓦斯突出规定》、《安全评价机构管理规定》、《安全生产监管监察职责和行政执法责任追究的暂行规定》等 4 个含有安全培训内容的专门规章。

修改的主要内容有:① 生产经营单位从业人员和特种作业人员应当以自主培训为主,也可委托具备安全培训条件的机构进行安全培训。② 注册安全工程师继续教育应当由具备安全培训条件的机构承担。③ 安全评价机构法定代表人须通过具备安全培训条件的机构组织的相关安全生产和安全评价知识培训,并考试合格。④ 从事特种作业人员安全技术培训的机构,应当制定相应的培训计划、教学安排,并按照安全监管总局、煤矿安监局制定的特种作业人员培训大纲和煤矿特种作业人员培训大纲进行特种作业人员的安全技术培训。⑤ 从事危险物品的生产、经营、储存单位和矿山企业主要负责人、安全生产管理人员、特种作业人员以及注册安全工程师等相关人员培训的安全培训机构,应当将教师、教学和实习实训设施等情况书面报告所在地安全生产监督管理部门、煤矿安全培训监管机构。⑥ 国家鼓励安全生产相关社会组织对安全培训机构实行自律管理。⑦ 负责煤矿安全培训的机构,应当建立健全安全培训工作制度和培训档案,落实安全培训计划,依照国家统一的煤矿安全培训大纲进行培训。

3.《严防企业粉尘爆炸五条规定》

2014 年 8 月 15 日,《严防企业粉尘爆炸五条规定》由国家安全生产监督管理总局令第 68 号发布。

这五条规定包括:① 必须确保作业场所符合标准规范要求,严禁设置在违规多层房、安全间距不达标厂房和居民区内。② 必须按标准规范设计、安装、使用和维护通风除尘系统,每班按规定检测和规范清理粉尘,在除尘系统停运期间和粉尘超标时严禁作业,并停产撤人。③ 必须按规范使用防爆电气设备,落实防雷、防静电等措施,保证设备设施接地,严禁作业场所存在各类明火和违规使用作业工具。④ 必须配备铝镁等金属粉尘生产、收集、贮存的防水防潮设施,严禁粉尘遇湿自燃。⑤ 必须严格执行安全操作规程和劳动防护制度,严禁员工培训不合格和不按规定佩戴使用防尘、防静电等劳保用品上岗。

4.《企业安全生产风险公告六条规定》

2014 年 12 月 10 日,《企业安全生产风险公告六条规定》由国家安全生产监督管理总局令第 70 号发布。

这六条规定包括:① 必须在企业醒目位置设置公告栏,在存在安全生产风险的岗位设置告知卡,分别标明本企业、本岗位主要危险危害因素、后果、事故预防及应急措施、报告电话等内容。② 必须在重大危险源、存在严重职业病危害的场所设置明显标志,标明风险内容、危险程度、安全距离、防控办法、应急措施等内容。③ 必须在有重大事故隐患和较大危险的场所和设施设备上设置明显标志,标明治理责任、期限及应急措施。④ 必须在工作岗位标明安全操作要点。⑤ 必须及时向员工公开安全生产行政处罚决定、执行情况和整改结果。⑥ 必须及时更新安全生产风险公告内容,建立档案。

5.《安全评价与检测检验机构规范从业五条规定(试行)》

2015 年 2 月 2 日,《安全评价与检测检验机构规范从业五条规定(试行)》由国家安全生产监督管理总局令第 71 号发布。

这五条规定包括:① 必须按规定注册独立法人单位,严格按照资质证书规定的业务范围开展工作,对出具的报告负法律责任,严禁租借资质证书、非法挂靠、转包服务项目。② 必须按照法律法规和执业准则公平竞争,严禁假借、冒用他人名义要求服务对象接受有偿服务。③ 必须做到客观公正、诚实守信,在网上公开评价报告、检测项目等有关信息,严禁出具虚假或漏项、缺项报告。④ 必须严格执行从业人员管理规定,严禁出租资格证书、在报告上冒用他人签名。⑤ 必须保障专业技术服务和报告质量,严禁应到而不到现场开展技术服务、抄袭他人成果。

6.《煤矿作业场所职业病危害防治规定》

2015 年 2 月 28 日,《煤矿作业场所职业病危害防治规定》由国家安全生产监督管理总局令第 73 号发布。

该规定共 11 章 73 条,分别对职业病危害防治管理、建设项目职业病防护设施"三同时"管理、职业病危害项目申报、职业健康监护、粉尘危害防治、噪声危害防治、热害防治、职业中毒防治以及应负的法律责任做了详细规定。

7.《企业安全生产应急管理九条规定》

2015 年 2 月 28 日,《企业安全生产应急管理九条规定》由国家安全生产监督管理总局令第 74 号发布。

这九条规定包括:① 必须落实企业主要负责人是安全生产应急管理第一责任人的工作责任制,层层建立安全生产应急管理责任体系。② 必须依法设置安全生产应急管理机构,配备专职或者兼职安全生产应急管理人员,建立应急管理工作制度。③ 必须建立专(兼)职应急救援队伍或与邻近专职救援队签订救援协议,配备必要的应急装备、物资,危险作业必须有专人监护。④ 必须在风险评估的基础上,编制与当地政府及相关部门相衔接的应急预案,重点岗位制定应急处置卡,每年至少组织一次应急演练。⑤ 必须开展从业人员岗位应急知识教育和自救互救、避险逃生技能培训,并定期组织考核。⑥ 必须向从业人员告知作业岗位、场所危险因素和险情处置要点,高风险区域和重大危险源必须设立明显标识,并确保逃生通道畅通。⑦ 必须落实从业人员在发现直接危及人身安全的紧急情况时停止作业,或在采取可能的应急措施后撤离作业场所的权利。⑧ 必须在险情或事故发生后第一时间做好先期处置,及时采取隔离和疏散措施,并按规定立即如实向当地政府及有关部门报告。⑨ 必须每年对应急投入、应急准备、应急处置与救援等工作进行总结评估。

8.《用人单位职业病危害防治八条规定》

2015 年 3 月 24 日,《用人单位职业病危害防治八条规定》由国家安全生产监督管理总局令第 76 号发布。

这八条规定包括:① 必须建立健全职业病危害防治责任制,严禁责任不落实违法违规生产。② 必须保证工作场所符合职业卫生要求,严禁在职业病危害超标环境中作业。③ 必须设置职业病防护设施并保证有效运行,严禁不设置不使用。④ 必须为劳动者配备符合要求的防护用品,严禁配发假冒伪劣防护用品。⑤ 必须在工作场所与作业岗位设置警示标识和告知卡,严禁隐瞒职业病危害。⑥ 必须定期进行职业病危害检测,严禁弄虚作假或少检漏检。⑦ 必须对劳动者进行职业卫生培训,严禁不培训或培训不合格上岗。⑧ 必须组织劳动者职业健康检查并建立监护档案,严禁不体检不建档。

9.《国家安全监管总局关于修改〈生产安全事故报告和调查处理条例〉罚款处罚暂行规定等四部规章的决定》

2015 年 4 月 2 日,《国家安全监管总局关于修改〈生产安全事故报告和调查处理条例〉罚款处罚暂行规定等四部规章的决定》由国家安全生产监督管理总局令第 77 号发布。

对《〈生产安全事故报告和调查处理条例〉罚款处罚暂行规定》、《安全生产违法行为行政处罚办法》、《安全生产监管监察职责和行政执法责任追究的暂行规定》和《建设项目安全设施"三同时"监督管理暂行办法》等 4 部规章进行了修改。

10.《国家安全监管总局关于废止和修改劳动防护用品和安全培训等领域十部规章的决定》

2015 年 5 月 29 日,《国家安全监管总局关于废止和修改劳动防护用品和安全培训等领域十部规章的决定》由国家安全生产监督管理总局令第 80 号发布。

废止和修改的规章是:① 废止《劳动防护用品监督管理规定》(2005 年 7 月 22 日国家安全生产监管管理总局令第 1 号发布)和《矿山救护队资质认定管理规定》(2005 年 8 月 23 日国家安全生产监督管理总局令第 2 号发布)。② 对《生产经营单位安全培训规定》、《特种作业人员安全技术培训考核管理规定》、《安全生产培训管理办法》、《安全生产检测检验机构管理规定》、《安全评价机构管理规定》和《职业卫生技术服务机构监督管理暂行办法》进行了修改。

11.《国家安全监管总局关于修改〈煤矿安全监察员管理办法〉等五部煤矿安全规章的决定》

2015 年 6 月 8 日,《国家安全监管总局关于修改〈煤矿安全监察员管理办法〉等五部煤矿安全规章的决定》由国家安全生产监督管理总局令第 81 号发布。

对《煤矿安全监察员管理办法》、《煤矿安全监察行政处罚办法》、《煤矿建设项目安全设施监察规定》、《煤矿企业安全生产许可证实施办法》、《煤矿领导带班下井及安全监督检查规定》等5部煤矿安全规章进行了修改。

12.《强化煤矿瓦斯防治十条规定》

2015年7月9日,《强化煤矿瓦斯防治十条规定》由国家安全生产监督管理总局令第82号发布。

这十条规定包括:① 必须建立瓦斯零超限目标管理制度。瓦斯超限必须停电撤人、分析原因、停产整改、追究责任。② 必须完善瓦斯防治责任制。煤矿主要负责人负总责,确保瓦斯防治机构、人员、计划、措施、资金五落实。③ 必须严格矿井瓦斯等级鉴定,煤矿对鉴定资料的真实性负责,鉴定单位对鉴定结果负责。突出矿井必须测定瓦斯含量、瓦斯压力和抽采半径等基础参数,试验考察确定突出敏感指标和临界值。④ 必须制定瓦斯防治中长期规划和年度计划,实行"一矿一策"、"一面一策",做到先抽后掘、先抽后采、抽采达标,确保抽掘采平衡。⑤ 高瓦斯和突出矿井必须建立专业化瓦斯防治队伍。通风系统调整、突出煤层揭煤、火区密闭和启封时,矿领导必须现场指挥。⑥ 必须建立通风瓦斯分析制度,发现风流和瓦斯异常变化,必须排查隐患、采取措施。⑦ 突出矿井必须建立地面永久瓦斯抽采系统。新建突出矿井必须进行地面钻井预抽,做到先抽后建。必须落实以地面钻井预抽、保护层开采、岩巷穿层钻孔预抽为主的区域治理措施。⑧ 必须确保安全监控系统运行可靠,其显示和控制终端必须设在矿调度室,并与上级公司或负责煤矿安全监管的部门联网。安全监控系统不能正常运行的必须停产整改。⑨ 必须通风可靠、风量充足。通风或抽采能力不能满足要求的,必须降低产量、核减生产能力。⑩ 必须严格执行爆破管理、电气设备管理和防灭火管理制度,防范爆破、电气失爆和煤层自燃等引发瓦斯煤尘爆炸。

同时,2015年7月20日国家安全生产监督管理总局令第83号废止了《国有煤矿瓦斯治理规定》(2005年1月6日国家安全生产监督管理局、国家煤矿安全监察局令第21号公布)和《国有煤矿瓦斯治理安全监察规定》(2005年1月6日国家安全生产监督管理局、国家煤矿安全监察局令第22号公布)2部规章。

13.新《煤矿安全规程》

《煤矿安全规程》是为了保障煤矿安全生产和从业人员人身安全与健康,防止煤矿事故与职业病危害,根据《煤炭法》、《矿山安全法》、《安全生产法》、《职业病防治法》、《煤矿安全监察条例》和《安全生产许可证条例》等而制定的。《煤矿安全规程》以安全生产法律法规为依据,坚持煤矿安全生产方针,以先进的科学技术为导向,以安全生产实践为基础,结合我国煤矿技术和装备水平的实际情况,逐步趋于完善和科学,具有权威性、强制性、实用性、规范性和可操作性等特点,是煤矿企业必须遵守的法定规程。

2016年版《煤矿安全规程》共6编721条。

第一编:总则,规定了从事煤炭生产与煤矿建设的企业(以下统称煤矿企业)必须遵守国家有关安全生产的法律、法规、规章、规程、标准和技术规范。必须加强安全生产管理,建立健全各级负责人、各部门、各岗位安全生产与职业病危害防治责任制。必须建立健全安全生产与职业病危害防治目标管理、投入、奖惩、技术措施审批、培训、办公会议制度,安全检查制度,事故隐患排查、治理、报告制度,事故报告与责任追究制度等。必须建立各种设备、设施检查维修制度,定期进行检查维修,并做好记录。必须制定本单位的作业规程和操作规程。必须设置专门机构负责煤矿安全生产与职业病危害防治管理工作,配备满足工作需要的人员及装备。必须对从业人员进行安全教育和培训。从业人员有权制止违章作业,拒绝违章指挥;当工作地点出现险情时,有权立即停止作业,撤离至安全地点;当险情没有得到处理不能保证人身安全时,有权拒绝作业。从业人员必须遵守煤矿安全生产规章制度、作业规程和操作规程,严禁违章指挥、违章作业。

第二编:地质保障,提出了煤矿设立地测部门的要求和地质资料不能满足实际需要时应进行补充勘探,以及对煤矿设计、建设、生产不同阶段进行地质勘探、编制地质报告的规定。

第三编:井工煤矿,提出了矿井建设,开采,通风、瓦斯和煤尘爆炸防治,煤(岩)与瓦斯(二氧化碳)突出防治,冲击地压防治,防灭火,防治水,爆炸物品和井下爆破,运输、提升和空气压缩机,电气,监控与通信等方面的规定。

第四编:露天煤矿,提出了钻孔爆破、采装、运输、排土、边坡和水火防治、电气及设备检修等方面的规定。

第五编:职业病危害防治,提出了职业病危害管理、粉尘防治、热害防治、噪声防治、有害气体防治、职业健康监护等方面的规定。

第六编:应急救援,提出了安全避险、救援队伍、装备与设施、救援指挥与灾变处理等方面的规定。

三、其他规定

(一)《国家安全监管总局、国家煤矿安监局关于进一步加强和规范煤矿图纸管理和监管监察工作的通知》(安监总煤调〔2014〕80 号,2014 年 8 月 1 日)

1.进一步加强和规范图纸管理

(1)要及时并严格按标准绘制图纸,所有图纸应及时填绘、标注齐全。采掘工程平(立)面图应标注所有采掘巷道、硐室及标高、采掘工作面月推进度、老窑积水区探水警戒线、采空区范围和回采时间以及火区范围和密闭等。临时密闭和永久密闭都实行编号管理,每个密闭都要建立档案,明确记载密闭前封闭区域内的情况及密闭设置的地点、时间、原因等,并对密闭进行监测。

通风系统图上应标注煤矿井下安全避险"六大系统"布置情况、通风设施规格尺寸和构筑日期、通风设备型号及主要参数等。

井上、下对照图上应标注矿界、工业广场、保护煤柱、主要积水区和采煤塌陷区范围,以及地表河流、铁路、建筑及周边煤矿等。

(2)要严格落实图纸审签制度,各煤矿企业的矿长、总工程师要对图纸正确性、真实性负责,采掘工程平(立)面图、通风系统图和井上、下对照图等主要图纸必须经矿长和总工程师本人审签,并标注审签日期,不得使用签字复印件,不得代签。

2.建立完善煤矿图纸报备和抽查制度

各级煤炭行业管理、煤矿安全监管监察部门要加强煤矿图纸管理工作的日常监管监察和服务指导,对各类煤矿主要技术图纸实行定期报备制度和随机抽查制度。

(1)全面施行煤矿图纸定期报备制度。各类煤矿应在执行原有图纸交换制度的基础上,从 2014 年四季度起,每个季度第一个月初,以矿井为单位,将矿井采掘工程平面图、矿井通风系统图和井上、下对照图等三种主要图纸报所在市、县级煤炭行业管理部门、煤矿安全监管部门和驻地煤矿安全监察分局备案。

(2)建立健全煤矿图纸随机抽查制度。各产煤市、县级煤炭行业管理部门、煤矿安全监管部门及驻地煤矿安全监察分局随机开展煤矿图纸动态抽查,原则上每个季度分别对辖区内的煤矿图纸管理进行一次随机抽查,辖区煤矿在 100 处以下的年度抽查不少于 2 处,100处以上的不少于 3 处。

各单位应结合辖区实际,制定落实煤矿图纸定期报备制度和随机抽查制度的具体操作办法。

3. 加大对煤矿图纸问题的执法力度

各级煤炭行业管理、煤矿安全监管监察部门要把煤矿图纸的监管监察纳入重点工作内容,对监管监察过程中发现的技术档案和图纸管理方面的违规行为要依法从严惩处。

(1) 对存在未能按时完成实测、填绘图纸和交换工作,以及实测填图工作不认真、图纸不翔实的煤矿企业,要责令限期整改。

(2) 对逾期不改或情节严重的(开拓、准备巷道、采掘工作面位置不真实,密闭不按要求管理等)煤矿,要依法暂扣其煤矿安全生产许可证,责令其停产整顿,依据有关法律法规进行处罚。

(3) 对提供虚假图纸和超层越界开采等情节特别恶劣的煤矿,要依法吊销煤矿企业安全生产许可证和矿长安全资格证,提请地方人民政府依法予以关闭,并公开处理结果。

(二)《国家安全监管总局办公厅关于进一步做好煤矿矿用产品安全标志管理工作的通知》(安监总厅规划函〔2014〕1 号)

1. 严格评审程序,着力提高矿用安标申办工作效率

(1) 严格时限要求。制定矿用新产品安全标志管理实施规则,不断优化工作程序。进一步细化、明确各类产品受理、审查、检验、评审等环节的时限要求,及时向社会公开,切实提高申办工作效率。

(2) 规范监督评审。研究建立监督评审分级制度,依据企业生产能力、市场信用和产品安全性能等,探索实行分级制、差异化的监督评审,提高监督评审效果和效率。主动接受省级煤矿安全监察局对现场评审的监督。提前一周将现场评审工作计划,以函件或邮件等形式送达相关省级煤矿安全监察局。

(3) 建立倒查机制。建立和完善矿用安标工作责任落实倒查制度,加强矿用安标审核发放各环节的节点管控和任务管理。对不能按时限、按要求完成任务的单位和个人,给予警告、通报批评等处理,并将完成情况作为委托任务的重要依据。

2. 强化日常监督,加大矿用安标产品的管控力度

(1) 持续加大矿用安标发放后的监管力度。自 2014 年起,以核查企业实际生产产品与送检样品的一致性为重点,每年必须对重点产品进行监督检查,对存在问题的企业,要依法依规暂停或撤销其相关产品的安全标志。以核查矿山企业采购产品与矿用安标检验样品的一致性为重点,每年核查矿山企业不少于 10 次。

(2) 自觉接受省级煤矿安全监察局的监督检查。要积极配合省级煤矿安全监察局加强对矿用安标产品生产、使用环节的监管,为矿用安标产品安全监察提供技术支持和服务。每月将矿用安标发放、暂停、注销、撤销等情况以函件或邮件等形式送达相关省级煤矿安全监察局。制定省级煤矿安全监察局意见征求表,每年征集一次省级煤矿安全监察局的意见和建议,积极改进工作方式、方法。

(3) 建立完善矿用安标认证信息反馈机制。制定安标认证调查表,每半年征集一次产品生产企业和矿山企业对矿用安标相关工作的意见。

（4）完善矿用安标产品售后使用环节的标准规范。要重点研究矿用安标证书有效期满后设施设备如何继续使用的问题、被暂停安全标志产品如何继续销售和使用的问题、矿用安标产品升级改造和大修以后如何重新认证的问题。逐步完善矿用安标产品、设备使用年限、售后服务、维修保养等标准规范。进一步明确生产企业、使用企业对矿用安标产品承担的相应职责，督促产品生产企业完善售后服务体系，督促使用企业落实安全主体责任。

3. 切实加强专业技术人员和服务机构的管理

（1）建立专业技术人员培训考评机制。每年须对技术审查员、现场评审员进行业务培训和考核，对考核不合格的坚决予以淘汰。

（2）切实加强对现场评审员的管理。要及时收集省级煤矿安全监察局、生产企业填写的安全标志现场评审综合信息反馈表，对存在问题的评审员，要严肃处理，情节严重的，要取消其评审员资格。

（3）建立检测检验机构评估淘汰机制。要加大对承担矿用安标检测任务专业服务机构的监管力度，每半年对其工作完成情况进行综合评估，对达不到要求的机构，取消委托矿用安标检测任务。

（4）建立客户综合评价系统。制定纪律反馈单、信息反馈表、网络投诉、电话举报制度，建立健全客户综合评价系统，将评价结果作为工作人员奖惩的重要依据，进一步强化安标国家中心服务意识，坚决杜绝吃、拿、卡、要等现象。

4. 推进物联网系统建设，完善矿用安标统计分析报告制度

（1）加快推进矿用重点装备的物联网系统建设。推进便携式、可读取数据检查工具的研发和使用，提高安全监察效能，为安全监管监察、物证溯源等提供及时有效的技术支撑。

（2）建立矿用安标信息统计分析报告制度。要加大对矿用安标信息收集整理、统计分析工作，每季度形成安标审核发放和监督检查季度统计分析报告、每年形成安标审核发放和监督检查年度统计分析报告，并报送国家安全监管总局规划科技司和国家煤矿安监局科技装备司。

（三）《国家安全监管总局、国家煤矿安监局关于加快推进煤矿井下紧急避险系统建设的通知》（安监总煤装〔2013〕10 号）

（1）所有煤矿必须按照国发〔2010〕23 号文件的规定，于 2013 年 6 月底前完成煤矿井下紧急避险系统建设。各地区、各有关部门和各煤矿企业要进一步加强组织领导，按照规定的时限倒排工期，把任务、措施和进度落实到位，确保按期完成紧急避险系统建设任务。

（2）各煤矿企业应当按照国家安全监管总局、国家煤矿安监《关于印发煤矿井下紧急避险系统建设管理暂行规定的通知》（安监总煤装〔2011〕15 号）和《关于煤矿井下紧急避险系统建设管理有关事项的通知》（安监总煤装〔2012〕15 号）要求，按照科学合理、因地制宜、安全实用的原则建设井下紧急避险系统，优先建设避难硐室。避难硐室应当优先选择专用钻孔、专用管路供氧（风）等方式，为避险人员提供可靠的生存保障。

（3）采用井下压风管路作为避难硐室专用管路供风的，应当对压风系统采取必要的防护措施，以防止灾变时压风系统被破坏。

（4）采用专用钻孔或专用管路为避难硐室供氧（风）的，在满足人员避险需求的前提下，可以简化或不再配置避难硐室高压氧气瓶、去除有毒有害气体和温湿度调节装置。

（5）煤矿企业要加强紧急避险系统的日常维护管理，确保其始终处于正常待用状态。要建立应急演练制度，科学确定避灾路线，编制应急预案。要加强入井人员培训，使其熟悉各种灾害的避灾路线，能够正确使用安全避险设施，充分发挥安全避险设施的作用。

（四）《煤矿生产能力管理办法》（安监总煤行〔2014〕61号）

煤矿生产能力分为设计生产能力和核定生产能力。

设计生产能力是指由依法批准的煤矿设计确定、建设施工单位据以建设竣工，并经过验收合格的生产能力。新建、改扩建煤矿和煤矿技术改造项目竣工的，煤炭行业管理部门在组织竣工验收时，应当同时对煤矿设计生产能力进行确认。

核定生产能力是指已依法取得采矿许可证、安全生产许可证、企业法人营业执照的正常生产煤矿，因地质、生产技术条件、采煤方法等发生变化，致使生产能力发生较大变化，按照本办法规定经重新核实，最终由负责煤矿生产能力核定工作的部门审查确认的生产能力，是煤矿依法组织生产，煤炭行业管理部门、负责煤矿安全监管的部门和煤矿安全监察机构依法实施监管监察的依据。

1. 有下列情形之一的煤矿，应当组织进行生产能力核定

（1）采场条件或提升、运输、通风、排水、供电、瓦斯抽采、地面等系统（环节）之一发生较大变化。

（2）实施采掘机械化改造，采掘生产工艺有重大改变。

（3）煤层赋存条件、资源储量发生较大变化。

（4）非停产限产原因，连续2年实际原煤产量达不到登记生产能力70%的。

（5）发生较大以上生产安全事故，且存在超安全保障能力生产行为。

（6）出现煤与瓦斯突出现象；被鉴定为高瓦斯矿井或冲击地压矿井；采深突破1 000 m等。

（7）其他生产技术条件发生较大变化。

2. 有下列情形之一的煤矿，不得核增生产能力

（1）安全保障能力建设、机械化改造等不符合《国务院办公厅关于进一步加强煤矿安全生产工作的意见》（国办发〔2013〕99号）有关规定的。

（2）重大灾害治理措施不完备的。

（3）生产技术、工艺、装备或生产布局不符合国家有关规定的。

3. 矿井生产能力评估

近2年内连续发生生产安全死亡事故，或发生较大以上生产安全事故的，负责煤矿生产能力核定工作的部门应当组织中介机构评估矿井生产能力是否符合实际。

4. 煤矿生产能力核定的程序

（1）煤矿委托生产能力核定单位组织现场核定。

（2）主管部门（单位）审查。

（3）负责煤矿生产能力核定工作的部门审查确认。

（4）煤矿应当在生产能力发生变化后90日内，委托生产能力核定单位进行核定。生产能力核定单位接受委托后，应当在45个工作日内完成生产能力核定，向煤矿提交生产能力核定报告书。核定结果审查确认之前，煤矿应当按原生产能力组织生产。

5.生产能力核定结果审查

煤矿依据生产能力核定单位提交的生产能力核定报告书,向主管部门(单位)提交生产能力核定结果审查申请,并报送以下资料:

(1)生产能力核定结果审查申请文件。

(2)生产能力核定结果审查申请表。

(3)生产能力核定报告书和生产能力核定表。

(4)采矿许可证、安全生产许可证、企业法人营业执照复印件。

煤矿生产能力核定应严格按照《煤矿生产能力核定标准》(安监总煤行〔2014〕61号)执行。

2014年9月5日,国家安监总局和国家煤监局印发《50个重点县煤与瓦斯突出煤矿生产能力重新核定工作方案》(安监总煤行〔2014〕99号),对50个重点县煤与瓦斯突出煤矿生产能力重新核定工作作出了详细部署。

(五)《国家安全监管总局、国家煤矿安监局关于进一步加强资源整合技改煤矿建设项目安全监管监察工作的通知》(安监总煤监〔2014〕125号)

(1)整合技改煤矿建设项目必须纳入省级人民政府批准的煤矿资源整合或兼并重组方案中,已批准的资源整合方案中的所有煤矿和兼并重组方案中被兼并的煤矿必须按规定停止生产。

(2)整合技改煤矿建设项目必须按规定变更相关证照、办理相关审批手续,被整合的煤矿必须依法吊(注)销相关证照,经批准的设计中明确不予利用的井巷要封闭到位。

(3)整合技改煤矿建设项目要按照批准的设计内容,在规定的期限内完成建设施工;整合技改煤矿建设项目必须按规定经竣工验收,取得各种证照后,方可投入生产,并确保一证一矿、一套生产系统。

(4)设计、施工、监理单位的资质、业绩和安全管理人员安全资格等必须符合国家有关规定。设计单位必须委派相关专业人员常驻施工现场,及时协助解决相关问题;施工单位必须落实安全施工主体责任,强化施工现场管理,及时排查并消除事故隐患;监理单位对建设施工质量和安全等承担责任,要按规定配备监理工程师和监理人员及监理设备,严格履行监理职责。

(5)兼并主体企业要加强对被兼并煤矿的安全管理工作,严格落实安全生产主体责任,对被兼并煤矿必须派驻安全管理和工程技术人员,建立完善安全管理机构和技术管理体系,派驻的矿长、总工程师和分管安全、生产、机电的副矿长不得在其他煤矿兼职,并严格落实领导带班制度。

(6)整合技改煤矿建设项目要按规定建立矿山救护队或与周边具有相应能力的救护队签订救护协议。

(7)经评估不具备瓦斯防治能力的整合、兼并主体企业,要停止参与对高瓦斯和煤与瓦斯突出矿井的整合技改。

(8)整合技改期间严禁违法组织生产,严禁假整合、不技改、真生产、原有矿井各自多系统生产。

(9)各地区要落实安全监管主体责任,加强对整合兼并重组煤矿的安全监管监察工作,进一步督促建设、监理、施工、设计单位落实相关责任,特别是兼并主体企业的安全管理主体责任落实。地方政府相关部门对整合技改煤矿应派驻监管人员，严防整合技改期间违法生产、边施工边生产、未经验收擅自生产。

（10）凡未按规定办理采矿许可证和设计审批等手续的、安全设施设计批复后1年内未开工的、未按批准的工期完工的、整合技改期间非法组织生产的以及发生重特大事故的整合技改煤矿建设项目，提请地方人民政府依法予以关闭，同时采取适当方式予以公布。高瓦斯和煤与瓦斯突出矿井的兼并主体企业不具备瓦斯防治能力的，要取消其整合技改资格。

（六）《关于加快落后小煤矿关闭退出工作的通知》（安监总煤监〔2014〕44号）

1.总体思路

深入贯彻科学发展观，牢固树立安全发展理念，以法律法规为依据，以产业政策为引导，以市场机制为基础，综合运用法律、经济、技术、行政等手段，建立健全小煤矿关闭退出机制，减少小煤矿数量，淘汰煤炭落后产能，提高保留小煤矿的办矿水平，推进小煤矿向生产集约化、采掘机械化、安全质量标准化、管理信息化方向发展，进一步调整优化煤炭工业结构，提高煤炭清洁化水平，加快转变煤炭工业发展方式，提升煤炭工业整体安全保障能力。

2.工作目标

统筹考虑现有小煤矿数量、地区分布、开采条件、煤炭供需和对煤矿安全生产的影响程度等因素，按照突出重点、稳步推进原则，到2015年底全国关闭2 000处以上小煤矿。

3.工作重点

以辽宁、黑龙江、江西、湖北、湖南、重庆、四川、云南、贵州等省（市）为重点地区，逐步淘汰9万t/a及以下煤矿，重点关闭不具备安全生产条件的煤矿，加快关闭9万t/a及以下煤与瓦斯突出等灾害严重的煤矿，坚决关闭发生较大及以上责任事故的9万t/a及以下的煤矿。

4.关闭对象

（1）核定生产能力在3万t/a及以下煤矿。

（2）核定生产能力在9万t/a及以下煤与瓦斯突出煤矿（按照各地已制定的工作规划或计划逐步关闭或淘汰退出）。

（3）超层越界拒不退回的生产或建设煤矿。

（4）资源枯竭的煤矿。

（5）停而不整或整顿后仍达不到安全生产条件的煤矿。

（6）拒不执行停产整顿指令仍然组织生产的煤矿。

（7）瓦斯防治能力没有通过评估，且拒不停产整顿的煤矿企业所属的高瓦斯和煤与瓦斯突出煤矿。

（8）与大型煤矿井田平面投影重叠的煤矿。

（9）经停产整顿，在限定时间内仍未实现正规开采的煤矿。

（10）经停产整顿，在限定时间内没有达到安全质量标准化三级标准的煤矿。

（11）发生较大及以上责任事故的9万t/a及以下的煤矿。

（12）灾害严重，且经县级以上地方人民政府组织专家进行论证，在现有技术条件下难以有效防治的煤矿。

（13）县级以上地方人民政府规定应依法予以关闭的煤矿。

5.关闭到位标准

(1)县级以上地方人民政府依法作出关闭煤矿决定。

(2)依法注销或吊销关闭矿井的相关证照,注(吊)销时间要在颁证部门政府网站上公告。

(3)停止供水、供电、供民用爆炸物品。

(4)拆除设备,炸毁或封闭填实井筒,填平场地(为确保相邻矿井安全予以保留的井筒和整合后技改矿井需要再利用的井筒除外)。

(5)矿山环境治理与周边生态环境相协调。

(6)煤矿所有从业人员劳动关系得到依法妥善处理。

6.主要工作措施

(1)细化落后小煤矿关闭退出的目标和任务。

(2)完善煤炭落后产能标准。

(3)严格煤矿准入。9万t/a及以下的煤与瓦斯突出煤矿、冲击地压煤矿和水文地质条件极复杂等灾害严重煤矿原则上不参加资源整合。

(4)加强煤炭资源管理。

(5)加大灾害严重矿井关闭退出力度。

(6)利用现有资金渠道积极支持煤矿关闭退出。

(7)完善煤矿退出扶持政策措施。

(8)进一步简化整合技改审批程序。

(9)加强对落后小煤矿关闭退出工作落实情况的监督检查。

(七)《煤矿井下爆破作业安全管理九条规定》

2015年2月25日安监总煤调〔2015〕16号发布。

(1)必须严格执行《煤矿安全规程》和作业规程,落实"一炮三检"制度,严禁违章指挥、违章爆破作业。

(2)爆破作业必须认真执行报告和联锁制度,由带班队长向矿调度室报告瓦斯、煤尘、支护等情况,经同意后方可进行爆破,严禁擅自爆破。

(3)石门揭煤、巷道贯通等重点环节爆破作业必须制定专项安全措施,按规定报批后,由矿领导现场监督实施,严禁未经审批情况下爆破作业。

(4)爆破前后必须采取洒水降尘等综合防尘措施,严禁煤尘积聚或超限情况下爆破作业。

(5)必须严格落实探放水措施,严禁在有突水预兆情况下爆破作业。

(6)必须在规定的安全位置警戒、起爆和躲炮,严禁爆破后未经检查进入警戒区。

(7)必须按规定使用水炮泥和炮泥,严禁裸露爆破或放明炮、糊炮。

(8)必须按规定处理大块煤(矸)和煤仓(眼)堵塞,严禁采用炸药爆破方式处理。

(9)对顶板(顶煤)预裂爆破必须在工作面前方未采动区域进行,严禁在工作面架间(后)爆破。

(八)《煤矿井下爆炸材料安全管理六条规定》

2015年2月25日安监总煤调〔2015〕16号发布。

(1)必须严格执行爆炸材料入库、保管、发放、运输、清退等安全管理制度,严禁违规管理和发放爆炸材料。

（2）必须使用煤矿许用炸药和雷管，严禁使用黑火药、冻结或半冻结的硝化甘油类炸药、火雷管等非煤矿许用爆炸材料。

（3）爆炸材料库的2个出口必须分别装设抗冲击波活门或抗冲击波密闭门，严禁装设不符合标准的密闭防爆门。

（4）爆炸材料库内的炸药和雷管必须限量、分开贮存，严禁超量贮存、违规堆放。

（5）爆炸材料必须专人领取、如实编号登记，作业剩余爆炸材料必须当班清退回库，严禁私拿、私藏，严防丢失。

（6）雷管和炸药必须分开并由专人运送，严禁与其他材料混合运输，严禁在交接班、人员上下井时间运输。

（九）《煤矿建设项目安全设施竣工验收监督核查暂行办法》

2015年4月10日安监总煤监〔2015〕34号发布。

（十）淘汰落后安全技术装备目录（2015年第一批）

2015年7月10日安监总科技〔2015〕75号发布。

（1）煤矿井下油浸变压器和油开关等油浸电气设备。

（2）S7动力变压器。

（3）继电器式过流保护装置（6 kV及以上开关柜使用）。

（4）电磁式继电保护装置。

（5）矿井提升机制动系统十字弹簧控制压力的液压站。

（6）阀式避雷器。

（7）水力采煤。

四、煤矿安全生产新标准

2014年新发布的煤矿安全生产行业标准如表2-1所列。

表 2-1　　　　　　　　　　　煤矿安全生产行业标准

序号	标准编号	标准名称	代替标准号
1	AQ 1095—2014	煤矿建设项目安全预评价实施细则	
2	AQ 1096—2014	煤矿建设项目安全验收评价实施细则	
3	AQ 1097—2014	井工煤矿安全设施设计编制导则	
4	AQ 1098—2014	露天煤矿安全设施设计编制导则	
5	AQ/T 1099—2014	煤矿安全文化建设导则	
6	AQ 1100—2014	煤矿许用炸药井下可燃气安全度试验方法和判定规则	MT 61—1997
7	AQ 1101—2014	煤矿用炸药抗爆燃性测定方法和判定规则	MT 378—1995
8	AQ 1102—2014	煤矿用炸药爆炸后有毒气体量测定方法和判定规则	MT 60—1995
9	AQ 1103—2014	煤矿许用电雷管井下可燃气安全度试验方法和判定规则	MT 62—1997
10	AQ/T 1104—2014	煤矿低浓度瓦斯气水二相流安全输送装置技术规范	
11	AQ/T 1105—2014	矿山救援防护服装	
12	AQ/T 1106—2014	矿山救护队队旗	
13	AQ/T 1107—2014	矿山救护队队徽	

续表 2-1

序号	标准编号	标准名称	代替标准号
14	AQ 1108—2014	煤矿井下静态破碎技术规范	
15	AQ 1109—2014	煤矿带式输送机用电力液压鼓式制动器安全检验规范	
16	AQ 1110—2014	煤矿带式输送机用盘式制动装置安全检验规范	
17	AQ 1111—2014	矿灯使用管理规范	
18	AQ 1112—2014	煤矿在用窄轨车辆连接链检验规范	
19	AQ 1113—2014	煤矿在用窄轨车辆连接插销检验规范	
20	AQ 1114—2014	煤矿用自吸过滤式防尘口罩	

第三章　煤矿安全生产管理

第一节　煤矿安全生产管理新理论

一、组织错误理论

（一）伊春空难引发的思考

2010 年 8 月 24 日,河南航空哈尔滨至伊春的 VD8387 客运航班在黑龙江省伊春市林都机场着陆时坠毁,事故造成 44 人遇难,52 人受伤。事后,伊春空难案机长齐全军在黑龙江省伊春市伊春区人民法院接受审判,法院判决齐全军有期徒刑 3 年,这是中国首例飞行员被指控重大飞行事故罪的案件。中国民航飞行员协会表示对判决结果深感失望。该协会代表盛彪称,飞行事故是一个系统安全问题。机长违规操作确实直接导致了伊春空难事故的发生,但是其背后蕴涵的组织管理失误则是更为根本、更为深层次的原因,对于民航业的长远发展具有更大的危害性。这涉及现代安全管理领域的组织错误理论。该理论认为,事故的原因并不应只着眼于实施失误行为的个人,而是应该将分析的对象放大到整个系统当中,管理、文化、制度、舆论、环境等都是事故发生的间接原因。由此,事故的组织错误理论再次引起人们的关注。

（二）组织错误理论的主要内容

20 世纪 70 年代,组织文化的观点被提出并广泛应用,组织错误理论在此大背景下应运而生。1990 年,曼彻斯特大学教授 James Reason 在其著名的心理学专著 Human error 一书中首次提出了组织错误理论,并被广泛应用于航空安全领域与核安全领域。该理论的提出引起了广泛反响,他的核心观点是:事故的发生不仅是一个事件本身的因果关系链,同时还存在一个被穿透的组织缺陷墙。事故促发因素和组织各层次的缺陷(或安全风险)是长期存在并不断自行演化的,但这些事故促因和组织缺陷并不一定造成事故,当多个层次的组织缺陷在一个事故促发因子上同时或先后出现时,事故就发生了,如图 3-1 所示。

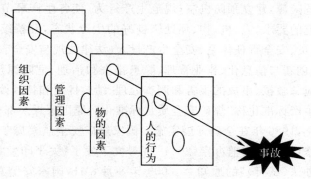

图 3-1　J. Reason"奶酪"模型

日常的管理实践中,同样的员工或者生产单位在一个企业总是违章发生的"常客",但是换到另一家企业,却可能成为安全生产的"标兵"或"先进"。专家学者通过上述模型解释了这样的现实问题,提出了组织错误理论,认为员工的行为是该企业安全环境的函数,其中包括文化环境、制度环境、物态环境、宣教培训环境、行为环境等,组织错误从本质上讲也是一种人因失误,但它不属于传统范畴。其主要表现如下:

(1) 缺乏战略规划。出现规章制度之间的自相矛盾。

(2) 管理系统的缺陷。存在管理缺位、多头管理或者不适应现实情况的管理内容。

(3) 不充分的培训。未充分掌握岗位所需技能的员工,其本身就是重大的安全隐患。

(4) 不良的安全文化与氛围。有足够的证据显示,员工在不良的安全文化与氛围中更容易实施不安全行为,人的行为是环境的函数。

(5) 管理者的错误决策。与基层执行人员相比,管理者的错误对于安全生产而言,威胁更大。但是在事故调查分析中却容易忽略管理者甚至决策者在其中的作用。

(6) 不相容的管理目标。

(7) 组织失效。如分工不明确,合作不便,权责不对等。

(8) 沟通失效。如执行层面临的情况不为管理层、决策层所知,决策层、管理层的指令不能传达到执行层;又如信息不公开、不及时、不透明以致误会,谣言四起,管理成本增加。

(三) 组织错误理论的应用

美国学者 Grabowski 和 Robert 通过对美国海上运输系统、空中交通系统以及海陆空联合指挥系统进行分析,指出大型系统中预防事故的五个制约因素,即决策、沟通、组织结构、人—机界面和文化。这些因素总是间接地参与到失误或者违章行为当中,并且相互作用,相互影响。

陈婷、田水承等人通过对煤矿事故原因的分析,得出人因组织错误是影响个体失误的关键影响因素,是导致煤矿事故多发的潜在根本原因。人因组织错误对事故的影响模式并不唯一,对人因组织错误事故致因的深入探讨有助于有效预防和控制煤矿人因事故。

组织错误理论在我国煤矿安全生产管理方面的研究和应用还很少,需要引起广大理论研究工作者和安全生产管理人员的关注和重视。

二、安全生产标准化管理理论

(一) 安全生产标准化概述

安全生产标准化是指通过建立安全生产责任制,制定安全管理制度和操作规程,排查治理隐患和监控重大危险源,建立预防机制,规范生产行为,使各生产环节符合有关安全生产法律法规和标准规范的要求,人、机、物、环处于良好的生产状态,并持续改进。它包含安全目标、组织机构和人员、安全责任体系、安全生产投入、法律法规与安全管理制度、队伍建设、生产设备设施、科技创新与信息化、作业管理、隐患排查和治理、危险源辨识与风险控制、职业健康、安全文化、应急救援、事故的报告和调查处理、绩效评定和持续改进 16 个方面。

煤炭行业安全生产标准化称"煤矿安全质量标准化",原国家煤炭部曾在 1964 年就已经提出煤矿质量标准化,1986 年在全国开展实施。国家煤矿安全监察局于 2004 年 2 月 23 日对原颁布标准进行修订,以煤安监办字〔2004〕24 号文下发了《关于印发"煤矿安全质量标准化标准及考核评级办法(试行)"的通知》。2009 年 8 月 8 日,国家安监总局、国家煤矿安监局对标准再次修订,联合颁布安监总煤行〔2009〕150 号《关于印发"煤矿安全质量标准化标准及考核评级办法(试行)"的通知》。现在执行的是国家煤矿安全监察局于 2013 年 1 月 17日以煤安监行管〔2013〕1 号文件下发的《煤矿安全质量标准化考核评级办法(试行)》版本。

(二)安全生产标准化管理的主要内容

1.管理标准化

(1)建立党、政、工、团安全生产责任制,以明确责任区。

(2)煤矿企业领导每季度至少要召开一次党政工团联系会议,专题研究安全工作。

(3)矿长坚持每日安全讲话制,生产调度会上必须要有安全内容。

(4)建立健全业务部门安全生产责任制,并认真贯彻落实。

(5)健全各项基本安全制度、各工种安全技术操作规程和有关专业安全管理制度,并认真贯彻执行。

2.现场标准化

(1)现场各种安全标识符合国家标准,相关地点位置适当、准确。各种安全标志、标语正规、醒目、协调。

(2)生产工作场所各种坑、井、沟、池、轮、台等有可靠的防护措施,有警示标识,照明充足。

(3)作业现场符合国家有关规程的要求。

(4)各种机械、电气设备上的安全防护装置、信号装置、报警装置、保险装置、过卷装置、限位装置等齐全可靠。

(5)现场实行定置管理。各种物料堆放,设备安全符合安全卫生要求,现场安全通道畅通,无隐患。

(6)工作现场清洁、整齐、安全,消防器材齐全有效,责任到人。

(7)工作现场通风设施完好,对产尘产毒点有防护措施,尘毒危害防护达到规定要求,噪声超标的岗位有防护措施,并控制在国家规定的范围内。

(8)现场有充足的照明,各照明线路、开关灯具和电压符合有关安全规定要求,线缆架设标准规范。

(9)易燃易爆、剧毒物品等要害部门、重点岗位有严格的管理措施和特殊的防范措施。

(10)各种设备、管道、阀门基本实行色彩管理,无跑冒滴漏现象。

3.操作标准化

(1)班组和区队的各种安全制度、基础资料、原始记录、图表等齐全规范。

(2)要有安全教育室,区队要有"安全生产标准化园地",且内容具体。

(3)各工种都制定操作程序和动作标准,内容具体,可操作性强,并装订成册。

(4)矿、区队都组织对操作程序与动作标准的学习、考核。

(5)每个工人都熟知自己的操作程序与动作标准,并在实际工作中认真贯彻执行,操作时无违章现象。

(6)所有进入现场的人员都能按规定佩戴个人防护用品。

(7)特种作业人员做到持证上岗,严禁无证操作。

(8)在特殊岗位作业的人员,必须佩戴个人特殊防护用品或采取特殊保护措施。

（三）实施安全生产标准化的意义

1.落实企业安全生产主体责任的必要途径

企业是安全生产的责任主体,也是安全生产标准化建设的主体。通过加强企业每个岗位和环节的安全生产标准化建设,可以不断提高安全管理水平,促进企业安全生产主体责任落实到位。

2.强化企业安全生产基础工作的长效制度

安全生产标准化建设涵盖了增强人员安全素质、提高装备设施水平、改善作业环境、强化岗位责任落实等各个方面,是一项长期的、基础性的系统工程,有利于全面促进企业提高安全生产保障水平。

3.政府实施安全生产分类指导、分级监管的重要依据

实施安全生产标准化建设考评,将企业划分为不同等级,能够客观真实地反映各地区企业安全生产状况和不同安全生产水平的企业数量,为加强安全监管提供有效的基础数据。

4.有效防范事故发生的重要手段

深入开展安全生产标准化建设,能够进一步规范从业人员的安全行为,提高企业生产的机械化和信息化水平,促进现场各类隐患的排查治理,推进安全生产长效机制建立,有效防范和坚决遏制事故发生,促进全国安全生产状况持续稳定好转。

三、行为安全管理理论

（一）行为安全管理理论起源

国内外研究表明,煤矿事故中人的因素起到关键作用,煤炭行业多数事故都是由于人的不安全行为导致。行为安全管理是着眼于人的不安全行为,通过现场观察、监测和统计分析,控制、矫正员工的不安全行为,培养其安全习惯,强化其安全意识,从而达到提高安全水平的一种管理方法。

国外许多著名企业均将行为安全管理工具用于安全管理当中,如杜邦企业的 STOP 项目、英国 BP 石油企业的 ASA 管理模式,以及日本从 20 世纪 70 年代开始的"零事故"活动等都属于行为安全管理范畴。在我国,行为安全管理工具也被广泛用于安全生产管理、安全文化建设等方面。在中日两国政府合作推动的《加强中国安全生产科学研究技术能力计划项目》中,推广"零事故"活动就是其中的一个重要项目,该项目已于 2006 年 10 月在我国宁波、本溪两地全面推行。

（二）行为安全管理工具(BBS)

行为安全管理(Behavior Based Safety,BBS)提供了一种行为安全管理工具,即管理人员通过观察员工的行为,辨识安全行为和不安全行为,对安全行为进行正面的激励,使其形成一种安全习惯;对于不安全行为,及时制止并说明该行为的可能后果,分析员工作出该行为的原因。通过和员工的沟通,消除员工的疑虑,建立互信,鼓励员工积极参与行为安全管理工作,对自己的行为进行自律,也可对同事的行为进行监督和劝说,形成团队互助安全管理。行为安全管理工具是一种柔性管理工具,它不以处罚为目的,而是寄希望于员工自觉对安全作出承诺。

行为安全管理工具既是一种新的管理思维,也是一种新的管理方法。通过运用行为安全管理工具,可以提高管理者的沟通能力,和员工建立互信,促进企业内部和谐,更重要的是,该工具是企业对员工不安全行为管理进行的惩罚之外的、更具人性化关怀的管理工具。

（三）行为安全管理实施步骤

行为安全管理实施步骤如图 3-2 所示。

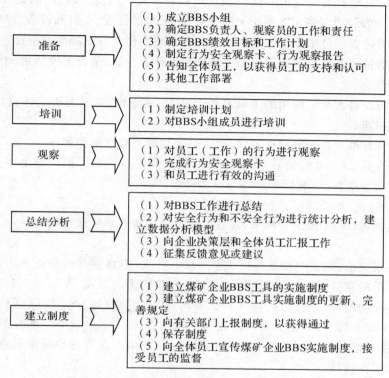

准备
（1）成立BBS小组
（2）确定BBS负责人、观察员的工作和责任
（3）确定BBS绩效目标和工作计划
（4）制定行为安全观察卡、行为观察报告
（5）告知全体员工，以获得员工的支持和认可
（6）其他工作部署

培训
（1）制定培训计划
（2）对BBS小组成员进行培训

观察
（1）对员工（工作）的行为进行观察
（2）完成行为安全观察卡
（3）和员工进行有效的沟通

总结分析
（1）对BBS工作进行总结
（2）对安全行为和不安全行为进行统计分析，建立数据分析模型
（3）向企业决策层和全体员工汇报工作
（4）征集反馈意见或建议

建立制度
（1）建立煤矿企业BBS工具的实施制度
（2）建立煤矿企业BBS工具实施制度的更新、完善规定
（3）向有关部门上报制度，以获得通过
（4）保存制度
（5）向全体员工宣传煤矿企业BBS实施制度，接受员工的监督

图 3-2 行为安全管理实施步骤

1. 关键因素

要想成功地实施 BBS 管理，必须先明确以下关键因素。这些因素直接关系着管理是否有效。

（1）必须构建无指责的企业安全文化。

（2）领导必须亲自参加。

（3）需要设立目标。

（4）参与计划的人员必须经过专业训练。

（5）关键不仅在于观察，更重要的是在观察之后能够有效地沟通，通过沟通强化安全的行为，认识到不安全行为的潜在后果，并予以改进。

2. 前期工作

煤矿企业具有自身行业的特点及管理风格，因此在实施行为安全管理时，一定要结合自身特点，设计合理的流程，保证实施的效果。

3. 观察

观察员工并记录安全和不安全行为，介入员工的工作，从而对正确的行为给予激励，并在不安全行为出现时进行纠正或指导。这一步骤是行为安全管理过程的关键。经过培训的观察者，应亲自到作业现场观察员工的行为，并与被观察员工进行沟通，提供信息反馈，对被观察员工的不安全行为进行纠正或指导。

运用全方位观察法，观察上、下、左、右、前、后、内、外，倾听不正常声音、嗅闻不正常气味、感觉不正常温度或震动。观察内容包括以下七个方面：

（1）员工的反应。因为员工的反应会在几秒到十几秒内发生改变，因此要先对员工的反应进行观察，然后，再观察员工的个人防护装备、人员的位置、工具和设备、程序与秩序。

（2）员工的位置。员工的身体是否处于有利于减少伤害发生概率的位置。

（3）个人防护装备。员工使用的个人防护装备是否合适，是否正确使用，个人防护装备是否处于良好状态。

（4）工具与设备。员工使用的工具是否合适，是否正确，工具是否处于良好状态，非标工具是否获得批准。

（5）程序与标准。是否有操作程序，员工是否理解并遵守操作程序。

（6）人体工效学（职业健康）。员工常见的积累性损伤包括长期内分泌紊乱，腕管综合征，肘部发炎，腰肌劳损，尘肺病等。

（7）现场整洁。作业场所是否整洁有序。

根据上述内容，编制 BBS 观察卡，观察人员每次完成观察后认真填写。

4. 沟通

沟通包括观察前、观察中和观察后 3 个阶段。首先，观察前和现场管理人员进行沟通，以得到管理人员的支持。其次，观察中和员工进行双向沟通交流，了解员工对安全的认识，以利于观察工作的配合。最后，进行观察后的沟通，其主要有 3 点：① 鼓励员工的安全行为，及时制止不安全行为，并让员工明白正确的操作方法。② 和观察组的成员讨论观察结果，分析员工作出这些行为的原因，提出解决办法。③ 向企业管理层反馈信息，汇报工作，提出下一步的工作计划。

沟通的意义在于理解，一方面促使员工理解安全观察工作的重要性，积极配合安全观察工作，树立"我要安全"的意识；另一方面观察者也要体谅员工的情绪，和员工进行深入沟通，建立良好的人际关系。

沟通的目的在于交换信息，达成共识。一方面观察者需要被观察者提供产生不安全行为的原因，包括员工的内在原因和外在原因。因为人的需要产生动机，动机支配行为，观察者无法正确、全面地了解员工的内在需求，因此，很难控制员工的行为。但是通过与员工的交流沟通，运用一定的方法打开员工的心扉，或许观察者就能了解员工不安全行为背后的深层次原因，找到解决问题的办法。另一方面，观察者需要把不安全行为可能导致的危害和解决方法介绍给被观察者。观察的目的不在于观察，而在于解决问题。通过沟通，被观察者可以把观察到的不安全行为讲述给被观察者，告诉他们所进行的不安全行为可能导致的伤害，以及达到安全行为的方法。此外，企业的决策层也需要对企业的行为安全管理进行全面了解，而沟通则可以提供一种便捷的方式。决策层通过和 BBS 小组成员进行沟通，了解行为安全管理现状、存在的问题、解决的办法、员工对观察工作的反应等。

5. 记录、分析与反馈

此步骤包括检查和反馈两个内容。检查是对管理活动的跟进检查，反馈是对管理活动的信息反馈。BBS 是一个周期循环，上一级的循环是下一级循环的依据，下一级循环是上一级循环的落实和具体化。上一级循环出现的问题，经过检查和反馈，管理层可以得到最新的信息，进而提出改进措施，为下一次的循环做准备，不断推进行为安全管理的进步。这一步包括完成观察报告、工作总结、会议汇报和下一步工作部署。

观察报告是对观察结果的总结，是以书面形式体现的汇报材料。观察报告是观察者在完成行为观察之后整理的，包括观察到的安全行为、鼓励安全行为采取的行动、观察到的不安全行为、制止不安全行为采取的行动、防止不安全行为再次发生采取的行动。另外还需标明观察者姓名、观察岗位、观察日期等。

工作总结即 BBS 小组成员对各自工作的总结。观察者要统计安全行为观察表的数据，建立数据模型，找出关键问题，分析问题的根源。BBS 小组负责人需要整理每一份安全观察卡的数据，对关键问题进行会议讨论，得出解决结论。另外还需要对安全观察卡进行保密处理、归档。

会议汇报包括两个层面的会议汇报，第一个层面是 BBS 小组内部的工作汇报，这是对一个循环的工作总结，主要由观察者向 BBS 小组汇报工作，BBS 负责人进行工作总结，针对关键问题进行会议讨论，提出解决办法。另一个层面是向企业决策层的工作汇报，这是向企业决策层汇报行为安全管理工作，针对发现的问题提出解决方案。

下一步工作部署包括企业决策者对 BBS 工作的安排和指导、专家组对行为安全管理工作的建议、BBS 小组对下一步工作的安排。

6. 行为安全管理实际运行中应注意的问题

（1）非惩罚性原则。行为安全管理是非惩罚性的，必须和惩戒纪律分开。

（2）及时采取行动。要求对观察到的安全行为和不安全行为都要及时采取行动。不仅纠正不安全行为，还要鼓励安全行为。

（3）坚持长期的系统培训。行为安全管理在运行过程中必然在很多方面存在问题，因此要做好此项工作，需要有针对性地进行长期系统的培训。领导必须对此负责，要亲自在责任管辖范围内发挥带头作用，以确保实施效果。

（4）加强信息统计与分析工作。行为安全管理数据和信息的统计与分析，是为了寻找和发现体系运行过程中存在的问题和不足。首先，行为安全管理报告的信息和数据统计、分析结果，应该及时通报，以利于及时发现问题。其次，在数据收集、统计分析过程中加强控制，提高数据的真实性和有效性，为决策提供科学的依据。

（5）相关制度的修订须先行。首先，要明确不安全行为不仅限于违章行为。其次，不是所有的不安全行为都能写进规章制度。最后，要清楚不只是违章才导致事故和伤害，如何在行为安全管理实施过程中区分不安全行为和违章，需要在制度中明确。

第二节　煤矿安全风险预控管理体系解读

一个组织（矿山、工厂、公司等）为了实现某个管理任务或目标，需要组织和配备诸如机构、人员、制度、方法、工具等资源，这些资源要素的有机组合就构成了管理体系。一般来讲，一个组织只要进行管理，都会具备而且只能有一个管理体系，只是这个体系有完整性、科学性、可靠性等差别而已。目前常用的两大安全生产管理体系是职业安全健康管理体系和安全质量标准化管理体系。近年来，风险预控体系作为一个新的安全生产管理体系受到人们关注。风险预控体系由国家煤矿安全监察局和神华集团于 2005 年立项,组织国内 6 家研究机构共同研发,在百余个煤矿试点运行并取得了较好成效。2011 年 11 月,国家安全生产监督管理总局在总结神华集团煤矿安全管理工作实际经验的基础上,结合我国煤矿安全生产现状,充分听取各方面专家的意见,制定并颁布了《煤矿安全风险预控管理体系规范》(AQ/T 1093—2011)。

一、风险预控管理体系概述

煤矿风险预控管理体系是在煤矿全生命周期中对系统存在的危险源进行辨识和风险评估的基础上,进而对其进行消除或控制,以实现煤矿人—机—环境—管理系统的最佳匹配,使风险降低到组织可以容忍的程度,这样的全过程称之为煤矿风险预控管理体系。

这套管理体系以危险源辨识和风险评估为基础,以风险预控为核心,以不安全行为管控为重点,通过制订针对性的管控标准和措施,达到"人—机—环境—管理系统"的最佳匹配,从而实现煤矿安全生产。其核心是通过危险源辨识和风险评估,明确煤矿安全管理的对象和重点;通过保障机制,促进安全生产责任制的落实和风险管控标准与措施的执行;通过危险源监测监控和风险预警,使危险源始终处于受控状态。

风险预控管理体系具有 5 个特点。

(一)以风险预控为核心

煤矿安全风险预控管理体系的核心是风险预控管理,即按照风险预控管理的流程开展危险源辨识、风险评估、风险管理对象的确定、管理标准和管理措施的确定、危险源检测、风险预警和控制工作。

(二)以人的不安全行为为管理重点

煤矿安全风险预控管理体系中,将人的不安全行为作为管控的重点。

(三)以生产系统安全要素管理为基础

针对煤矿实际工作中客观存在的潜在风险,吸收其他煤矿管理的先进成果,明确煤矿安全生产系统安全管理控制要点,实现体系与煤矿安全质量标准。

(四)以"PDCA"循环法为运行模式

AQ/T 1093—2011 标准结构按照 P(计划)、D(实施)、C(检查)、A(改进)4 个方面进行设计和编排。煤矿企业只要按照要求体系运行,煤矿安全管理就能实现持续的改进。"PDCA"管理周期如图 3-3 所示。

图 3-3　"PDCA"管理周期

(五)依靠科学的考评机制推动体系有效运行

煤矿安全风险预控管理体系采取内部审核和外部审核相结合的方式,推动体系运行和持续改进。

二、风险预控管理体系的目标

通过实施煤矿安全风险预控管理体系旨在达成以下几个目标:

(1)树立一个先进安全理念,为安全发展奠定坚实的思想基础,煤矿企业应确立"安全第一,预防为主,综合治理"方针为纲领。

(2)构建一套风险预控管理体系,为安全发展提供有效手段。这个体系运用系统的原理,对煤矿生产系统、工作岗位中存在的与人、机、环境、管理相关的不安全因素,全面辨识、分析评估;对各种不安全因素有针对性地制定管控标准和措施,明确责任到人,进行严格的管理和控制;同时,借助信息化的管理手段,建立危险源数据库,使个别危险源始终处于动态受控的状态。

（3）探索一条现代化的矿井建设途径,为安全发展开辟新路子。这条途径按照高起点、高技术、高质量、高效率、高效益,生产规模化、技术现代化、服务专业化、管理信息化的"五高四化"方针,采用先进的矿井设计理念,最高程度地实现系统优化和集约生产;推进生产技术装备现代化;推进煤矿专业化服务;推进安全管理的信息化和自动化,高效助推煤矿安全生产。

（4）打造一支素质过硬的员工队伍,为安全发展构筑人才保障。突出煤矿人才选拔,充分挖掘人力资源的潜能;突出班组建设,强化一线员工的安全技能;突出矿长的作用发挥,着力打造世界一流的煤炭高端管理人才。

（5）培育一种特色安全文化,为安全发展营造良好的氛围。坚持培育清新文化、执行文化,从情感深处赢得员工的认同,把员工的内在情感转化为遵守安全规程、执行安全措施的能力,使安全文化的软实力转变成安全发展的硬动力。

三、风险预控管理的流程

完整的风险预控管理流程共分为 7 个步骤,如图 3-4 所示。

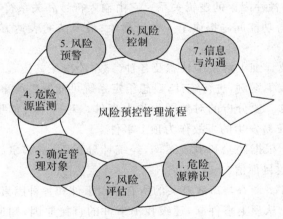

图 3-4　风险预控管理流程

（一）危险源辨识

危险源是可能导致人、机、环境的不良后果的根源和状态,是风险管理的对象。危险源可以被理解为一种能量,这种能量的意外释放是造成事故的根本原因。危险源无处不在,如人员、设备、高温、高压、毒性、放射性等。危险源通常分为:第一类危险源和第二类危险源。第一类危险源是指可能发生意外释放的能量（能量源或能量载体）或危险物质;第二类危险源是指约束、限制能量和危险物质措施失控的各种不安全因素,包括物的不安全状态、人的不安全行为与管理的缺陷。

危险源不同于我们一般认识上的安全隐患。安全隐患是指生产经营单位违反安全生产法律、法规、规章、标准、规程和安全生产管理制度的规定,或者因其他因素在生产经营活动中存在可能导致事故发生的物的危险状态、人的不安全行为和管理上的缺陷。

而危险源辨识就是识别危险源的存在并确定其特性的过程,危险源的辨识是控制事故发生的第一步。

危险源的辨识不仅要弄清什么是危险源,而且需要就每一种危险源的能量性质、能级、载体、失效方式、失效周期有一个清楚的认识。这就客观上需要一支掌握相关风险管理知识与技能的队伍,并且按照危险源辨识的方法和要求对本单位所有工作、所有区域开展辨识活动。为了确保危险源辨识的全面性与时效性,要经常性地对全范围进行辨识,也要因为重大的工序、技术、环境等变化进行及时的辨识,在危险源辨识的过程中不仅要考虑到正常作业情况下的情况,也应当考虑非正常情况下甚至事故、意外等特殊情况,对发现的危险源进行分级分类。

(二)风险评估

风险评估是指评估风险大小以及确定风险是否可容许的全过程。风险评估是在危险源辨识的基础上,采取科学的方法,对可能的危险进行全面系统的分析,进而采取适当的控制措施,降低和消除风险,保障安全。

1. 风险评估的方法

采用事故树分析法对系统(采掘系统、机电运输系统、"一通三防"系统)中存在的危险源进行辨识是规范对于企业的要求。事故树分析法是对机动的生产系统或作业中可能出现的事故条件及可能导致的灾难后果,按工艺流程、先后次序和因果关系绘成程序方框图,表示导致灾害、伤害事故的各种因素的逻辑关系。它由输入符号和关系符号组成,为分析系统的安全问题或系统的运行功能问题提供了一种最形象、最简洁的表达方式。事故树分析可按照如下的步骤进行:

(1)熟悉系统。要详细了解系统状态及各种参数,绘出工艺流程图或布置图。

(2)调查事故。收集案例,进行统计,设想给定系统可能发生的事故。

(3)确定顶上事件。要分析的对象即为顶上事件。对所调查的事故进行全面的分析,从中找出后果严重且较易发生的事故作为顶上事件。

(4)确定目标值。根据经验和事故案例,经统计分析后,求解事故发生的概率(频率),以此作为要控制的事故目标值。

(5)调查原因事件。调查与事故有关的所有原因事件和各种因素。

(6)画出事故树。从顶上事件起,逐级找出事件的直接原因,知道所要求分析的深度,按其逻辑关系,画出事故树。

(7)分析。按事故树结构进行简化,确定各基本事件的结构重要度。

(8)事故发生概率。确定所有事故发生概率,标在事故树上,进而求出顶上事件(事故)的发生概率。

(9)比较。比较分可维修系统和不可维修系统进行讨论,前者要进行对比,后者求出顶上事件发生概率即可。

(10)分析。原则上,上述各步骤在分析时可视具体问题灵活掌握,若复杂,则应借助计算机进行。

2. 风险评估的注意事项

危险源辨识与风险评估都应考虑过去、现在和将来,既要考虑现有风险,也应该考虑过往存在的风险以及未来潜在的风险。同时,危险源辨识与风险评价不仅应该考虑一般情况下的风险,也应该考虑到非正常作业甚至事故、意外情况下的风险。

　　企业应建立危险源辨识与风险评估长效机制和重点危险源、重点风险评估机制,不仅要定期开展正式的风险评估,还要根据实际情况开展临时性的评估。危险源的辨识与风险评估是一个模块化的、可重复的、可审核的过程,贯穿于煤矿安全生产管理的全过程,是煤矿安全管理的基础。

　　对危险源辨识与风险评估的所有工作任务都应建立清册,并对危险源辨识和风险评估资料进行统计、分析、整理、归档,以备随时调阅,了解情况。

（三）确定管理对象

1.管理对象的提炼

　　风险管理对象是指可能产生或存在风险的主体。风险预控管理工作组应在危险源辨识和风险评估的基础上,针对具体的危险源进一步提炼详细的管理对象,包括人、机、环境、管理四个方面可能导致事故或不利影响的原因,以便确定风险控制的对策和措施。

2.管理标准与措施的制定

　　风险管理标准是针对管理对象所指定的用于消除或控制风险的准则,风险管理措施是指达到风险管理标准的具体方法、手段。在确定了管理对象的前提下,风险预控管理工作组应收集和整理有关法律、法规、标准、规程、规范以及事故统计表、检测报告等相关资料,并根据法律、法规、标准、规程、规范的要求编写风险管理标准与措施。

3.管理标准与措施审核

　　在风险管理标准与管理措施制订过程中,风险控制管理工作组随时对各工作小组进行指导,解决工作过程中出现的问题。在管理标准与管理措施初稿完成后,风险预控管理工作组应组织相关的专家对初稿进行审核,并根据审核意见修改、完善,最后将审核、修改后的风险管理标准与管理措施汇总成册分发给基层员工学习和执行。

（四）危险源监测

　　危险源监测是通过管理与技术手段检查、测量危险源存在的状态及其变化的过程。煤矿应明确危险监测要求,确定检测方式,并采取有效措施对危险源状态及过程控制实施实时监测,以确保危险源处于受控状态,同时也应确保风险管理标准和措施的持续有效。

　　危险源监测包括对危险源的状态监测和风险控制过程监测,危险源状态监测关注其是否处于安全或受控状态。风险控制过程监测关注风险管理标准和分析的有效性。

　　危险源监测手段包括监控系统、监测仪器、安全检查、工作观察或安全监护、安全举报、安全评价和体系审核等方式。

　　危险源的人工检测和检查一般由煤矿相关业务部门对已辨识出的危险源进行现场监测和检查,并及时将存在的问题反馈到责任单位。煤矿可根据危险源对其安全生产影响程度的不同,规定监测、检查的时间和间隔期限。

　　煤矿应建立信息沟通预控程序,明确信息沟通的内容和方式,及时沟通风险管理过程中的信息,并在小组（区队、班组、专业小组）开展作业前、作业中、作业后进行风险控制沟通和交流,以随时掌握危险源所处的状态、风险控制的有效性、改进措施的实施情况,以及煤矿安全管理的方针、风险管理的标准和措施等。

（五）风险预警

1.风险预警

　　风险预警是通过一定的方式对暴露的风险进行信息警示。煤矿应对危险源风险的严重度设置预警级别,建立风险预警管理机制,明确风险预警方式、风险预警信息沟通,并根据监测和统计分析结果对风险实时预警,及时将风险预警信息传递到管理层、责任单位和负责人,以便及时地暴露生产运营过程中的风险,并对其实施有效控制。

2.风险等级划分

为了便于管理且让工作人员清楚相关风险的严重度,煤矿应根据实际情况预先确定各类风险的等级,通常将风险预警等级设定为 5 级,并使用不同的颜色加以标示。

(六)风险控制

风险控制是指风险管理者采取各种措施和方法,消灭或减少风险事件发生的各种可能性,或者减少风险事件发生时造成的损失。

风险控制的前提是已经具备了完善的保障,并且完成了危险源识别、风险评估,圈定了管理对象、危险源监测以及风险预警等工作。风险预控管理的核心环节是风险控制。风险控制分为三个部分,即人的不安全行为控制、生产系统安全要素管理与综合管理。

1.不安全行为控制

员工的不安全行为是造成事故的主要原因。国内外煤矿事故的统计资料表明,绝大多数的安全事故都与人的不安全行为有直接或者间接的关系,所以强化人员的不安全行为管理,对于煤矿实现安全生产具有极其重要的意义。只有强化对员工不安全行为的管理,才能杜绝人员不安全行为,确保企业安全健康发展。煤矿安全风险预控管理体系对员工不安全行为管理从不同的方面提出了要求,包括员工准入管理、不安全行为分类、岗位规范、不安全行为控制措施、培训教育、行为监督与员工档案。

2.生产系统安全要素管理

煤矿安全风险预控管理体系将煤矿安全生产系统划分为 14 个管理要素,即通风管理、瓦斯管理、防突管理、防尘管理、防灭火管理、通风安全监控管理、采掘管理、爆破管理、地测管理、防治水管理、供用电管理、运输提升管理以及压气输送和压力容器管理及其他体系。

煤矿生产系统要素是煤矿安全风险预控管理体系运行控制的重点,是煤矿实现"机"、"环境"两类危险源风险预控的具体要求。这 14 个要素的内容,基本涵盖了我国煤矿安全使用的法律法规和安全质量标准化的要求,并且对如何落实这些要求在实现管理工作程序化和规范化方面作出了规定。

3.综合管理

综合管理是煤矿安全风险预控管理体系的重要组成部分。综合管理包括煤矿准入管理、应急与事故管理、消防管理、职业健康管理、手工工具管理、期中作业管理、标识标志管理、承包商管理和工余安全健康管理等。

(七)信息与沟通

信息是 21 世纪最重要的生产资料,现代化的煤矿安全管理工作是一项复杂的系统工程,需要强有力的信息系统提供支持,信息处理慢、渠道不通畅本身就是风险源。

在企业中,基层员工往往是最直接暴露在风险下的群体,最易受到风险的打击,但是同时,员工也是最能直观发现风险源的群体。如何将员工发现的安全状况第一时间传递到管理层甚至决策层以方便协调资源控制风险,是现代煤矿亟须解决的问题。

基于此,不少现代化的煤矿建立了安全信息平台,或者信息交流系统。这既方便员工学习掌握安全管理新情况、新技术、新问题,也方便管理层甚至决策层了解基层员工所面临的危险源,做到及时发现、及时解决,并且通过信息平台及时、透明地发布事故处理信息,这样做有助于提升全员的安全信心,强化安全意识。

四、风险预控管理保障体系

煤矿安全风险预控管理的实施必须有赖于资源的保障。脱离了资源的保障,管理的实施将成为无本之木、无源之水。煤矿风险预控管理体系的资源投入分为五大部分,即组织保障、制度保障、技术保障、资金保障与安全文化保障,如图 3-5 所示。

图 3-5　风险预控管理的保障体系

（一）组织保障

为实施煤矿安全风险预控管理,煤矿需要成立一个全面领导和负责安全管理工作的安全生产委员会及其办公室,安全生产委员会是煤矿的附加组织机构。该机构是煤矿安全管理的最高权力机构。

安全生产委员会的主要职能有以下 5 点:

（1）主要负责确定煤矿安全生产方针和目标。

（2）审核和批准重大安全技术项目。

（3）研究和落实煤矿安全风险预控管理体系运行所必需的资源。

（4）任命风险预控管理体系中关键安全岗位人员。

（5）组织事故调查和责任追究。

安全生产委员会的人员由煤矿决策层、管理层、承包商安全负责人以及煤矿的安全员工代表组成。彼此之间就上述内容确定各自职责,合理分工,确保建立"横向到边、纵向到底"的安全责任制。

（二）制度保障

根据《煤矿安全风险预控管理体系规范》（AQ/T 1093—2011）对煤矿在制度建设、法律法规控制、文件和记录的控制等 3 个方面作出了要求。

1. 制度建设

煤矿应保证每项制度执行时有法可依,因此必须建立相关的制度与执行标准,包括责任、奖惩、举报、投入保障、风险控制、员工行为、文化建设、安全会议、教育培训、技术审批、安全监测、人员操作、设备使用、应急救援、监督检查、考核评审、灾害预防、跟班带班、班组建设、卫生健康、环境保护等。制度的制定还需要相关机构对于制度与标准的培训、监督检查、考核与修订,才能使制度切实发挥效力。

2. 法律法规的适用

煤矿应建立并且及时更新"适用法律要求清单",同时落实各个部门、环节的法制教育、合规性审查等工作。

3. 文件管理

文件和记录控制,关于煤矿风险预控管理体系的相关文件应按照安全方针、安全目标、管理手册、程序文件、作业指导书、标识、记录等建立文件控制程序，规定内部文件提取、编审批、发布、使用、评审、修订以及作废的全过程管理要求，且对外来文件的接收登记、阅办、归档等进行控制。煤矿要建立并且及时更新"体系文件总清单"。

（三）技术保障

技术是安全管理的基础，煤矿在设计阶段就应该考虑选择与实际情况相适应的技术与装备，做好煤矿采、掘、机、运、通的综合配套工作，在总体上坚持技术与经济相统一的原则。

煤矿行业与其他行业不同，受自然因素影响大，煤层地质条件、赋存条件不同，对于开采工艺、设备等都有不同的要求。矿工地下作业空间受限，作业环境条件等对安全技术依赖性大。

（四）资金保障

资金是安全管理的重要资源。为了保证安全投入，财政部、发改委、安监总局以及煤监局于2005年联合下发了《关于调整煤炭生产安全费用提取标准——加强煤炭生产安全费用使用管理与监督的通知》。该文件严格规定了煤矿安全费用必须做到专款专用，且必须达到文件所要求的标准，并且将专项资金的使用计划、使用协调、使用责任和使用监督等内容纳入监管范围。

（五）安全文化保障

煤矿安全文化是在煤矿中居于主导地位的并且为大多数员工所接受的安全价值观、安全生产信念、安全生产行为准则及具有特色的安全生产行为方式与安全生产物质表现的总称。对企业的安全工作而言，技术是基础、管理是保障、文化是根本。

安全文化的基本功能是导向、激励、凝聚和规范。安全文化的最终目标是实现员工的自我管理。

煤矿安全文化建设可按研究建立、培训强化、分析评价、确立巩固和跟踪反馈五个阶段进行。

在研究建立阶段，明确煤矿安全文化建设的负责机构和负责人员，制定安全文化建设规划，按照煤矿安全文化建设结构和模式来确定安全文化建设的具体内容，并制定煤矿安全文化管理手册，选择推动安全文化建设的其他媒介。

在培训强化阶段，可以通过教育、培训、宣传来向员工普及安全文化理念，发挥安全宣传作用，确定安全宣传的内容、形式和方法，注重安全教育手段，明确教育的内容、形式和方法，强化安全风险管理理念，综合运用多种手段来推行安全风险管理模式。

在分析评价阶段，评价煤矿文化建设方式方法的可操作性，分析评估煤矿安全观念、行为、管理、物态文化的建设成效。

在确立巩固阶段，运用体现安全文化特色的管理方式，对煤矿不同层面、不同场所的安全文化进行巩固。

在跟踪反馈阶段，根据环境变化适时地调整煤矿安全文化的理念，改进煤矿环境设施、管理制度、行为规范等，实现持续完善。

五、检查与审核

煤矿安全风险预控管理体系不但要求对人、机、环三类载体的危险源实施安全检查活动，还要求定期对管理体系进行评价。体系评价常用的方法包括价差审核和管理评审。

检查是通过观察和判断，适当结合测量、试验或估量，收集客观证据，以确定事物特性是否符合要求的活动。检查方法通常分为常规检查与特殊检查两类。

审核可视为获得审核证据并对其进行客观评价,对已确定满足审核准则的程度所进行的系统的、独立的并形成文件的过程。为了对该过程实施有效控制,要求煤矿应建立和保持内部审核控制程序。审核工作通常分为内部审核和外部审核。审核的结果应形成记录,并向管理者报告,同时审核结果应及时反馈给相关方,以便采取相应的纠正措施。

第三节　煤矿安全文化建设新进展

我国安全文化研究始于 20 世纪 80 年代末 90 年代初。2005 年,时任国家安全生产监督管理总局局长李毅中同志提出了安全生产五要素,即安全文化、安全法规、安全责任、安全科技和安全投入,其中,安全文化列于五要素之首,他认为安全文化是做好安全生产工作的根本。

煤矿安全文化建设实践始于山东省,2003 年,山东能源淄博矿业集团有限责任公司开始进行煤矿企业安全文化建设实践。鉴于该集团企业安全文化建设的成效,2007 年,山东省煤矿安全监察局开始在全省煤矿企业开展安全文化建设示范企业创建活动,评审并命名表彰了一批煤矿安全文化建设示范企业,为全省煤矿安全文化建设的健康发展奠定了基础。

一、煤矿安全文化建设现状

2006 年,国家安全生产监督管理总局发布《"十一五"安全文化建设纲要》,大力倡导企业安全文化建设。2008 年,国家安全生产监督管理总局颁布了《企业安全文化建设导则》(AQ/T 9004—2008)和《企业安全文化建设评价准则》(AQ/T 9005—2008)两个安全文化建设标准,这两个标准的颁布实施,极大地推进了全国工业行业的企业安全文化建设工作。2010 年,国家安全生产监督管理总局发布了《关于开展安全文化建设示范企业创建活动的指导意见》(安监总政法〔2010〕5 号),要求切实加强企业安全文化建设,促进企业安全管理工作规范化、制度化和科学化,推动企业安全生产主体责任落实到位,夯实安全生产基层基础工作,在不同地区、不同行业树立一大批各具特色的安全文化建设先进典型。2011 年,国家安全生产监督管理总局发布了《关于印发安全文化建设"十二五"规划的通知》(安监总政法〔2011〕172 号),全面部署了"十二五"期间企业安全文化建设工作。2012 年,国务院安委会发布了《关于大力推进安全生产文化建设的指导意见》(安委办〔2012〕34 号),对推进安全文化建设的目标、战略、方针、要求和措施进行了规划和部署。2013 年,国家安全生产监督管理总局和国家煤矿安全监察局在全国国有煤矿开展了"敬畏生命"大讨论活动,要求国有煤矿企业负责人强化责任意识、生命意识、守法意识,牢固树立"敬畏生命"的理念,坚定做好煤矿安全生产工作的信心和决心,有效防范和坚决遏制重特大事故。2014 年,国家安全生产监督管理总局发布了针对煤矿企业安全文化建设的《煤矿安全文化建设导则》(AQ/T 1099—2014)。

二、煤矿安全文化建设标准

2014 年,国家安全生产监督管理总局发布了针对煤矿企业安全文化建设的行业标准——《煤矿安全文化建设导则》(AQ/T 1099—2014),对煤矿安全文化建设进行了全面规范。

（一）煤矿安全文化构成

煤矿安全文化是精神文化、制度文化和物质文化的总和,由安全理念识别系统、安全行为识别系统、安全视觉识别系统、安全听觉识别系统和安全环境识别系统等五部分组成,如图 3-6 所示。其中,安全理念识别系统是整个煤矿安全文化系统的核心;安全行为识别系统是煤矿实现安全目标的保证和要求;安全视觉识别系统、听觉识别系统和环境识别系统是煤矿安全理念外化的结果,是煤矿安全理念系统对其内、外的展示。如图 3-7 所示。

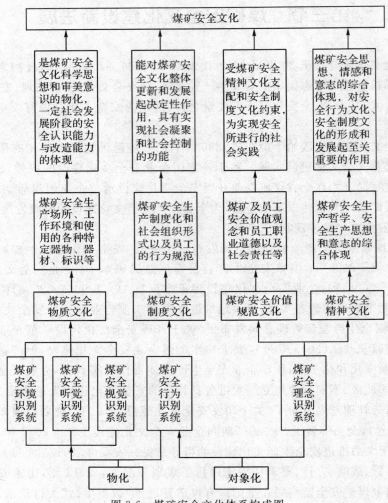

图 3-6　煤矿安全文化体系构成图

（二）煤矿安全文化理念识别系统

1. 安全价值观念

（1）安全理念。包括安全管理理念、安全目标理念、安全教育理念、安全防范理念、安全协作理念、安全操作理念、安全誓词等。设计要求符合国家和行业相关法律法规;结合煤矿实际情况;高度概括煤矿安全生产经营战略主旨;符合语言美学要求;表述通俗、形象、易懂、易记;针对安全生产实际情况,形成安全理念体系。

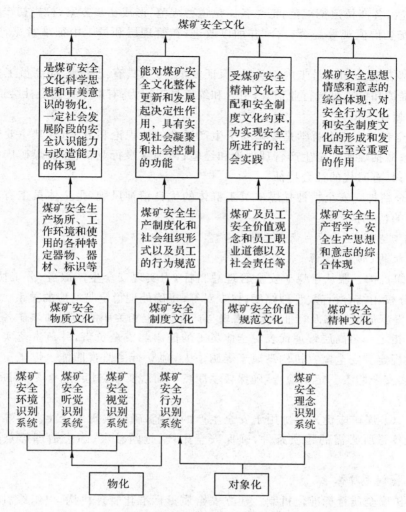

图 3-7 煤矿安全文化要素关系图

（2）安全目标。设计要求煤矿安全目标与总目标保持一致，安全总目标应可分解，目标应具体、可测量。

（3）安全方针。制定时要考虑国家及行业相关法律、法规及其他要求，煤矿安全生产现状及基本思路，制定和评审安全目标框架，在煤矿内得到沟通和理解，和煤矿各项安全目标保持一致，考虑员工与相关方观点，体现持续改进的承诺。

（4）安全承诺。设计要求符合煤矿实际情况，反映共同安全愿景；明确安全管理在组织内部具有最高优先权；明确所有与煤矿安全有关的重要活动都追求卓越；含义清晰明了，并被全体员工和相关方所知晓和理解；能被全体员工理解和接受；与煤矿的职业安全健康风险相适应，实施并保持；公众易于获得。

2. 安全道德规范

（1）安全价值责任。树立员工安全责任意识，在煤矿中营造安全文化氛围，各级管理人员和基层员工要对安全作出相应的承诺，对员工进行安全培训，制定安全生产各项制度。

（2）煤矿道德。了解煤炭行业有关职业道德的基本要求；考察煤矿各岗位工作性质及职责要求，提出各岗位道德规范；汇总各岗位道德规范，形成初步方案；检查初步方案与煤矿基本理念、安全价值观等是否符合，并加以改进；在管理层和员工中征求意见，并反复推敲确定。

（3）职业道德。协调员工内部关系，保证安全生产；具有纪律性，提高员工安全生产意识；有助于维护和提高煤炭行业信誉；引导和约束员工行为；有助于提高全社会道德水平。

3.安全精神文化

（1）安全哲学。安全哲学是煤矿安全生产活动的认识论和方法论，其主要包括分析煤矿内外环境；概括煤矿安全生产管理理论和经验；体现煤炭行业特色；被煤矿广大员工普遍理解和掌握；具有时代的社会特征。

（2）安全精神。安全精神是煤矿员工群体的优良精神风貌，是全体员工有意识地实践所体现出来的精神状态。

（三）煤矿安全文化行为识别系统

1.组织机构、职责、资源

（1）组织机构。服从于煤矿安全管理总目标，为实现安全生产服务；分工协作、精干高效；集权与分权相结合；有效管理幅度；权责对等；正确处理稳定与适应的关系。

（2）职责。依据国家及行业法律、法规与标准，制定相关职能部门和煤矿各级人员安全职责要求。指定一名高层管理代表对全体员工的健康与安全负责，并负责落实有关健康与安全的各项规定。安全监察机构隶属于煤矿法人，独立行使监察职能。煤矿员工都负有安全责任，落实安全职责。定期检查，确保各项职责全面落实，通过审查考核，不断提高煤矿安全生产业绩。

（3）资源。煤矿应优先安排用于安全生产的资金，确保实现安全生产。煤矿应保证安全文化建设体系所必需的物质条件，确保安全生产、抢险救灾、隐患治理等重点工作正常进行。

2.安全控制支撑体系

（1）煤矿安全质量标准化机制。建立安全质量标准化管理机构，以组织、协调、监督安全质量标准化工作；结合自身实际，建立安全质量标准化考核标准；定期进行安全质量标准化考核；依据安全质量标准化考评结果进行奖惩。

（2）煤矿自身安全监察机制，包括组织机构、监察原则、监察形式、监察内容。

（3）安全经济责任精细化管理机制，包括组织机构、机制内容和遵循原则。

（4）安全绩效考核机制，包括组织机构、考核内容和考核方法。

（5）安全管理问责制，包括构成要素、损失评估和责任追究。

（6）煤矿自身职业健康管理机制，包括职业病防治管理、职业危害管理、作业场所职业健康管理和劳动防护用品。

（7）应急救援管理体制，包括组织机构及职责、应急救援预案、应急救援预案演练、评估和修订以及急救。

（8）安全学习型企业，包括营造安全学习型环境和运作机制。

3.基本制度

基本制度包括安全生产责任制度，安全办公会议制度，安全目标管理制度，安全投入保障制度，安全质量标准化管理制度，安全教育与培训制度，事故隐患排查制度，安全监督检查制度,安全技术审批制度,矿用设备、器材使用管理制度,矿井主要灾害预防管理制度,煤矿事故应急救援制度,安全奖罚制度,入井检身与出入井人员清点制度,安全操作规程管理制度,消防安全管理制度,职业卫生管理制度,安全举报制度,管理人员下井及带班制度,特种作业人员管理制度,班前会制度等。

4.员工安全素质

（1）安全知识,包括国家及行业相关的法律法规、标准;安全规程、操作规程及作业规程;岗位业务知识,隐患排查知识,应急救援知识等。

（2）安全能力,包括遵守安全规章制度、履行岗位责任制、正确使用安全设备及防护用品、发现并消除作业现场事故隐患、处理突发事件及紧急情况等。

（3）安全心理素质,包括安全意识、团队合作精神、工作责任心、行为自律性等。

（4）安全行为养成,包括主动学习的安全行为养成、掌握安全信息的安全行为养成和自觉自律的安全行为养成。

（四）煤矿安全文化视觉识别系统构成及指南

煤矿安全文化视觉识别系统构成如图 3-8 所示。

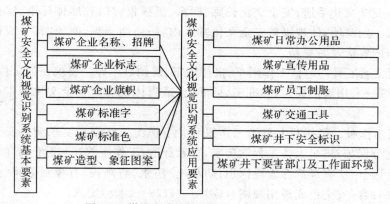

图 3-8　煤矿安全文化视觉识别系统构成图

1.基本要素设计

（1）煤矿标志。煤矿标志是表达煤矿基本理念、核心价值观、安全精神等,以具体文字、造型图案等形式构成的视觉符号。对煤矿标志的要求:便于识别;体现煤矿基本理念、安全精神;考虑煤矿安全需求;考虑员工综合素质、生理和安全心理需求;在符合基本设计原理基础上形成系列化、标准化变形设计;由文字组成的标志应包含汉字。

（2）标准字。标准字是根据煤矿基本理念、安全精神,用来表现煤矿标志、名称等内容,对字形结构、线条形态、章法配置等统一设计和使用的字体。它包括煤矿标志标准字、煤矿名称标准字、安全宣传用语标准字、安全标识标准字、安全活动标准字、标题标准字。要求字型设计应考虑煤矿生产安全基本要求,体现煤矿安全文化基本理念;应依照诉求对象、环境空间、材料工艺、文字词义选择字体;应遵循确定造型、选择字体、配置笔画、统一字体、排列方向、变形设计等步骤;选用的文字便于识别,字体笔画结构应清晰。

（3）标准色。标准色是煤矿运用色彩特有的知觉刺激与心理反应,表达煤矿基本理念,塑造煤矿自身形象而确定的某一特定色彩或一组色彩系统。包括单色标准色、复色标准色、标准色＋辅助色等。对标准色的要求:色彩表达含义明确;符合煤矿安全生产要求,被煤员工普遍喜爱和接受；应通过管理和技术手段保证色彩表达统一化和标准化。

（4）安全色。安全色是表示禁止、警告、指令、提示等意义的颜色。红色，表示禁止、停止；黄色，表示警告、注意；蓝色，表示指令、应遵守的规定；绿色，表示提示、安全状态、通行。

（5）煤矿造型。煤矿造型是为体现煤矿基本理念和安全精神而设置的雕塑或装置。对造型的要求：符合煤矿核心价值观和安全理念；设置应与周围环境相协调；被广大员工理解和接受。

（6）基本要素组合。基本要素组合是基本要素的排列组合。应注意保持一定的视觉空间，避免过于拥挤造成形象模糊；依项目和媒体确定不同形式组合；预先设定禁忌组合范例。

2. 应用要素设计

（1）日常办公用品。包括名片、信纸、信封、便笺、公文袋、资料袋、薪金袋、卷宗袋、合同书、报价单、表单和账票、证卡（如工作证、胸卡、邀请卡、生日卡、贺卡等）、年历、月历、日历、奖状、奖牌等。要求体现煤矿安全文化基本内容；设计系列化、统一化、标准化；简洁美观，便于使用。

（2）宣传用品。包括煤矿内部电视节目、广播电台播音、煤矿网站、网页；煤矿报纸、新闻稿、宣传册、安全文化手册；安全文化长廊、橱窗、黑板报；灯箱、墙体标语、宣传标语、宣传海报等。要求主题鲜明，体现煤矿安全文化基本内容；简洁美观，便于阅读；设计系列化、统一化、标准化；内容应及时更新。

（3）地面交通工具。包括工作用车、接待用车、通勤班车等。要求在显著位置标有煤矿标志和名称；统一采用煤矿标志、标准字、标准色；适当体现煤矿安全文化基本内容；美观实用，便于识别。

（4）员工工作服。包括井上员工工作服和井下员工工作服。要求满足安全生产要求，为员工提供充分保护；满足人体工程学要求，穿着舒适；工作服款式和颜色按单位、工种或不同级别应有所区分；应有煤矿标志或标识；防静电、防水、防潮；具有夜视效果、反光功能，工作服安全色要符合《安全色光通用规则》（GB/T 14778—2008）要求。

（5）煤矿工业广场。包括主副井口区域、绞车房、通风机房、压风机房、矿灯房、调度室、监控室、变电所、矿灯房区域、澡堂区域等。要求实施定置管理，符合《煤炭工业矿井设计规范》和《煤矿安全规程》；设置听觉、视觉、自动化或人工智能信号；各种设备应由专职人员统一管理，在合适位置悬挂标牌，记录设备编号、名称、数量、安全责任人等内容，配备设备运转记录簿；工业广场人行道和作业区应隔开。

（6）煤矿井下安全标识。包括禁止类标识牌、警告类标识牌、指令类标识牌、提示类标识牌、逃生疏散类标识牌、消防类标识牌、危险品类标识牌等。

（7）煤矿井下运输工具。包括电机车、卡轨车、齿轨车、单轨吊、胶带机、刮板输送机、绞车、串车、胶轮车、翻斗车、无极绳人车、井下干粮袋、工具箱、工具袋等。要求系统设计、安装、调试和运行应符合《煤炭工业矿井设计规范》和《煤矿安全规程》；系统设备、上下人地点应标有煤矿安全提示、警示和禁止等标识；设备完好，应满足人体工程学要求；井下干粮袋、工具箱、工具袋等应便于携带、防静电、防水、防潮；干粮袋应保温。

（8）井底车场要害硐室或地点。包括井底人车站、中央变电所、中央泵房、井下火药库。要求系统设计应符合《煤炭工业矿井设计规范》和《煤矿安全规程》；井底车场巷道、硐室、水仓出口等处应设置提示、警示、禁止等设施和标识；应统一设置视觉、听觉或智能信号；设备、器材、环境等应统一实行定置管理。

（9）井下工作面及施工地点。包括井下巷道、井下采煤工作面、掘进工作面、开拓工作面或施工地点。要求系统设计符合《煤炭工业矿井设计规范》和《煤矿安全规程》；工作面支护、顶底板管理、通风、防尘、防火和防瓦斯爆炸等应满足员工安全生产要求；工作面环境应满足人体工程学对员工工作舒适的要求；采煤工作面、上下区段平巷、掘进工作面的设备、材料、工具、标识、图板等应实施定置管理；井下特别危险地区，应标明躲避场所，并设置避灾路线提示标识。

（10）井下生产系统管线及通风系统。包括井下通风、防火、供电、压气、通信设备和管线。要求系统设计符合《煤炭工业矿井设计规范》和《煤矿安全规程》；工作环境应符合人体工程学对员工工作舒适的要求；各种网络管线、电缆等应按定置管理系统化、标准化设置；统一设置视觉、听觉或智能信号。

（五）煤矿安全文化听觉识别系统

1. 范围

（1）生产系统听觉信号、安全禁止、警示、提示信号等。

（2）安全祝福、嘱托语、歌曲、广播、背景音乐等。

2. 设计要求

（1）体现煤矿安全文化基本内容。

（2）与视觉识别系统和环境识别系统相配合，实现听觉、视觉和环境的有机结合。

（3）应符合员工安全心理需求。

（4）在不同时间、地点播放不同内容。

（5）适当融入地域文化。

（六）煤矿安全文化环境识别系统

1. 范围

（1）外部环境包括：大门、马路、玄关、广场、建筑物外观、生态植物、绿地、雕塑、吉祥物、广告载体、路牌、灯箱等。

（2）内部环境包括：建筑物前厅、楼道、办公室、会议室、安全文化长廊、宿舍、食堂、体育场馆等。

2. 设计原则

（1）符合《煤炭工业矿井设计规范》和《煤矿安全规程》。

（2）体现煤矿安全文化基本内容。

（3）体现煤炭行业特色，满足安全生产要求。

（4）满足员工工作、安全生理和心理要求。

（5）内外部环境应统一实行定置管理。

（七）煤矿安全文化建设活动构成

1. 安全教育培训活动

（1）对象包括：领导干部、部门负责人；技术管理人员；安全管理人员；生产岗位操作人员；设备检修、维修、维护作业人员；消防队、救护站等专业救灾救护人员；特种作业人员；其他有作业风险岗位人员；承包商、供应商等利益相关者；员工家属。

（2）要求包括：新上岗人员应进行岗前培训，考试合格后持证上岗；煤矿职工岗位调动后,应重新培训,考试合格后,重新上岗;新装置、新技术、新工艺投产前,主管部门应编制新安全操作规程,进行专门培训;发生事故或重大未遂事故时,应组织有关人员进行现场事故调查和教育培训;其他定期和不定期培训。

(3)计划:煤矿应根据安全管理工作需要,编制年度培训、考核计划;培训计划应包括培训实施单位、方式内容、培训对象、日程安排及预期效果等;安全主管部门应定期对培训计划执行情况进行监督检查。

2.安全报告活动

(1)形式:主要包括安全汇报会、安全事故报告会等。

(2)要求:生产系统运行概况例行分析;确定生产系统控制方案;查明事故原因、规定报告程序、制定应急处理及防范措施;事故处理程序、原因、经验教训及防范措施等要形成相关的文件并归档;加强未遂事故(事件)管理,降低事故发生概率。

3.安全科技活动

(1)内容包括:安全生产理论与技能创新;事故隐患治理关键技术研究;重要安全科技攻关科技示范和推广;构建安全生产技术标准体系;安全标准化岗位建设;绿色岗位建设;应急救援技术与装备研发等。

(2)实施措施包括:整合安全生产科技资源;保证安全生产科技投入;加强安全生产科技创新人才培养;建立安全生产科技激励机制;开展合作与交流。

4.安全主题竞赛活动

(1)实施步骤包括:确定开展安全主题竞赛活动的指导思想;确定活动主题;成立活动组织机构;对活动进行具体安排;组织活动实施;对活动进行评价。

(2)实施要求包括:指导思想应与公司安全生产目标一致;活动组织形式应适合本煤矿特点;有助于提高员工安全素质及技能;能达到员工养成安全自律性目的;激励员工安全生产热情;为安全生产积累经验,并形成相关文件,归档管理。

5.群众性安全宣传慰问活动

(1)目的包括:普及安全知识,宣传国家大政方针、煤矿安全理念;激励员工爱岗敬业;抚慰员工心理;教育违章人员;领导基层慰问;家属亲情慰藉。

(2)实施要求包括:主题符合煤矿安全价值观;满足员工安全心理需求,促进员工身心健康;能提高员工安全意识;能促进规范员工行为;形式灵活多样,群众喜闻乐见。

(八)煤矿安全文化手册

1.内容

(1)序言或概论。

(2)煤矿安全文化理念系统。

(3)煤矿安全文化基本要素系统。

(4)煤矿安全文化基本要素的组合系统。

(5)煤矿安全文化应用要素系统。

2.要求

(1)简明扼要,图文并茂,通俗易懂。

(2)普遍发放给员工。

(3)使用及携带方便。

（4）若国外有分公司，应使用该国通用文字。

三、煤矿安全文化建设新方法

（一）安全精神与规范文化建设层面

1. 高层的示范和推进

安全文化实际上就是"一把手"文化，各级领导以身作则，率先垂范，是履行自身职责的内在要求，也是构建安全文化的重要组成部分；煤矿企业各级领导应该成为安全文化过程中的"有感领导"，通过发挥领导的示范作用，推动安全文化建设深入进行。"有感领导"一词来源于美国杜邦企业，指领导通过自己言行示范，给予安全工作人力、物力保障，让员工和下属体会到领导对安全的重视。"有感领导"已经成为安全领导力的代表性词汇。判断一位领导是否是"有感领导"，要看其是否具备三个"力"，即示范力，以身作则，亲力亲为，通过深入现场、遵守制度等良好个人行为，起到模范示范作用；执行力，提供人力、物力、财力，组织运行保障，让员工感受到各级领导对履行安全责任作出的承诺；影响力，各级领导所展现出来的安全行为以及对安全工作的决心，可以影响员工的安全行为，促使其积极参与安全文化建设工作。

2. 安全承诺

煤矿安全文化建设的目的之一是统一煤矿企业全体成员在安全方面的意识、方法、态度和行为，而在企业所有成员中，领导层对于建设安全文化是最重要的。领导应该作出明确可靠的安全承诺，并在煤矿企业管理的整个行动中落实安全承诺，始终如一地坚持安全质量标准，在任何情况下都优先讨论安全问题，为建设安全文化作出表率。

企业安全承诺充分反映和概括了企业核心安全理念，是核心安全理念的形式化、外在化。企业安全承诺包括安全方针、安全使命、安全愿景、安全价值观、安全精神、安全目标和安全策略等。企业的安全承诺应当切合企业特点，在企业实际基础上反映企业员工的共同安全志向，并明确企业安全问题在组织内部具有最高优先权。企业的安全承诺应当表述清晰，为全体员工和相关方所知晓和理解。

企业安全承诺的达成需要领导层、管理层和员工的共同推进。作为领导层，企业的领导者应该严格遵守安全承诺，按照安全承诺进行管理，时刻以安全问题为优先考虑事项，在安全生产上真正投入时间和资源，以身作则，尤其是在关键时刻对关键问题的处理上，宁愿损失短期效益和业绩目标也要确保安全，让各级管理者和员工切身感受到领导者对安全承诺的重视和实践。此外，领导者还应按期接受培训，提高处理煤矿企业安全事务的能力。中层管理者应该积极响应号召，按照企业的安全承诺进行管理，在追求安全绩效、质疑安全问题时以身作则，鼓励和肯定员工在安全方面的良好态度。

3. 开展多种形式的安全文化活动

煤矿企业对安全文化的阐述、宣传与推广手段应该是多样化的，既要有严格的学习培训，还要有轻松活泼、寓教于乐的定期活动。安全文化定期活动应该有丰富的形式和载体，即每年确立一个安全文化建设主题，明确活动的重点、措施和途径，有节奏、有步骤、有规律、有创新地一步步落实活动开展。具体的活动方式有安全漫画征集、安全演讲、安全生产知识竞赛、安全家书征文、安全文化典型评比、安全辩论赛、安全谜语竞猜、安全对联征集、安全文化故事集、安全警语手册等。煤矿企业可根据地方企业特点和风俗文化特色，通过多种形式的特色活动，使企业员工在寓教于乐中积极参与，受到教育和启发，形成"我要安全"的良好认知。

（二）安全制度文化建设层面

1. 简单易懂的行为规范和程序

安全管理面临的一个难题是习惯性违章，习惯性违章背后的深层次原因是操作程序和员工的行为规范与员工行为不匹配。造成这种不匹配的根源在于安全行为规范没有被员工所接受、理解、掌握和应用。因此，应该对安全行为规范和程序进行标准化建设，统一员工的行为，将复杂的程序分解为简单、易懂的操作步骤，并通过培训的形式向员工解释清楚各种规定和程序的要求，提高员工按章操作的积极性和主动性，尤其要让员工了解这些要求的必要性和实用性，即"为什么要这样做"、"不这样做有什么危险"，还应让员工在工作实践中体会到严格遵守行为规范和程序是防范错误发生的有效途径，遵守程序、按章操作是最好的"捷径"。

2. 鼓励员工多报告

安全隐患并不总是会导致安全伤亡事故的发生，但是不能因此而忽视安全隐患造成的小事故和未遂事故。一个拥有良好安全文化的企业会把故障和侥幸未发生的危险当成经验教训以避免类似事故的重复发生，这就要求煤矿企业鼓励员工报告所有的故障、隐患甚至是十分次要的顾虑。通过研究这些报告，可以获得大量的关于事故原因与程序缺陷的信息，并根据这些信息采取措施提升安全效益。因此，要建立畅通的报告渠道和规范的报告制度驱动员工报告所有可能有教育性的事件，并对这些事件进行调查和分析，找到事件根本的起因并进行及时的补救和反馈。

煤矿企业应从三个方面对报告文化进行引导：一是犯了错误时，员工能毫无心理负担地主动汇报；二是发现问题时，员工能毫无顾虑地指出问题，管理层能包容不同的意见；三是实现信息普遍共享，使员工能够平等地进行报告。

3. 建立强有力的安全管理机制

煤矿企业要按照煤矿安全文化建设的目标要求，明确安全文化建设组织机构和各职能部门、各单位人员的管理职责，强化现场管理，做到凡事有人负责、凡事有章可循、凡事有据可查、凡事有人监督，积极推进安全质量标准化建设，推行作业现场精细化管理。在管理者和员工之中全面推行责任制，责任制应与管理者和员工的利益在一定程度上挂钩，并在适度奖惩的基础上及时反馈。奖惩不是目的，是为了提高管理者和员工的责任感，并且将暴露出的问题及时反馈处理加以解决，减少事故隐患。

4. 安全信息传播与沟通

安全文化的重要因素之一是"透明的文化"，拥有良好安全文化的组织会把未遂事故当成教训以避免更严重的事件发生，这就要求企业有良好畅通的信息传播渠道和沟通程序，将组织内部出现的所有可教育性的事件作为传播内容的一部分，调查这些未遂事故的根本原因并提出今后的解决对策。为达到这个目的，首先每个员工都应认识到报告和沟通对安全的重要性，及时地从他人处获取信息并向他人传递信息，同时，员工还应被鼓励对所有的事件、侥幸未发生的事件和即使很次要的顾虑进行报告，应使员工深信这些报告会被重视且相关人员不会因报告而受到处罚。

5. 安全事务参与

企业安全文化建设需要全体员工参与到安全事务中来。企业中的每个员工都应认识到自己负有对自身、同事和企业安全作出贡献的责任。员工参与的方式包括：关注煤矿安全和与井下生产条件相关的事务；广泛参与和评价煤矿可能出现的安全问题；建立在信任和免责基础上的微小差错员工报告机制；成立员工安全改进小组，给予必要的授权、辅导和交流；定期召开有员工代表参加的安全会议，讨论安全绩效和改进行动；开展岗位风险预见性分析和不安全行为或不安全状态的自查自评活动。

6.建立学习型组织

安全文化的精要是正确地对待组织本身的问题和重视研究组织内外部的变化，这样才可以预计、控制和处理组织面临的风险，才能不断地、持续地提高组织的安全水平，因此，煤矿企业需要建立学习型组织。学习型组织的基本理念是为员工提供一个交换经验和想法的组织，把错误或缺陷当作学习的机会，并在学习过程中通过团队协作减少错误和完善缺陷。学习型组织应包括让员工充分参与到为改进献计献策的过程机制，了解组织以外情况和形势以学习最佳经验并不断改进的机制，同时，员工学习过程的结果应被反馈到安全管理和培训系统中，为下一步的提升做好准备，不断学习、不断改进，积极推动学习型组织的进程。

7.审核评估机制

煤矿企业在建设安全文化的同时，还应对安全文化建设情况进行定期的全面审核和评估，遵循"SMART"原则(特定的、可测量的、可得到的、相关的、可跟踪的)，对决策层、管理层和执行层进行评估，包括领导者定期组织各级管理者评审企业安全文化建设过程的有效性和安全绩效结果；对管理者的安全意识和态度、安全承诺和沟通、管理制度与奖惩措施、专业知识等进行审核；对员工的安全责任和态度、反馈与传播机制、学习培训、风险认知、资格能力与专业知识、工作压力与工作氛围等进行评估。

8.推进与保障机制

煤矿企业应该充分认识到安全文化建设的阶段性、复杂性和持续改进性，由最高领导人组织安全文化建设推进小组，制定推动本企业安全文化建设的长期规划和阶段性计划，并应在实施过程中不断完善规划和计划。

煤矿企业应充分提供安全建设的保障条件，包括明确安全文化建设的领导职能，确定负责推动安全文化建设的组织机构与人员，将煤矿企业安全文化建设与管理创新、制度创新紧密结合起来，把安全文化建设内容融入管理工作之中，保证必需的资源投入，配置相应的安全文化信息传播系统，大力宣传企业安全理念和安全价值观，营造浓厚的安全文化氛围，使员工在潜移默化中受到安全教育。此外，还要推动骨干的选拔和培养，选拔一批人才承担辅导和鼓励全体员工向良好的安全态度和行为转变的职责。

(三)安全物质文化建设层面

煤矿企业安全文化形象建设是煤矿企业形象的整合和展示，包括建立煤矿企业安全文化视觉识别系统和编制企业安全文化手册等方式，将煤矿企业形象具体化、可视化，能够在煤矿企业内部形成一种安全氛围，使员工在安全氛围的积极影响下安全生产。

1.煤矿企业安全文化视觉识别系统

煤矿企业安全文化视觉识别系统是根据煤矿企业的行业特点及行业安全标准，结合煤矿企业独有的安全文化内涵形成的视觉识别系统。它能通过简洁、清晰、明确、易懂的符号化、标准化的安全理念传播，对煤矿企业员工的行为进行规范指引，陶冶煤矿企业员工的情操，使企业员工感悟到煤矿企业安全文化的内涵和个性，形象地传达企业安全理念，达到良好的宣传效果。

煤矿企业安全文化视觉识别系统原则上由两大系统构成,即基本设计系统和应用设计系统。基本设计系统包括企业安全文化标志、安全文化标准字、安全文化标准色和辅助色、安全文化象征图形等。应用设计系统是基本设计系统在煤矿企业正常生产和员工生活中的拓展与延伸,也是安全文化视觉识别系统传播的载体与媒介,主要包括办公用品类、旗帜类、员工服装类、印刷宣传类等符号语言。

2.编制企业安全文化手册

企业安全文化手册是展现企业安全理念、反映企业安全特色、增强企业安全氛围的重要工具和手段。企业安全文化手册对内可以引导员工科学的安全思维,提升员工安全素质,强化员工安全意识,激励员工安全潜能;对外可以宣传企业理念,树立企业形象,提升企业的综合竞争力。企业安全文化手册一般包括企业概况、企业安全承诺、企业安全管理方法、企业安全活动、企业特色等。编制安全文化手册既要总结提炼企业现有的安全管理观念、制度、经验和方法,反映企业在安全文化和管理方面的特色,又要吸收国内外同行的优秀安全文化成果,还要发展和创新企业的安全文化建设模式,对企业安全文化建设提出更高的目标。

(四)安全心理调适——员工安全援助计划(ESAP)

ESAP(Employee Safety Assistance Program)是一项通过一系列的方法和手段,增强煤矿一线工作人员的心理健康水平的模式。该计划是基于员工心理保障的安全文化建设促进模式,由企业组织为员工设置的一套系统的、长期的服务项目,通过对从事一线生产员工的安全心理及影响安全心理因素的诊断、建议,对其提供专业的指导、培训和心理咨询,避免不良情绪和心理问题对安全生产的影响,维护员工的心理健康,促进其安全行为,最终实现安全生产"零事故"的目标。

1.员工心理压力分析

(1)生产压力。煤矿企业员工主要从事井下作业,面对相对复杂的工作环境,极易发生生产事故甚至付出生命的代价。在这样充满了不确定性、安全生产条件千变万化的环境中,一线员工和管理人员几乎都会面对新的问题,需要拿出新的解决办法,这些问题和办法往往是书本、规程上所不能列举的。可想而知,每位煤矿企业员工工作时始终处在较强的心理应激水平下,承受了沉重的心理负担。

(2)生活压力。煤矿员工尤其是基层工人的学历水平普遍不高,家庭经济状况较差,因为没有其他工作可以做,迫于生计不得不到煤矿工作。面对生活压力,矿工在自身安全和挣钱心切的天平上选择时往往偏重后者。

(3)管理压力。一是人员素质与岗位要求存在差距。二是过紧的管理措施引起部分员工存在"失去自由"的心理压力。

(4)情绪压力。煤矿员工的家庭环境比较特殊,有很多是单身,或者夫妻长久不在一起,情感和情绪问题突出,时常会经受精神上的"煎熬",情绪方面会出现各种复杂的变化。

2.ESAP工作重点

(1)进行职业安全适应性的调研和指导,提出"关键岗位全适应性诊断报告"。通过针对不同工种或不同岗位的深入调研,对从事生产或管理的人员的职业适应性(如智力、年龄、性别、工作经验、个性、身体条件等)进行全面把握,总结归纳出职业适应性标准,运用于聘用人员过程中的甄选,针对在岗人员不利于安全生产的个性特点进行培训和干预。

（2）对影响安全生产的心理进行全面把握，开展企业安全专业人员和生产人员的培训，建立"安全生产心理援助手册"。将影响员工安全生产心理的因素进行全面调查研究，并最终形成富有针对性的"安全生产心理援助手册"，采用内、外干预和自我帮助等方式，帮助员工改善和消除不安全心理。

（3）建立心理咨询室，加强心理疏导，及时消除压力。及时疏导煤矿员工的心理问题，可以将一系列不利于煤矿员工工作的心理压力尽可能地降低，转"消极影响"为"积极影响"。

四、安全文化建设任务与要求

2011年11月10日，国家安全生产监督管理总局印发了《安全文化建设"十二五"规划》（安监总政法〔2011〕172号），对"十二五"期间安全文化建设作了统一部署。2015年是"十二五"计划收官之年，所有煤矿安全管理人员都有必要认真了解和掌握安全文化建设的任务和目标，对照本单位实际情况，查找差距，制定措施，全力推进。

（一）指导思想

坚持以邓小平理论和"三个代表"重要思想为指导，深入贯彻科学发展观，认真落实党的十八大精神，坚持以人为本、安全发展的理念和"安全第一、预防为主、综合治理"的方针，以《中共中央关于深化文化体制改革推动社会主义文化大发展大繁荣若干重大问题的决定》为指导，以深入贯彻落实《国务院办公厅关于进一步加强煤矿安全生产工作的意见》精神为主线，以促进企业落实安全生产主体责任、提高全民安全意识和防范技能为重点，突出事故预防能力，提高风险控制能力，推进安全文化理论建设手段创新，增强安全文化建设工作的实效性和针对性，构建自我约束、持续改进的安全文化建设长效机制，不断提高安全文化建设水平，切实发挥安全文化对安全生产工作的引领和推动作用，促进、加强和创新安全生产工作，为圆满实现"十二五"时期安全生产各项目标任务提供强大的思想保证、精神动力和智力支持。

（二）基本原则

（1）坚持围绕中心，服务大局，将安全文化建设与精神文明建设、思想道德建设、思想政治工作紧密结合。

（2）坚持统筹兼顾，整体推进，发挥安全文化对安全法制、安全责任、安全科技、安全投入等诸要素的引领作用。

（3）坚持"团结、稳定、鼓劲"和"三贴近"原则，牢牢把握安全文化建设方向，构建安全生产长效机制。

（4）坚持突出实效，注重特色，强化安全生产基层基础，推进安全文化理论创新发展。

（5）坚持深化建设，充分利用社会资源，实施重点工程，开展群众性安全文化创建活动，整体推进安全文化建设。

（三）规划目标

到"十二五"末，安全文化建设体制机制及标准制度健全规范，安全文化示范工程和阵地建设深入推进，安全文化活动内容不断丰富，全民安全意识进一步增强，安全文化建设富有特色并取得明显成效。

（1）牢固树立安全发展理念，唱响安全发展的主旋律，促进全民安全素质和防范意识进一步提升。

（2）加快安全文化体制机制创新，深化安全文化体制改革，推动安全文化事业又好又快发展。

（3）建立完善宣教体系，加强安全教育基地建设。到 2015 年，分区域建设一批安全教育示范基地。

（4）大力推进安全文化建设示范工程。到 2015 年，建立国家级安全文化建设示范企业 300 家、国家级安全社区 600 家，建成一批安全发展示范城市。

（5）繁荣安全文化创作，优化资源配置，扶持发展安全文化产业，打造一批具有社会影响力的安全文化精品。

（四）主要任务

（1）加强安全生产的形势政策宣传，强化全社会安全发展理念。大力宣传贯彻落实党中央、国务院关于加强安全生产工作的方针政策和决策部署，深入持久地宣传贯彻《国务院办公厅关于进一步加强煤矿安全生产工作的意见》，形成有利于推动安全生产工作的文化氛围。继续深入扎实开展全国"安全生产月"、"安全生产万里行"、"《职业病防治法》宣传周"、"'安康杯'竞赛"、"青年安全示范岗"、"送安全文化到基层"等活动，培育和塑造富有吸引力和感染力的安全文化活动品牌。充分利用广播、电视、报刊、网络等媒体，加强安全发展理念的宣传贯彻，使其深入人心、扎根基层，指导和推动工作实践。强化安全生产责任体系内涵和实质的宣传，推动企业安全生产主体责任、部门安全监管责任和属地管理责任深入落实，促进各地区、各有关部门和单位切实增强搞好安全生产工作的责任感、紧迫感和使命感，提高加强安全生产工作的积极性、主动性和创造性。

（2）开展安全文化理论研究，加强和创新安全文化建设。充分发挥安全生产科研机构和高等院校的作用，利用安全生产理论研究资源，针对安全生产重点、热点和难点问题设立研究课题，加强安全文化理论研究，形成以安全发展为核心、各具特色的安全文化建设理论体系。鼓励各地区、各有关部门和企业单位，结合自身特点，创新安全文化建设的内容和方法途径，总结实践经验，凝练理论性成果，以点带面，指导和推动工作。建立安全文化建设成果表彰、宣传推广机制，坚持自主研究与吸收借鉴相结合，积极开展地区、行业领域和企业间的安全文化建设学术交流，切实做好理论成果转化应用。

（3）强化正确的舆论引导，营造有利于安全生产工作的舆论氛围。广泛宣传安全生产工作的创新成果、突出成就、先进事迹和模范人物，发挥安全文化的激励作用，弘扬积极向上的进取精神。健全完善与媒体的沟通机制，做到善用媒体、善待媒体、善管媒体，坚持正面宣传，充分发挥其对安全宣传工作的主导作用。进一步完善新闻发言人、新闻发布会、信息公开、事故和救援工作报道机制，做好舆情分析，坚持公开透明、有序开放、正确引导的原则，及时引导社会舆论。加快形成全社会广泛参与的安全生产舆论监督网络，鼓励群众和新闻媒体对安全生产领域的非法违法现象、重大安全隐患和危险源及事故进行监督、举报，提高举报、受理、处置效率，落实和完善举报奖励制度。

五、煤矿安全文化建设案例——神南红柳林矿业有限公司安全文化建设经验

（一）以"心·xīn"文化为引领，构建红柳林"挽手贴心"安全文化

红柳林矿业公司突出企业文化的管理职能，坚持以人为本，把心本管理作为企业文化的核心，在抓人心上下功夫，从"心"抓起，以"心"为"心"，以"心"换"心"，实现了由物本管理到人本管理的升华，逐步形成了"心·xīn"文化体系。

以"心·Xin"文化为引领，构建红柳林"挽手贴心"安全文化

企业文化的升级和创新是企业可持续发展的灵魂和不竭动力，红柳林矿业公司突出企业文化的管理职能，坚持以人为本，把心本管理作为企业文化的核心，在抓人心上下功夫，从"心"抓起，以"心"为"心"，以"心"换"心"，实现了由物本管理到人本管理的升华，逐步形成了"心·Xin"文化体系，建立了具有红柳林的特色文化。

1.从心出发，以心为本

通过收集 506 个带有"心"字的词语，开展了征集"心海放歌"作品活动，让员工统一思想、统一行为，实现了人本管理向心本管理的转变。

2.从心出发，自我反省

从点点滴滴的心灵感悟中反省，获得启发，收获经典感悟和经典语句，汇编成《心灵感悟》一书。

3.从心出发，学习感悟

提倡全员学习，主张"人人为师，天天学悟"，让员工在学习讨论中不断涌现新思想、新火花，并在学习中展开新旧观念讨论，收集了心态感悟观点 117 条，真正做到了学中感悟，知中践行，提升了学习力，提升了员工整体素质。

4.从心出发，动情动真

力求做到真情做人、真实做事。按照"双危"辨识 85 条对应的案例编写了《心泪痛省》，以真实的案例教育人、感动人、警醒人，做到了以情动人、以情感人。

5.从心出发，体现艺术

重视挖掘员工的艺术细胞和潜质，由员工带着感情自己设计创建"艺术品"标杆工程，实现了员工理念上的大提升，改变了员工的心智模式。

（二）以心为本，"挽手贴心"安全文化特色

"挽手贴心"安全文化是指手挽手、心贴心，心手相应，想到做到，知行合一，齐心协力达到安全智能化。

以心为本，"挽手贴心"安全文化特色

"挽手贴心"安全文化指手挽手、心贴心，心手相应，想到做到，知行合一，齐心协力达到安全智能化。

- （一）理念导入，思维养成提升安全文化引领力
- （二）强化预防，用心融情提升安全文化软实力
- （三）规范行为，知行合一提升安全文化硬实力
- （四）落实责任，层次分明提升安全文化管控力

1.理念导入,思维养成提升安全文化引领力

把理念导入作为落实安全生产方针的唯一标准,用创新的理念持续推进人的安全思维养成,提出"零轻伤、零伤害"安全目标,确立了"'三违'和隐患就是事故"、"思想的隐患是最大的隐患"、"事故是可以避免和预防的"等安全理念,为企业安全发展注入了灵魂。

2.强化预防,用心融情提升安全文化软实力

建立了画"红线"预防、亲情感化理解预防和生活圈认同预防三位一体预防体系,强化了超前预防管理。创造性地出台了85条"双危"辨识标准,有效预防了零敲碎打事故。

3.规范行为,知行合一提升安全文化硬实力

推进安全行为习惯化、安全管理自主化、流程程序规范化。2 700多字的安全应知应会内容、3 000字以上的岗位应知应会内容,掌握5～20个事故案例。"军礼制、报告制、指挥制、复命制、列队制"的"五制"准军事化管理、班前礼仪、现场菜单式确认、互保联保、三三整理等。建立了23个一级流程、107个二级流程、322个三级流程,通过把制度、流程程序渗透到每个岗位,做到每道程序有标准,每个流程有标准,每个环节有标准。

4.落实责任,层次分明提升安全文化管控力

建立"人、事、物"三维立体化的安全责任体系,落实主体责任,强化各层级的安全管理责任。制定"三违"、隐患管理与管理干部工资挂钩的考核机制,管理干部人人头上有"双危"指标,员工个个牢记"双危"标准。按照"六序""八制"工作闭环,对每项工作的安排和执行进行跟踪闭环管理。

(三)以过程精细化"678"模式为总抓手,让安全文化落地生根见效

1.构筑"6"大过程控制,实现亲情化、系统化和"三铁"精神相结合

(1)过程系统控制是实现安全生产的基础。

(2)过程节点控制是实现安全生产的关键。

(3)过程程序控制是实现安全生产的重点。

(4)过程流程控制是实现安全生产的核心。

(5)过程岗位控制是实现安全生产的主线。

(6)过程创新控制是实现安全生产的原动力。

2.渗透"7"种精细化管理技术,实现以经验管理向新技术、新工具现代化科学管理转型

(1)机环双检技术。

(2)人机工程优化技术。

（3）"定置、编码、标识、看板"四项技术。

（4）"5E"全生命周期管理技术。

（5）工程心理学技术。

（6）价值工程技术。

（7）系统分析技术。

3.建立"8"大过程控制支撑体系,实现了指令管理向裁判式自主管理转型

（1）"心・xīn"文化体系。

（2）团队素质提升体系。

（3）"三维"责任落实体系。

（4）制度保障体系。

（5）标准体系。

（6）内部市场化体系。

（7）绩效考核体系。

（8）管理信息化体系。

第四节　煤矿安全培训新政策新方法

一、煤矿安全培训新政策

安全培训是安全生产的重要环节,是安全生产"六大支撑体系"之一,也是煤矿安全生产"管理、装备、培训"三并重原则的重要一环。习近平同志在青岛考察中石化东黄输油管道事故抢险工作时强调"安全生产必须做到安全投入到位、安全培训到位、基础管理到位、应急救援到位",更是给今后的煤矿安全培训工作提出了新的更高的要求。

近年来,国家非常重视安全培训工作,2012 年 1 月 19 日,国家安全生产监督管理总局公布了新的《安全生产培训管理办法》(安监总局第 44 号令);2012 年 5 月 28 日,国家安全生产监督管理总局公布《煤矿安全培训规定》(安监总局第 52 号令);2012 年 11 月 21 日,国务院安全生产委员会下发了《国务院安委会关于进一步加强安全培训工作的决定》(安委〔2012〕10 号),这是国务院安委会第一次以"决定"的形式就安全培训工作发布的规范性文件,进一步明确了现阶段安全培训工作的总体思路和工作目标,提出了新形势下进一步加强安全培训工作的一系列政策措施,是指导"十二五"以及今后相当长一段时期安全培训工作的纲领性文件。

2013 年 8 月 29 日,国家安全生产监督管理总局发布了《国家安全监管总局关于修改〈生产经营单位安全培训规定〉等 11 件规章的决定》(安监总局第 63 号令),对《生产经营单位安全培训规定》、《特种作业人员安全技术培训考核管理规定》、《安全生产培训管理办法》、《煤矿安全培训规定》等 4 个安全培训规章和《注册安全工程师管理规定》、《防治煤与瓦斯突出规定》、《安全评价机构管理规定》、《煤层气地面开采安全规程(试行)》等 4 个规章中关于煤矿安全培训的内容进行了修改。2013 年 9 月 24 日,国家安全生产监督管理总局发布了《安全生产资格考试与证书管理暂行办法 》(安监总培训〔2013〕104 号),对全国的安全生产考试和发证工作进行了统一部署,规定了"教考分离、统一标准、统一题库、统一证书、分级负

责"五项原则,将考试时间由 90 分钟增加到 120 分钟,考试合格分数由 60 分提高到 80 分,并对考试机构、考点、考试平台建设作出了具体部署。

2014 年 12 月 26 日,国家煤矿安监局办公室公布了《煤矿井下从业人员安全知识考试题库》和《煤矿井下从业人员安全知识读本》(煤安监司函办〔2014〕36 号);国家煤监局行管司组织编写的煤矿三项岗位从业人员安全资格培训教材也于 2015 年 1 月正式出版,各类人员的安全资格考核题库编写也开始进行。

二、煤矿安全培训新方法

(一)危险预知训练(KYT)

1. KYT 简介

危险预知训练是由日本住友金属公司兴起的一种现代安全培训方法。它针对某个具体的作业或操作,通过图片、漫画、视频或者真人演示等,引导学员确认作业过程中潜在的危险因素(人的不安全行为、物的不安全状态),制定具体对策,设定小组作业行动目标,避免事故发生,实现"零"事故目标,目前在建筑行业、金属加工行业等广泛应用。由日语危险预知两词(kiken yochi)和英文训练一词(Training)的首字母构成其简称"KYT"。该方法近年来又有了进一步的拓展和延伸,非常适合煤矿特殊作业人员的安全培训。

2. 标准 KYT 实施方法

(1)准备。① 成立 KYT 活动小组,一般以 5~6 人为单位。② 分配主要成员任务,如主持人、记录员。③ 准备好道具(作业的图片、记录纸、白板、笔等)。

(2)现状把握(危险因素找出)。① 主持人介绍作业的基本情况,并请大家一起来发现潜在危险因素。② 成员发现潜在危险因素及现象,并按顺序进行发言(也可无序举手发言)。③ 主持人就危险因素发表看法,特别注意引导成员发现隐藏的危险因素,并反复强调。④ 记录员记录各成员的发言,做到简单易懂。⑤ 主持人要督促每一位成员发言,既要有物的不安全状态又要有人的不安全行为,总共要提出 5~10 个潜在的危险因素。⑥ 若所有成员都无其他意见,主持人宣布第一步结束,进入下一步。

(3)本质追究(找出重点危险)。① 对于第一步记录下来的危险因素,主持人要逐个确认其中对小组安全威胁最严重的是哪几个。② 成员发表自己的意见,对严重危险因素画上"○"符号(2~4 个)。③ 主持人在画"○"符号的因素中,选择出大家最关注的因素即最有可能成为重大事故隐患的因素,由记录员在其前画"◎"符号(1~2 个),且必须得到所有成员的同意。④ 画"◎"符号的因素需经小组同意,第二步结束。

(4)制定对策。① 就"◎"危险因素的预防办法,主持人向成员提问:如果是你的话,怎么做? ② 每位成员都必须不断提出具有可操作性的对策,要求在规定的时间内提出 2~3 个消除危险因素的对策。③ 提出的对策必须在实践上切实可行,并且不为法规所禁止。从中选出一个可行对策,在前面加"※"。④ 主持人在适当的时候宣布第三步结束。

(5)行动目标设定。① 针对做重点记号的项目,设定具体的小组行动目标。② 小组行动目标的表述应当是:"为了达到……目的,而去实施……好!"(必须所有小组成员同意)。③ 确认(手指口喊项目)(务必简单,一个动词＋一个名词)。

3. KYT 的拓展(KYT＋事故案例)

在进行 KYT 之前,培训师收集所训练的作业与以前曾经发生过的事故案例,在 4R 结束后,向学员介绍案例,用案例来检验 KYT 的效果。如果学员在 KYT 过程中准确预测了该事故,会产生"怎么样,我说对了吧"的自豪感,可大大增强学员的自信,激发他们参加 KYT 的兴趣和热情。如果学员在 KYT 过程中没能预测该事故,则会产生"这种事情也会发生啊"的感慨,可引导学员树立"安全事故随时随处都可发生,任何细节不可放过"的理念。

最近,国外很多企业和培训机构在 KYT+事故案例的基础上,又加上以前曾经发生过的未遂事件,进一步强化了 KYT 的效果。目前 KYT 在我国煤矿安全培训中鲜有应用,是值得借鉴的安全培训方法。

（二）安全心智培训法

1. 安全心智模式简介

心智是对包含人类智力因素(感觉、知觉、表象、思维等)和非智力因素(需要、情感、情绪、意志、动机、信念等)在内的全部精神活动的概称。心智模式是人类理解复杂系统的心理模式或认知结构,具有描述系统目的和形式、解释系统功能和状态、预测未来系统状态的功能。安全心智模式是植根于煤矿企业管理者和员工心中,影响人们安全生产行为方式的认知、情感和行为模式的总和。近年来,山东能源肥城矿业集团有限责任公司与中国科学院大学联合,从注重人文关怀和心理疏导的角度出发,针对煤矿各级管理人员、安监员、"三违"员工的个性化特征,根据"智能模拟培训法"的指导思想,创新安全心智培训模式,实现了受培训者安全心智模式的改变和重塑。在具体做法上,根据人的心理曲线层层深入,将安全心智模式培训法分为目标定向、情景体验、心理疏导、规程对标、心智重塑、现场践行、综合评审七个步骤。

2. 安全心智模式七步培训法

（1）目标定向。目标定向的目的是通过与学员一对一访谈沟通等多种方式,了解受培训者的不安全行为,找准在全面风险管理认知、辨识、规避和控制上的差距,分析受培训者的安全意识、岗位认知、组织文化认知,从而全面掌握受培训者原有的心智模式,制定个性化教学的学习方案,实现一人一案,达到促进新的安全心智模式形成的目的。

① 安全行为定向。研究发现,80％的安全事故是由于人的不安全行为造成的。而人的不安全行为有外部原因和内部原因,外部原因有环境因素、管理因素、人机匹配等,内部原因有人的安全意识、情绪状态、能力与知识经验和性格特征等。安全行为定向就是根据受培训者的不安全行为,通过一系列心理学量表,测试恐惧感和无奈感、利益诱惑与逆反心理、工作倦怠与麻痹心理、临时心理与轻率心理,定向受培训者缺失的安全意识。

② 岗位认知定向。煤矿井下生产作业包括很多工种和岗位,每个岗位都有自己特定的职责。在岗位目标定向中,有一个明确的观点是,具备岗位胜任特征要求的员工,在应对煤矿各种风险问题时,就能正确决策和理性应对。胜任特征是指能将某一工作(或组织、文化)中有卓越成就者与表现平平者区分开来的个人的深层次特征,自上而下包括技能、知识、社会角色、自我概念、特质、动机几个层面。胜任特征模型的要求是高于一般岗位职责的要求,其需要在掌握岗位职责信息的基础上,学会识别一个优秀员工应该具备的胜任特征模型,这样,在复杂的工作环境中,就会始终保持清醒的头脑,具备应对安全生产中可能出现的各种问题的能力。管理干部、安全监察员、作业人员等不同岗位有不同的岗位胜任特征。在对受培训者岗位胜任特征了解的基础上,一是要求受培训者根据自身岗位和实际情况,填写岗位胜任特征水平自我评估表;二是根据岗位职责重要性排序填写岗位职责感知度量表。

③ 组织文化定向。组织文化层面是安全心智模式最深的层次,建立安全文化、重塑安全心智模式是对企业原有组织文化的一次深层变革,而不确定性是组织变革背景下最常见的心理状态之一。在组织变革过程中,这种不确定性,包括了不确定的裁员、减薪、升值机会和组织文化的变革。不确定性的存在会削弱员工对变革方向和外部环境的一种信心,以及自身对变革影响或控制能力的评估,从而影响着员工在变革背景下的工作积极性。因此,要组织受培训者填写组织文化变革调查问卷,自我评估对于组织文化变革的感受,以了解员工对于变革现状的理解与组织管理者的理解(变革文化图式)存在的差异在哪里,以及广大管理干部和员工的组织文化变革图式与组织管理者所期望的组织文化变革图式的差距。

④ 设计培训方案。由培训者和受培训者,根据培训会谈(培训者在开始培训前,与受培训者进行一对一的会谈,了解受培训者的个人信息、身心健康以及对培训的想法和期望),以及安全指数评估(根据受培训者的不安全行为、岗位职责感知度量表、组织文化变革调查问卷与培训会谈,计算受培训者的安全指数,确定受培训者的综合评定等级),共同讨论完成个性化学习方案的制订,包括个人信息、学习目标、学习周期、课程周期和内容设置五个方面。根据评估定级的标准,学习目标可灵活选择,课程设置则需符合学习目标的要求。个性化学习方案将作为培训及综合评审的毕业考核依据。

(2) 情境体验。情境体验是从负面的角度,让受培训者亲身体验因安全事故导致的伤残人员的生活情境,感受他们生活的艰难,警示受培训者不安全行为可能导致的严重后果。

① 反例体验。让受培训者模拟伤残人员,感受因安全事故致残造成的生理和心理痛苦,包括模拟腿部骨折、手臂骨折、拇指食指缺失、双目失明、截肢坐轮椅、植物人等。反例体验由培训者、受培训者、医护人员和家属共同参与,通过设置情境让受培训者融入伤残人员的角色,感受伤残给自己和家人带来的严重后果。体验结束后,引导受培训者之间互相交流感受,思考不安全行为和人生幸福之间的关系。

② 案例警示。运用仿真现场模拟、宣传片、真人讲述等形式警示受培训者,包括 5D 影院播放煤矿重大事故案例警示教育片、典型煤矿事故案例电教片甚至是工亡家属的亲自说服教育等形式,触及受培训者的心灵。

③ 现身说法。担任"安全宣讲员"和"安全志愿者"。安全宣讲员是阐述安全形势、宣读安全目标、技术措施、工作标准和讲解分析安全案例的人员,通过宣教安全知识,增强员工的安全意识。安全志愿者是利用工作或业余时间,志愿为安全生产管理提供无偿服务的人员。让受培训者分别担任"安全宣讲员"和"安全志愿者",通过自己对于安全的理解,现身说法,用所学知识影响改变更多的员工,同时也起到了自我教育的效果。

(3) 心理疏导。安全心理疏导,是以安全为基本导向的心理疏导,通过改善或改变人的不理性认知、信念、情感、态度和行为等,帮助学员疏通负面情绪,激发正向情感,塑造安全的心理与行为模式,提升积极心理资本和正面能量,同时促进人格向健康、协调方向发展。

① 正确认识情绪。情绪是与生俱来的,对情绪有一个正确的认知,并能从情绪处理中学到更多的经验,来有效面对下一次类似的经历,对人们的工作、生活乃至人生成功至关重要。目前,对情绪的正确认知有以下观点:一是情绪是每个人生命里不可分割的一部分;二是情绪绝对真实、可靠;三是情绪没有好坏之分;四是情绪从来都不是问题;五是情绪应该为

人们服务,而不应成为人们的主人;六是情绪是人们的资源,善用情绪就是人们的能力。正确感知情绪、谈论情绪、提升情绪管理能力,是确保人生幸福的必备功课。培训中,主要通过情绪状态测评量表,来测试人们过去 24 h 的情绪状态。

② 疏导负面情绪。负面情绪是一种客观存在,让其"自由流淌"本身就是很危险的。人们必须承认它、研究它、引导它、化解它,使之为构建和谐企业、和谐组织、和谐群体增加助力、动力,减少阻力、抗力。疏导负面情绪的方法:一是测试负面情绪。主要是通过抑郁自评量表、焦虑自评量表等几种心理测试量表,作为测试负面情绪的工具,来了解自己,帮助他人使用。二是思想上自我调控。心存感恩,消除抱怨情绪;建立自信,消除自卑情绪;转移视线,消除郁闷情绪;换位思考,消除抵触情绪。三是掌握负面情绪的平衡方法。如,生理平衡法和呼吸减压法等,是快速改变自己情绪状态的技巧;沙盘游戏疗法,是一种培训者与受培训者建立良好的咨询关系后,咨询师通过非语言手段,从玩具架上自由挑选玩具放在盛有细沙的特制箱子里,帮助受培训者展示内在世界,将自我的心理冲突或矛盾、对未来的展望等,通过操作沙盘达到自我释放和自我调节的一种心理疗法。缓解压力法,在心理减压室缓解压力,减压室配备心理减压仪器,帮助受培训者舒缓压力、放松情绪。

③ 激发正面情绪。一是思想上自我引导,用心挖掘自身潜在的正面情绪。例如:树立目标,激发希望;培养兴趣,激发动力;乐观向上,激发热情;品味美好,激发喜悦;豁达开朗,激发满足。二是掌握正面情绪的激发技巧。例如:意义换框法,是改变信念技巧中最快速最容易的一个,完全只凭说话和思维模式就能作出效果;建立情绪档案袋,将那些在受培训者和每一种正面情绪之间创造出由衷联系的事物和纪念品分门别类,各装进一个档案袋,并经常自我欣赏和鼓励。三是塑造积极心理品质。通过爱惜自己——镜子练习,关爱亲人——每周力行二三事,关爱他人——每月力行二三事等方式,培养"爱的能力";通过感恩自己——爱心早操天天做,感恩亲人——每周感恩二三事,感恩企业——每月感恩二三事等方式,塑造"感恩品质"。

(4) 规程对标。规程对标是让企业管理者和员工根据常用的安全规程、专业工作标准自主地进行对标分析,查缺补漏,用岗位规程、标准来规范自己行为的自我分析过程。煤矿通用的安全规程内容包括一通三防(矿井通风、防治瓦斯、防治粉尘、防治矿井火灾),防冲击地压(特点、分类、成因、危机防护),职业病防治(尘肺病等职业病的发病原因、临床表现和预防措施),自救互救(透水事故、爆炸事故、煤与瓦斯突出危险、火灾事故、冒顶事故等的自救和互救),现场急救(心肺复苏、外伤急救、溺水急救、触电急救等)。煤矿专业规程对标内容包括采煤、掘进、机电、运输、通防、地测防治水专业的规程对标。

① 事故案例分析法。受培训者根据事故案例,结合工作经验和所学知识,发现违章行为,找出事故根源和应对措施。

② 对照分析法。受培训者对照自身岗位的工作标准针对性地分析自己的工作行为和工作方式,发现自己在工作中存在的不安全行为,找到适应安全管理规程和工作标准的方法。

③ 情景模拟法。根据受培训者的岗位说明书和安全规程、工作标准,制定相应的工作情境,要求受培训者扮演相应的角色,找出存在的安全隐患,并提出解决办法。

(5) 心智重塑。心智重塑是通过对煤矿系统风险诊断图和所在岗位风险源辨识——应对(系统诊断)卡的学习,掌握关键岗位的风险源、后果及应对措施,并通过配套的 3D 视频演示等手段的心智模拟培训,使受培训者认识到安全管理系统的薄弱之处和原有心智模式的不足,最后通过情景模拟互动、个性化干预和合作型团队等培训方法,塑造科学的心智模式,并不断固化这些认识,达到心智重塑的目的。

① 确定煤矿生产的关键岗位,建立关键岗位的风险源辨识表。煤矿生产中的关键岗位共包括 15 个,其中采煤专业 4 个[采煤机司机、液压支架工、刮板输送机司机、转载机(破碎机)司机]、掘进专业 5 个[锚杆(锚索)支护工、爆破工、打眼工、综掘机司机、耙装机司机]、机电运输专业 3 个(小绞车司机、电钳工、带式输送机司机)、管理专业 3 个(区队长、班组长、安监员)。这 15 个关键岗位是安全心智模式改变和重塑的重点岗位,根据关键岗位的胜任特征模型和汇编栅格法访谈技术,整理分析关键岗位的危险源及后果和影响因素,编制岗位风险源辨识表。其中,纵坐标是关键岗位的危险源及其后果,横坐标是产生这些问题的影响因素,表格的最后一列列出每种危险源的应对策略。

② 绘制管理人员的风险源辨识—系统诊断卡。区队长、班组长、安监员等管理人员不仅需要识别与应对某一个关键岗位的风险,更要能够敏锐地发觉在生产流程中,各岗位以及各生产环节衔接处的风险,特别是要能够识别出多人协同作业时的重要隐患。因此,管理人员的风险源辨识—系统诊断卡应以一种全面的、系统的、"安全第一、预防为主"的观点来把握煤矿生产过程的各个环节。

③ 绘制关键专业岗位的风险源辨识—应对卡。针对采煤专业、掘进专业、机电运输专业 12 个关键专业岗位的不同特点,制定各专业岗位的风险源辨识—应对卡。

④ 风险源辨识—应对卡的使用。风险源辨识—应对卡的使用有三步,分别是寻找风险源、辨识风险源和确定应对策略。

首先是寻找风险源。看风险源辨识—应对卡的正面,即"风险认识地图",描述的是特殊岗位员工工作的场景,用数字在相关位置标出了该岗位的风险源。受训者可以根据生产中的设备、环境、材料等分布,找到可能导致风险的位置。

其次是辨识风险源。记住风险源的数字和所对应的位置后,翻到卡的背面,可以看到左侧是"风险源及后果",在该栏下面对应的数字上,有具体的"风险源及后果"的文字说明。

再次是确定应对策略。在卡标有风险源的数字相对应的右侧,有根据"应对策略"的提示。

(6)现场践行。现场践行就是到生产实践中去使用和验证所学知识、技能和思维模式是否有效的过程。现场践行包括对地面信息指挥系统的参观、到原有工作岗位和到其他岗位的现场体验。

① 管理者的现场践行。地面践行是让受培训者(管理人员)以一个普通员工的身份与其他员工一起劳动,学习践行单位的各项规章制度、工作流程和岗位风险辨识及管控措施,接受践行单位管理人员的管理,倾听员工对践行单位现行安全管理的意见和建议,了解存在问题的症结和反馈渠道,结合自身工作实际,提高自身安全管理水平。井下轮岗,让受培训者(管理人员)到安全事故少的井下先进单位进行践行,实地考察了解、现场盯班,从中习得践行单位在安全管理、班组建设和人员配置等方面的管理经验,同时与自己部门的管理方式和方法进行对照比较、找出差距,制定出切实可行的改进措施。

② 员工的现场践行。受培训者(员工)的现场践行主要是担任义务安全检查员,行使安全检查员的职责,提高个人的安全操作技能。安全检查员是当班所在"四位一体"防区安全

生产监督检查的辅助责任者,应严格落实各项规程措施的有关规定,确保当班安全生产。义务安全检查员要根据日常检查与突击检查相结合、边远地点与中近地点相结合、流动地点与指定地点相结合的原则,持"检查菜单"或"问题落实表"下井,两天内至少检查四个地点。安监处当日值班人员负责汇总当日"义务安全检查员"查处的问题,形成报表。对于检查出的问题,由当日值班人员组织分析,提出处理意见,并对查处问题认真并通过审核合格的"义务安全检查员"予以适当奖励。

(7) 综合评审。

① 理论知识考核。理论知识考核的目的是为了检验受培训者学习的安全知识、专业知识以及煤矿安全章程的掌握情况,促使受培训者明确本专业岗位职业及安全操作流程,掌握个人防护、避灾、自救、互救基本方法及职业病防治知识等。理论考试内容包括煤矿安全通用知识与专业知识。

② 专业技能考核。专业技能考核是根据受培训者的级别和从事的专业,有针对性地安排践行单位和践行岗位,结合践行岗位的工作职责、工作流程、工作范围,基于受培训者在践行岗位的工作态度、工作能力、工作数量与质量,对其进行定性和定量考核。专业技能考核分为践行行为考核和践行结果评估。践行行为考核是根据受培训者践行项目制定相应的标准进行定性评估,包括工作态度、工作积极性、工作能力等。践行结果评估是根据受培训者的践行项目,制定定量的考核标准,如践行时间、践行范围、查处问题等。

③ 综合能力评审。综合能力评审采用高度仿真和接近管理实战的文件筐测验,通过测验激发受培训者的积极性和创造性,全面、准确掌握受培训者的能力、潜能以及个性心理特征的某些关键要素,也是对受培训者自身综合素质状况、工作经验积累、专业知识和相关知识的系统整合与娴熟应用的考察,更是对受培训者在工作环境施工过程中遇到问题的判断能力和处理问题能力的评定。

首先,要根据受培训者工作岗位的特点,确定胜任该岗位必须具备哪些知识、经验和能力。通过工作分析,确定文件筐测验要测评的要素,主要包括:书面表达及其理解、统筹计划能力、组织协调能力、洞察问题和判断决策能力、任用授权能力、指导控制能力、岗位特殊素质等。

其次,根据学员岗位专业选择文件种类,如信函、报表、备忘录、批示等,确定每个文件的内容,选定文件预设的情境等。文件数量确定时间以 2~3 h 为宜。对文件的处理方式要有所控制,确定好计分规则或计分标准。

最后,文件筐测验的评分由专家和具备该岗位工作经验的人(一般单位部门的领导)进行,除了前面设计时要制订好评分标准外,更重要的是对评分者要进行培训,使评分者根据评分标准而不是个人的经验评分。

④ 综合评审。受培训者在各培训环节的学习态度、专业知识的掌握程度及综合能力和素质的改善程度,都将通过综合评审得以具体体现。理论知识考试、专业技能考核和综合能力评审三个环节的评估结果将形成鉴定成绩表。其中理论知识考试、专业技能考核、综合能力评审分别以 30%、30%、40% 比例计入鉴定成绩表。鉴定成绩达到 80 分(含)以上才算鉴定合格。否则,返回到前面的相关步骤继续学习、实践、考核,直至合格为止。

⑤ 结业面谈。结业面谈是对照培训开始时确定的安全心智模式形成的目标,结合已经完成的知识、技能和综合能力评估,特别是最后的总结性评估的结果,与受培训者进行一次

深入的谈话,考察受培训者在安全价值观方面的行为表现,评价受培训者的强项和有待改进的方面,讨论受培训者回到原工作单位的发展计划,为下一阶段的工作和适应要求设定新的目标等。

第五节　煤矿安全生产重要活动

一、千名干部与万名矿长谈心对话活动

2014 年 1 月 16 日,国家安全监管总局和国家煤矿安监局下发《关于开展"千名干部与万名矿长谈心对话"活动的通知》(安监总煤办〔2014〕6 号),部署了"千名干部与万名矿长谈心对话"活动。其背景是安全监管总局深入分析近年来煤矿重特大事故发生的原因,认为当前煤矿安全生产工作的主要矛盾之一是安全生产责任、制度不落实,而矛盾的主要方面在于煤矿矿长履行安全职责不到位。活动内容为各级领导干部面对面与煤矿矿长进行耐心细致的谈心、沟通,宣传国家安全生产方针政策、法律法规和中央领导同志关于安全生产工作的一系列重要指示精神,帮助他们深刻理解、牢固树立安全生产"红线"意识,全面正确履行矿长职责,把保护矿工生命安全放在头等重要的位置。

"千名干部"包括国家安全监管总局、煤矿安监局领导同志和机关各司局负责同志,产煤省省级人民政府分管负责同志和省级煤矿安全监管监察、煤炭行业管理部门负责同志,煤矿数量多的地区延伸到市级人民政府分管负责同志,市级有关部门、驻地煤矿安监分局负责同志以及县(市、区)党政主要负责同志。"万名矿长"包括全国 12 526 个煤矿的矿长(董事长、总经理、实际控制人)。活动方案要求国家安全监管总局领导每人与 50 名矿长谈心对话,国家煤矿安监局领导每人与 100 名矿长谈心对话,机关司局级干部每人与 10 名矿长谈心对话;国家安全监管总局和国家煤矿安监局谈心对话之外的其他煤矿,由省级煤矿安监机构牵头分解落实到辖区有关负责人,做到谈心对话"全覆盖"。

谈心对话聚焦"生命"、"责任"和"红线"。围绕习近平总书记等中央领导同志关于安全生产工作的重要指示,党的十八大、十八届三中全会对安全生产工作的新要求,《国务院办公厅关于进一步加强煤矿安全生产工作的意见》(国办发〔2013〕99 号),包括《煤矿矿长保护矿工生命安全七条规定》和煤矿安全治本攻坚七条举措等。通过谈心对话,促进煤矿矿长深刻领会科学发展、安全发展的精神实质,切实增强"红线"意识;准确把握煤矿安全"双七条"的核心内容,切实守规尽责;加深对矿工的感情,始终把保护矿工生命安全放在第一位,激发矿长保护矿工生命的责任感和使命感;全面落实煤矿安全生产主体责任,做到安全投入到位、安全培训到位、基础管理到位、应急救援到位。

二、50 个煤矿安全重点县(市、区)遏制重特大事故攻坚战

2013 年 11 月 26 日,国务院安委会办公室下发了《50 个煤矿安全重点县(市、区)遏制重特大事故攻坚战工作方案》(安委办函〔2013〕82 号),启动了 50 个重点县(市、区)遏制重特大事故攻坚战。

攻坚战的目标是以贯彻执行《国务院办公厅关于进一步加强煤矿安全生产工作的意见》(国办发〔2013〕99 号)和《煤矿矿长保护矿工生命安全七条规定》(国家安全监管总局令第 58 号)为主要内容,通过各方努力,使 50 个重点县煤矿重特大事故得到有效遏制,到 2015 年底

50 个重点县煤矿事故死亡人数比前五年(2008～2012 年)平均死亡人数下降 50％以上。

攻坚战有九项任务,即对实际控制人(包括主要投资人、法定代表人或矿长)再教育再培训;真查、真停、真盯、真改、真验;关闭淘汰小煤矿;严格准入,重新核定生产能力;普查治理水害;推进信息化平台建设;启动机械化升级改造;严格劳动用工管理;严厉打击并彻底遏制无证非法采煤、超层越界开采行为。

为配合攻坚战,国家安全监管总局和国家煤矿安监局于 2014 年 9 月 5 日印发了《50 个煤矿安全重点县煤与瓦斯实现煤矿生产能力重新核定工作方案》(安监总煤行〔2014〕99号)。方案要求 2014 年 12 月 10 日前,50 个重点县煤与瓦斯突出煤矿全部完成核定工作;2014 年 12 月 20 日前,负责煤矿生产能力核定工作的部门完成所有核定结果审查确认工作;2014 年 12 月底前,完成全部核定煤矿生产能力公告工作。

三、推广煤矿安全"1＋4"工作法

煤矿安全"1＋4"工作法被形象地比喻成"一个方向盘"和"四轮驱动"。

一个"方向盘"是指认真学习贯彻习近平总书记、李克强总理等中央领导同志关于加强安全生产的系列重要指示精神,坚守发展决不能以牺牲人的生命为代价这条红线,坚定以人为本,生命至上,安全发展的工作方向。

"四轮驱动"包括:把煤矿安全"双七条"贯彻到底;打好 50 个重点县煤矿安全攻坚战;警示教育要生动有效;建立安监干部与矿长谈心对话工作机制。

煤矿安全"1＋4"工作法是科学发展、安全发展的必然要求,切合煤矿安全生产的规律特点,抓住了主要矛盾和矛盾的主要方面,是被实践检验证明完全正确的好举措、好机制。要大力实施,紧握"方向盘",4 轮同时驱动发力,安全行驶,勇往直前,节节攀升,最终到达既定目标。

四、"六打六治"打非治违专项行动

2014 年 7 月 30 日,国务院安委会发出《关于集中开展"六打六治"打非治违专项行动的通知》(安委〔2014〕6 号),要求自 2014 年 8～12 月底在全国集中开展以"六打六治"为重点的"打非治违"专项行动,有效防范和坚决遏制重特大事故。

通知指出,近年来,非法违法生产经营建设行为仍未得到有效遏制,由此引发的事故依然多发。为此,要认真贯彻落实习近平总书记、李克强总理等中央领导同志关于安全生产的重要指示精神,进一步深化"打非治违",规范安全生产法治秩序。

通知要求,突出煤矿、金属与非金属矿山、危险化学品、油气管道、交通运输、建筑施工、消防等重点行业领域,集中开展"六打六治",即打击矿山企业无证开采、越界采矿行为,整治图纸造假、图实不符问题;打击破坏损害油气管道行为,整治管道周边乱建、乱挖、乱钻问题;打击危化品非法运输行为,整治无证经营、充装、运输,非法改装、认证,违法挂靠、外包,违规装载等问题;打击无资质施工行为,整治层层转包、违法分包问题;打击客车客船非法营运行为,整治无证经营、超范围经营、挂靠经营及超速、超员、疲劳驾驶和长途客车夜间违规行驶等问题;打击"三合一"、"多合一"场所违法生产经营行为,整治违规住人、消防设施缺失损坏、安全出口疏散通道堵塞封闭等问题。

专项行动分自查自纠、集中打击整治和巩固深化 3 个阶段,按步骤进行,稳步推进。重点实施重大非法违法行为备案督办制度,组织开展跨地区、跨部门联合执法,开展"打非治违"专题行,严格实施"黑名单"制度,开展典型案例公开审判和约谈警示,实行"一案双查"制度,严格责任追究。

通知强调，按照"党政同责、一岗双责、齐抓共管"的要求，加强地方各级党委、政府对"打非治违"工作的组织领导，将专项行动开展情况纳入各地区安全生产目标考核，加强过程监督，推动责任落实。

五、煤矿隐患排查治理行动

2014年11月6日，国务院安委会办公室印发了《全国集中开展煤矿隐患排查治理行动方案》的通知（安委办〔2014〕20号），在全国集中开展煤矿隐患排查治理行动。

活动时间自2014年10月到2015年4月底。方案要求集中地方各级政府及其有关部门干部、所有煤矿救护队指战员和煤矿企业工程技术及管理人员等力量，以贯彻落实党的十八届四中全会精神和宣传贯彻实施新《安全生产法》为契机，以落实煤矿安全"双七条"为重点，在全国煤矿扎实开展隐患大排查大整改行动。

国务院安委办成立煤矿隐患排查治理行动工作指导协调小组，要求各产煤省（自治区、直辖市）、新疆生产建设兵团和市（地）、县（市）安委会分别成立以政府分管领导为组长的煤矿隐患排查治理行动领导小组。各产煤省（自治区、直辖市）和新疆生产建设兵团将根据煤矿实际状况，每矿配备一个排查组。排查组人员由省、市、县级煤炭行业管理、国土资源、投资主管、安全监管、煤矿安全监察等部门干部，本地煤矿救护队指战员及煤矿企业工程技术和管理人员组成。原则上每个排查组不少于7人，含2名政府工作人员、3名以上救护队指战员、2名以上企业工程技术和管理人员。

方案规定了各检查组对不同企业的重点排查内容，例如停产矿井是否存在违法组织生产，煤矿建设项目手续是否齐全，生产矿井是否存在超层越界开采或巷道式采煤、以掘代采问题等。要求每个排查组要视企业规模、工艺系统情况和灾害程度，按照"时间服从质量"的要求确定排查时间。排查组要每天向所查企业反馈通报一次排查情况，督促企业立即整改。被查企业要每天向排查组反馈整改落实情况，共同研究整改措施。在第一轮排查结束后，排查组要综合全面地向企业反馈意见，然后由企业按照排查组要求，在第二轮复查之前，全面开展整改工作。

国家安全监管总局和国家煤矿安监局派出6个督导巡视组赴12个省份进行督导巡视，国家煤矿安监局司室及应急指挥中心、矿山救援中心，将对14个省隐患排查治理行动进展情况进行抽查、督导、巡视。

《隐患排查治理数据规范（试行）》以安监总厅规划〔2013〕15号（2013年2月27日）下发。

六、"敬畏生命"大讨论

2013年5月8日，国家安全监管总局、国家煤矿安监局发出通知（安监总煤办〔2013〕51号），部署在全国国有煤矿开展"敬畏生命"大讨论活动的通知。

（一）活动目标

深入查找和解决国有煤矿企业主要负责人（含企业法定代表人、董事长、总经理及煤矿矿长等，下同）在安全发展理念和安全生产工作方法、措施上存在的突出问题，进一步统一思想认识，强化责任意识、生命意识、守法意识，牢固树立"敬畏生命"的理念，坚定做好煤矿安全生产工作的信心和决心，深入贯彻落实《煤矿矿长保护矿工生命安全七条规定》（国家安全监管总局令第58号，以下简称《七条规定》），有效防范和坚决遏制重特大事故。

（二）讨论内容

（1）如何理解、认识并真正做到"敬畏生命"，始终把矿工生命放在高于一切的位置，切实保障矿工生命安全。特别是在煤炭市场不景气的情况下，如何正确处理安全生产与经济效益的关系，真正做到"安全第一，生命至上"。

（2）从吉林省吉煤集团通化矿业公司八宝煤矿、贵州省盘江精煤集团公司、水城矿业集团公司等国有重点煤矿近期连续发生的重特大事故中，本煤矿企业汲取到什么教训，采取了什么措施。

（3）对贯彻执行《七条规定》重大意义的认识和体会，宣贯《七条规定》的措施和成效、差距和不足以及下一步工作措施。

（三）实施步骤

由各省级煤矿安全监管部门会同省级煤矿安全监察局组织实施，具体步骤如下：

（1）组织启动（5月中旬）。各省级煤矿安全监管部门对本地区国有煤矿企业开展"敬畏生命"大讨论工作作出安排，提出具体要求。

（2）企业讨论（5月下旬）。各国有煤矿企业组织所属煤矿副总工程师及以上领导干部开展"敬畏生命"大讨论，并邀请部分区（队）长和采掘一线工人代表参加。

（3）座谈交流（6月上旬）。各省级煤矿安全监管部门会同省级煤矿安全监察局组织本地区国有煤矿企业主要负责人开展"敬畏生命"大讨论。

（4）分析总结（6月中旬）。各省级煤矿安全监管部门要认真总结"敬畏生命"大讨论活动的开展情况，深入分析本地区国有煤矿安全生产及贯彻落实《七条规定》工作中存在的问题，并提出下一步深入开展"保护矿工生命，矿长守规尽责"主题实践活动、贯彻落实《七条规定》的措施和对策建议，于6月20日前报国家煤矿安监局。

（四）有关要求

（1）认真做好准备。各国有煤矿企业主要负责人要高度重视，周密部署。在开展"敬畏生命"大讨论前，要组织下属煤矿深入宣传学习《七条规定》，对照查找问题，并结合实际研究细则，细化方案，完善措施，提交讨论。参加"敬畏生命"大讨论的人员要提交书面发言材料。

（2）切实加强督导。国家安全监管总局、国家煤矿安监局派员参加重点产煤地区"敬畏生命"大讨论，各省级煤矿安全监管部门、煤矿安全监察局派员参加国有煤矿企业"敬畏生命"大讨论，认真听取发言情况，及时纠正错误认识，指出贯彻落实《七条规定》工作中存在的问题，提出指导意见，把讨论引向深入，并收集书面发言材料。

（3）加强舆论引导。中国安全生产报社、中国煤炭报社要跟踪宣传报道"敬畏生命"大讨论情况。各省级煤矿安全监管部门要结合"保护矿工生命，矿长守规尽责"主题实践活动，组织媒体宣传报道，并选取部分优秀的发言材料在当地主要媒体发表，营造讨论氛围。各国有煤矿企业也要邀请当地新闻媒体参加讨论会，并采取开辟讨论专栏、发表心得体会等多种形式，集中进行宣传报道，使"敬畏生命"的理念真正深入人心。

第四章　煤矿安全生产新技术

第一节　煤矿瓦斯事故预防与治理

一、我国煤矿瓦斯灾害特征分析

（一）瓦斯灾害危险性区域分布特点

瓦斯灾害危险性区域分布特点是我国煤层瓦斯赋存规律、技术装备和管理水平、经济发展水平的综合体现。研究分析瓦斯灾害危险性区域分布特点对指导瓦斯灾害防治措施具有重要的指导意义。

1. 全国瓦斯赋存区域分布特点

由于我国煤田构造演化和煤层瓦斯生成与保存条件变化大，煤中瓦斯含量在空间上存在较大差异。根据全国煤层瓦斯地质图，全国可划分20个瓦斯区，其中有8个高瓦斯区、12个低瓦斯区，矿区瓦斯赋存总体上表现为南高北低、东高西低的趋势。东北地区，矿井普遍进入深部开采，以地应力为主导的瓦斯动力灾害较为严重；西北地区，瓦斯灾害危险程度相对较小，特别是新疆地区瓦斯灾害近年来才开始显现；中东部华北板块地区，煤层逐渐进入深部开采，瓦斯灾害相对严重；西南和江南扬子板块地区地质构造复杂，瓦斯灾害严重，进入深部开采后呈现突出—冲击地压复合型灾害特点。

2. 全国不同瓦斯等级矿井分布特点

我国煤矿瓦斯等级以瓦斯矿井为主（见图4-1），主要呈现两大特点：一是高瓦斯及煤与瓦斯突出矿井数量多、分布广。全国高瓦斯及煤与瓦斯突出矿井在全国26个主要采煤省份大多都有分布，只有北京、福建、广西、青海4个省（区、市）没有煤与瓦斯突出矿井，仅北京和福建没有高瓦斯矿井。二是西南和中东部地区的高瓦斯和煤与瓦斯突出矿井分布较多，贵州、四川、湖南、山西、云南、江西、重庆、河南8省（市）高瓦斯和煤与瓦斯突出矿井占全国高瓦斯和煤与瓦斯突出矿井总数的80%以上。

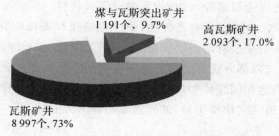

图 4-1　全国矿井瓦斯等级分布

（二）瓦斯灾害危险性变化趋势

随着矿井开采深度的增加（每年平均开采深度增加 $10\sim30$ m），煤层瓦斯压力、瓦斯含量、地应力和瓦斯涌出量不断增大，平均每年相对瓦斯涌出量增加 1 m³/t 左右，呈现出矿井瓦斯等级上升、突出矿井数量逐年攀升的态势(见图4-2)。尤其在东北及东部地区,许多矿井已进入深部,以地应力为主导的瓦斯动力灾害更趋严重,防治难度日益增大;中部地区矿井逐步进入深部,煤层瓦斯含量和瓦斯压力较大,瓦斯灾害将日趋严重;煤炭产能逐步西移,新疆将成为煤炭生产新的主战场,瓦斯防治将成为重点地区。

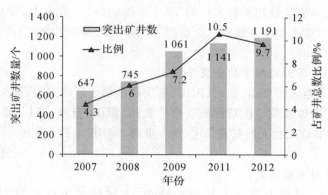

图4-2　突出矿井数量变化趋势

(三)瓦斯事故时空分布特点

1.总体情况

瓦斯事故起数及死亡人数逐年下降,但占煤矿事故的比例基本没有大的变化(见图4-3和图4-4)。

图4-3　"十一五"以来瓦斯事故情况

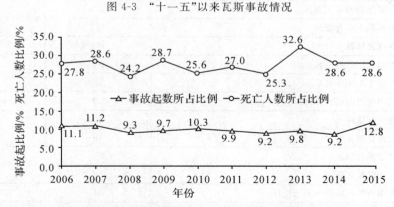

图4-4　瓦斯事故起数及死亡人数在煤矿事故中的比例

2. 瓦斯事故是较大以上煤矿事故的主要类型，瓦斯爆炸及突出事故又是瓦斯事故的主要类型

近十年来，瓦斯事故在煤矿较大事故中的起数及死亡人数平均分别占 55.7% 和 53.5%，在重大、特别重大煤矿事故中平均分别占 58.0% 和 61.9%。瓦斯事故中，瓦斯爆炸及突出事故占较大事故起数和死亡人数的 79.1% 和 81.6%，占重大、特别重大煤矿事故的 95.7% 和 96.9%。2014 年全国煤矿瓦斯事故 47 起，死亡 266 人，分别占事故总数和死亡总人数的 9.23% 和 28.57%。

3. 西南及中部地区为瓦斯事故重灾区

近十年来，西南地区的贵州、云南、四川、重庆和中部地区的河南、湖南、山西 7 省市瓦斯事故最为严重。瓦斯事故发生次数排前 5 位的贵州、湖南、云南、四川、重庆，事故总和占全国的 58.8%；瓦斯事故死亡人数排前 5 位的为贵州、湖南、山西、河南、云南，死亡人数总和占全国的 54.6%。

4. 乡镇煤矿瓦斯事故高发

在 2013 年的 30 起较大及以上瓦斯事故中，乡镇煤矿事故起数和死亡人数分别占 66.7% 和 56.9%，地方国有煤矿分别占 10.0% 和 12.9%，国有重点煤矿分别占 23.3% 和 30.2%。在 2014 年的 18 起较大及以上瓦斯事故中，乡镇煤矿 13 起，49 人，分别占 72.2% 和 36.0%；地方国有煤矿 1 起，4 人，分别占 5.6% 和 2.9%；国有重点煤矿 5 起，83 人，分别占 27.8% 和 61.0%。

5. 煤矿瓦斯事故主要分布于高瓦斯区及低瓦斯区中的高瓦斯带

近十年来，仅川南黔北黔西高瓦斯区、赣湘粤桂东高瓦斯区、龙门山大巴山高瓦斯区、山西低瓦斯区中的高瓦斯带、滇中川西南低瓦斯区中高瓦斯带 5 个区域的瓦斯事故发生次数及死亡人数占全国的比例就超过一半，各瓦斯区的平均事故起数及死亡人数如表 4-1 所列。从发生瓦斯事故矿井的瓦斯等级来看，煤与瓦斯突出矿井及高瓦斯矿井发生瓦斯事故的危险性最大，占矿井总数 26.7% 的突出矿井及高瓦斯矿井，占发生较大瓦斯事故中的比例达 53.4%，占重大瓦斯事故的比例达 60.3%。

表 4-1　　　　　　各瓦斯区 2006 年以来年均瓦斯事故起数及死亡人数

序号	瓦斯区	年均死亡人数/人	年均事故起数/起
1	川南黔北黔西高瓦斯区	153	44
2	赣湘粤桂东高瓦斯区	125	36
3	山西低瓦斯区	102	11
4	滇中川西南低瓦斯区	90	24
5	黑吉辽中东部高瓦斯区	82	11
6	龙门山大巴山高瓦斯区	59	20
7	豫西高瓦斯区	50	4
8	阴山燕辽高瓦斯区	46	10
9	陕甘宁低瓦斯区	36	6
10	冀东豫北低瓦斯区	32	3
11	鄂西湘西黔东桂中南低瓦斯区	31	12
12	柴达木北缘祁连山低瓦斯区	18	3

序号	瓦斯区	年均死亡人数/人	年均事故起数/起
13	两淮豫东高瓦斯区	18	3
14	下扬子地区高瓦斯区	13	6
15	准噶尔低瓦斯区	12	4
16	天山低瓦斯区	5	2
17	鲁苏北低瓦斯区	5	1
18	塔里木西北低瓦斯区	4	2
19	内蒙古东部低瓦斯区	4	1
20	浙闽沿海低瓦斯区	3	2

（四）瓦斯事故原因分析

1. 煤层地质资源条件决定了瓦斯灾害的严重性

我国煤矿开采的突出煤层约 95.4% 位于石炭二叠系海陆交互相沉积地层，这类煤层地质年代久远，封闭性好，瓦斯含量大、压力高，尤其经历过多期次构造运动，使煤层受到严重的挤压搓揉破坏，煤层赋存不稳定、结构松软破碎、地质构造复杂，开发这类煤层的矿井极易发生瓦斯事故，如事故多发的贵州、湖南、四川、重庆、云南、河南、山西、江西、安徽等基本上都是开发构造极其复杂的高瓦斯突出石炭二叠系煤层。此外，由于这类煤层普遍受到挤压搓揉等构造运动的影响，封闭性好、裂隙不发育，因而透气性普遍较低，而且近半数煤层没有保护层开采条件，给区域性瓦斯治理增加了极大的难度，瓦斯抽采效果差、防灾难度大。

由于煤层资源条件的限制，我国煤炭产量的 90% 以上依靠井工开采，目前大中型煤矿的平均开采深度超过 600 m，最深达到 1 501 m，千米深井数十对。随着开采强度不断加大、延深速度的加快，开采深度越来越大，使得开采煤层承受的地应力增大、煤层内瓦斯压力和瓦斯涌出量不断增大，瓦斯灾害的复杂性和危险性显著增加，瓦斯矿井转变为高瓦斯矿井，高瓦斯矿井转变为突出矿井，甚至转变为突出—冲击地压复合矿井（见表 4-2）。

表 4-2　　　　部分产煤省（自治区）突出矿井瓦斯灾害危险性参数

省（自治区）	开采深度		最大瓦斯压力/MPa	国有重点矿井中突出矿井比例/%	冲击地压危险性
	范围/m	平均/m			
江　苏	800～1 200	1 000	3.4	15	冲击地压严重
河　北	720～1 400	933	2.71	12	冲击地压
安　徽	530～1 200	806	6.2	70	突出—冲击地压复合
黑龙江	445～800	685	3.4	8	突出—冲击地压复合
山　东	560～1 501	660	2.05	2	冲击地压严重
山　西	160～1 235	624	2.7	4	突出—冲击地压复合
四　川	400～1 000	596	5.88	38	突出—冲击地压复合
河　南	90～1 100	550	6.6	38	突出—冲击地压复合
江　西	420～900	512	7.9	42	突出冲击地压复合

省 (自治区)	开采深度		最大瓦斯压力 /MPa	国有重点矿井中 突出矿井比例/%	冲击地压危险性
	范围/m	平均/m			
陕　西	140~749	489	2.0	4	—
云　南	300~660	473	3.53	33	—
重　庆	200~900	434	13.6	56	突出—冲击地压复合
宁　夏	324~510	423	4.8	11	—

2.技术装备和管理水平决定了瓦斯防治的能力

已有技术装备主要针对浅部瓦斯主导型突出和瓦斯灾害治理,一些应力主导型突出、冲击地压、突出—冲击地压复合型动力现象等目前仍缺乏有效预防手段;对煤与瓦斯突出、冲击地压及其复合动力现象的定量化作用机理研究仅处于探索阶段,难以达到有效指导安全生产的程度,难以实现对这些动力现象的准确预测和实时监测预警;高强度机械化采矿技术的广泛应用,使得传统的粗放型局部预防瓦斯灾害的技术装备无法满足安全生产的要求;瓦斯抽采钻孔施工深度、轨迹测定和定向纠偏,超长距离和高精度构造带超前探测技术,低渗透煤层高效预抽瓦斯技术,高强度机械化作业的防突出安全保障技术和无人工作面技术研究等都刚刚起步,远不能满足高效、安全生产的要求。

成熟技术在一些地区特别是在中小煤矿没有得到大面积推广应用或者是没有按照技术标准进行有效推广应用,一些矿井预防瓦斯事故的技术力量非常薄弱,不能有效应用先进的预防瓦斯技术装备,致使矿井瓦斯防治技术装备水平低、安全保障能力差。

另外,我国不同性质、不同区域煤矿的安全管理水平极度不平衡,一些煤矿的瓦斯防治理念、认识、制度、手段落后,技术人员缺乏,从业人员素质较低,决策和现场管理满足不了规范化管理的要求。

3.社会经济发展水平与煤矿瓦斯防治的矛盾依然突出

近十年来我国经济社会对煤炭供应需求的急剧增加,煤炭产量快速增长。然而,保障煤炭安全生产的资源、技术、装备、人才等条件以及管理水平却难以与其相适应,出现了大量不安全、不科学、以牺牲生命和环境为代价的煤炭产量和产能。

二、瓦斯灾害防治新规定

"十一五"以来,先后制修订了《煤矿安全规程》、《防治煤与瓦斯突出规定》、《煤矿瓦斯等级鉴定暂行办法》、《煤矿瓦斯抽采达标暂行规定》等行业规章。此外,制定了一系列瓦斯防治方面的管理方法和产品标准,如《煤矿瓦斯抽采基本指标》、《煤与瓦斯突出矿井鉴定规范》、《保护层开采技术规范》、《煤矿井下煤层瓦斯含量直接测定方法》、《煤矿安全监控系统通用技术要求》、《煤矿瓦斯抽采(放)监控系统通用技术条件》等,为煤矿瓦斯防治的标准化、规范化管理和防治技术落实提供了科学的依据。

(一)《关于加强煤与瓦斯突出事故监测和报警工作的通知》

2013 年 3 月 4 日,国家安监总局和国家煤监局联合发出了《关于加强煤与瓦斯突出事故监测和报警工作的通知》(安监总煤装〔2013〕28 号),通知要求:

1.建立、完善安全监控和煤与瓦斯突出事故报警系统

(1)所有煤与瓦斯突出矿井应当在满足《防治煤与瓦斯突出规定》和《煤矿安全监控系

统及检测仪器使用管理规范》的基础上,在突出煤层(包括按照突出管理的煤层)的所有采掘工作面回风巷增设高浓度甲烷传感器(或将 T_1 或 T_2 甲烷传感器设置为高低浓度甲烷传感器)和风速传感器,在工作面进风巷道增设高低浓度甲烷传感器(或将 T_3 甲烷传感器设置为高低浓度甲烷传感器)和风速、风向传感器,在采区回风巷和总回风巷安设高低浓度甲烷传感器,实现对采掘工作面、工作面进回风巷道以及采区回风巷、总回风巷的瓦斯及通风参数的有效监测。所有煤与瓦斯突出矿井应当于 2013 年 12 月底之前完成安全监控系统的完善工作。

(2)大力推进大中型煤与瓦斯突出矿井在采掘工作面增设煤矿用摄像机,在各采掘工作面进风的分风口、采区进风、一翼进风、总进风巷道安装高低浓度甲烷和风向传感器,以监测煤与瓦斯突出事故导致的瓦斯逆流情况。

(3)完善安全监控系统相关软件,建立煤与瓦斯突出事故自动报警系统,实现对突出事故及其发生时间、地点的自动判识和及时报警,以及瓦斯涌出量和波及范围自动预测,及时发出断电指令,通知相关人员。大中型煤与瓦斯突出矿井应当于 2015 年 6 月底之前完成事故自动报警系统的建设完善工作。

2.建立、完善煤与瓦斯突出事故监测和报警工作机制

(1)煤矿企业应当高度重视煤与瓦斯突出事故报警和应急处置工作,值班领导要坚守岗位,地面监控中心要严格执行 24 h 值班制度,发现井下瓦斯超限、风向逆流等异常情况,要及时通知井下人员撤离,并根据应急预案采取断电措施,防止引发次生灾害。

(2)积极推广应用先进适用的煤与瓦斯突出预测预报技术,建立和完善煤与瓦斯突出监控预警系统,实现灾前突出危险性预警和灾时事故自动报警、应急管理等功能,逐步推广应用红外、激光等甲烷传感器。

(3)煤矿企业要加强煤与瓦斯突出事故监测和报警系统的维护和管理,严格做好关键岗位员工技术培训,并按照有关规定和产品使用说明书的要求,定期对传感器进行校准,及时维护升级监控系统,保证系统运行正常、监控有效。

3.加强对煤与瓦斯突出事故监测和报警系统相关工作的监管监察

(1)地方各级煤矿安全监管部门要加强对煤与瓦斯突出事故监测和报警系统建设、完善工作的组织领导,及时将本通知要求通知到辖区内所有有煤与瓦斯突出矿井的煤矿企业,并会同煤炭行业管理部门和煤矿安全监察机构,结合本地区实际,进一步细化相关工作要求,督促煤矿企业落实煤与瓦斯突出事故监控和报警系统工作责任、计划、资金,明确进度安排,开展相关工作进展情况检查。

(2)地方各级煤矿安全监管部门和煤矿安全监察机构应当将加强煤与瓦斯突出事故监测和报警工作纳入煤矿安全监管监察执法计划,对未按期完成相关建设任务和未建立煤与瓦斯突出事故监测和报警机制的煤矿,应当责令限期改正,逾期未改正的,应当依法暂扣其煤矿安全生产许可证,并责令停产整顿。

(二)国务院办公厅《关于进一步加强煤矿安全生产工作的意见》

2013 年 10 月 2 日,国务院办公厅印发《关于进一步加强煤矿安全生产工作的意见》(国办发〔2013〕99 号),明确提出要深化煤矿瓦斯综合治理,具体要求如下:

1.加强瓦斯管理

认真落实国家关于促进煤层气(煤矿瓦斯)抽采利用的各项政策。高瓦斯、煤与瓦斯突

出矿井必须严格执行先抽后采、不抽不采、抽采达标。煤与瓦斯突出矿井必须按规定落实区域防突措施,开采保护层或实施区域性预抽,消除突出危险性,做到不采突出面、不掘突出头。发现瓦斯超限仍然作业的,一律按照事故查处,依法依规处理责任人。

2. 严格煤矿企业瓦斯防治能力评估

完善煤矿企业瓦斯防治能力评估制度,提高评估标准,增加必备性指标。加强评估结果执行情况监督检查,经评估不具备瓦斯防治能力的煤矿企业,所属高瓦斯和煤与瓦斯突出矿井必须停产整顿、兼并重组,直至依法关闭。加强评估机构建设,充实评估人员,落实评估责任,对弄虚作假的单位和个人要严肃追究责任。

(三)山东煤监局《煤矿通风安全七条规定》和《煤矿瓦斯防治安全七条规定》

2014年6月3日,国家煤矿安监局办公室转发了山东煤矿安监局制定的《煤矿通风安全七条规定》等9个制度文件(煤安监司办〔2014〕9号),要求结合贯彻落实《煤矿矿长保护矿工生命安全七条规定》,认真学习借鉴,扎实做好本地区、本企业煤矿安全生产工作。

1. 煤矿通风安全七条规定

(1) 必须做到通风系统可靠,严禁无风、微风、循环风冒险作业。

(2) 必须保证主要通风机、局部通风机连续运转,严禁无计划、无措施擅自停风。

(3) 必须实现采区分区通风,采掘工作面独立通风,严禁不符合规程的串联通风。

(4) 必须按规定设置采区专用回风巷,保证采区进回风巷贯穿整个采区,严禁一条巷道一段进风、一段回风。

(5) 必须保证通风设施齐全、完好,严禁使用挡风帘进行调风。

(6) 必须按规定进行矿井通风阻力测定和主要通风机系统安全检验,严禁无反风设施组织生产。

(7) 必须按规定采取预防自然发火措施,严禁无防灭火设计和防灭火系统不完善进行生产。

2.《煤矿瓦斯防治安全七条规定》

(1) 必须按规定建立瓦斯抽采系统、严禁在瓦斯抽采不达标区域进行采掘作业。

(2) 必须按规定采取综合防突措施,严禁采突出面、掘突出头。

(3) 必须做到安全监控有效,瓦斯超限立即撤人,严禁瓦斯超限作业。

(4) 必须严格执行瓦斯检查制度,严禁空班漏检、假检。

(5) 必须按规定配带便携式甲烷检测仪,严禁井下电气设备失爆或擅自打开电气设备检修。

(6) 必须制定安全技术措施并由救护队排放瓦斯,严禁私自打开盲巷或密闭。

(7) 必须按规定进行瓦斯等级鉴定和瓦斯参数测定,严禁擅自降低瓦斯等级。

(四)《全国集中开展煤矿隐患排查治理行动方案》

2014年11月6日,国务院安委会办公室印发《全国集中开展煤矿隐患排查治理行动方案》(安委办〔2014〕20号),针对瓦斯治理和矿井通风系统的隐患排查提出要求。

(1) 通风系统是否可靠,重点检查通风设施设备是否完善,是否存在无风、微风、循环风作业,采区专用回风巷是否符合要求等。

(2) 瓦斯治理是否到位,重点检查是否存在瓦斯超限作业、瓦斯超限是否查明原因,高瓦斯、煤与瓦斯突出矿井抽采是否达标,瓦斯监控系统是否能正常运行等。

（3）煤与瓦斯突出矿井是否严格落实两个"四位一体"防突措施，重点检查是否存在局部防突措施代替区域防突措施，是否按规定进行效果检验等。

（五）《强化煤矿瓦斯防治十条规定》

2015 年 7 月 9 日，《强化煤矿瓦斯防治十条规定》由国家安全生产监督管理总局令第 82 号发布。

（1）必须建立瓦斯零超限目标管理制度。瓦斯超限必须停电撤人、分析原因、停产整改、追究责任。

（2）必须完善瓦斯防治责任制。煤矿主要负责人负总责，确保瓦斯防治机构、人员、计划、措施、资金五落实。

（3）必须严格矿井瓦斯等级鉴定，煤矿对鉴定资料的真实性负责，鉴定单位对鉴定结果负责。突出矿井必须测定瓦斯含量、瓦斯压力和抽采半径等基础参数，试验考察确定突出敏感指标和临界值。

（4）必须制定瓦斯防治中长期规划和年度计划，实行"一矿一策"、"一面一策"，做到先抽后掘、先抽后采、抽采达标，确保抽掘采平衡。

（5）高瓦斯和突出矿井必须建立专业化瓦斯防治队伍。通风系统调整、突出煤层揭煤、火区密闭和启封时，矿领导必须现场指挥。

（6）必须建立通风瓦斯分析制度，发现风流和瓦斯异常变化，必须排查隐患、采取措施。

（7）突出矿井必须建立地面永久瓦斯抽采系统。新建突出矿井必须进行地面钻井预抽，做到先抽后建。必须落实以地面钻井预抽、保护层开采、岩巷穿层钻孔预抽为主的区域治理措施。

（8）必须确保安全监控系统运行可靠，其显示和控制终端必须设在矿调度室，并与上级公司或负责煤矿安全监管的部门联网。安全监控系统不能正常运行的必须停产整改。

（9）必须通风可靠、风量充足。通风或抽采能力不能满足要求的，必须降低产量、核减生产能力。

（10）必须严格执行爆破管理、电气设备管理和防灭火管理制度，防范爆破、电气失爆和煤层自燃等引发瓦斯煤尘爆炸。

同时，2015 年 7 月 20 日国家安全生产监督管理总局令第 83 号废止了《国有煤矿瓦斯治理规定》（2005 年 1 月 6 日国家安全生产监督管理局、国家煤矿安全监察局令第 21 号公布）和《国有煤矿瓦斯治理安全监察规定》（2005 年 1 月 6 日国家安全生产监督管理局、国家煤矿安全监察局令第 22 号公布）2 部规章。

三、瓦斯灾害防治新技术、新装备

经过几十年的研究和实践，我国煤矿瓦斯防治技术和装备得到较大发展，为保障煤矿安全发挥了重要作用。随着通风技术与装备的改进，井下用风地点的有效风量保障性得到大幅提高，瓦斯超限次数大幅减少；适用于不同开采、地质条件下的多种瓦斯抽采方式和抽采装备在全国主要矿区得到广泛应用，矿井瓦斯抽采量大幅提高；绝大多数矿井都安装了煤矿安全监控系统，实现了对井下瓦斯浓度、设备运行状态等的监控；包括突出危险性预测、防突措施、防突措施效果检验和安全防护措施在内的"四位一体"的综合防突技术体系及相应的防突装备在绝大多数突出矿井得到应用；被动式隔抑爆技术及装备在多数矿井得到使用。

(一) 煤矿瓦斯灾害防治技术与装备新进展

1. 物探技术与装备

(1) 在对地质构造的地面探测方面,高分辨率三维地震勘探可以查出 1 000 m 深度以内落差 3～5 m 以上的断层和直径 20 m 以上的陷落柱。

(2) 在采煤工作面的地质构造探测方面,井下无线电透视技术与设备,探测距离达 250 m。

(3) 在工作面超前探测方面,瑞利波超前探测技术及装备,超前探测能力可达到 50 m;高精度超前探测的探地雷达技术与装备,超前探测距离达 30 m;井下地震波超前探测技术与装备,超前探测距离达 150 m。

2. 煤与瓦斯突出防治技术与装备

(1) 形成了以区域综合防突措施为主、局部防突措施为辅的"两个四位一体"防突技术体系。

(2) 瓦斯含量直接测定技术解决了井下煤层瓦斯含量直接、快速、准确测定的技术难题,特别是在深孔定点取样和损失量补偿模型方面取得了突破,取样孔深达到 100 m 以上,取样时间小于 3 min,测量误差小于 7%。

(3) 结合注浆、补气的主动快速测压技术,有效解决了直接法现场测定瓦斯压力的技术难题,克服了裂隙、地层承压水等不利因素的影响,可实现 3 天内准确测定瓦斯压力。

(4) 从客观危险性、防突措施缺陷、安全管理缺陷、灾变辨识四方面,建立了煤与瓦斯突出预警指标体系和模型,研发了煤与瓦斯突出综合管理和预警平台,实现了多因素全过程综合预警。

3. 瓦斯抽采及安全输送技术与装备

(1) 煤矿井下千米定向瓦斯抽采技术及装备填补了国内空白,钻孔深度达 1 816 m,创出国内新纪录,在轨迹测定仪供电、通缆钻杆等方面的技术达到国际先进水平。

(2) 研制出适合于突出松软煤层的顺层钻孔钻机,在坚固性系数 $f \leq 0.5$ 条件下煤层钻孔深度达到 168 m,钻孔深度超过 150 m 的成孔率达到 70%。

(3) 研制出松软煤层钻护一体化技术,开发了磁吸翻转式通管钻头和高强度衬管式钻杆,实现了随钻随护和全孔深下筛管,有效降低了钻孔坍塌、变形造成瓦斯抽不出的风险,提高了煤层瓦斯抽采率。

(4) 研制出的瓦斯抽采远控钻机可以远程操作控制和地面操作控制 500 m 井下施工,在自动上下钻杆技术、远控技术等方面取得了突破,实现了煤矿井下无人化的钻孔作业。

(5) 在增加煤层透气性技术方面,高压水射流割缝、水射流扩孔和井下水力压裂等方面取得了新进展。

(6) 在瓦斯抽采钻孔密封方面,开发了颗粒封孔技术及装备,有效解决了孔外裂隙场漏气造成瓦斯抽采浓度大幅度下降的难题,单孔平均瓦斯抽采浓度达到 45% 以上。

(7) 形成了集资源评估、井位优选、井型结构优化设计、钻完井适用性控制、采动钻井防护、抽采及监控、集输安全防控等技术于一体的采动区地面井抽采成套技术。

(8) 开发了低浓度瓦斯输送安全保障系统,并颁布了相关系列行业标准。

4. 瓦斯灾害监控技术与装备

(1) 安全生产综合监控技术实现升级换代,井下易爆环境用以太环网＋现场总线、宽带接入设备、大容量本安电源设备、异常联动控制等技术实现了大面积应用。

（2）开发出的红外甲烷传感器实现了工业性应用，误差≤真值的±10%，响应时间≤12 s，工作稳定性≥12 个月，寿命≥5 年；开发出了激光甲烷传感器，测量精度±0.05%，响应时间<12 s，预期寿命≥5 年。

5. 现有技术与装备的瓦斯防治效果分析

近年来瓦斯事故大幅下降，瓦斯防治取得了明显成效，不仅得益于煤矿安全管理的不断强化，更得益于瓦斯防治技术与装备的发展和推广应用。但是，随着矿井开采深度的增加和开采强度的加大，出现了现有技术和装备尚不能满足瓦斯防治要求的新问题，从技术角度来说，瓦斯事故尚达不到根本杜绝的目的。

瓦斯爆炸、瓦斯燃烧、瓦斯窒息事故依靠现有技术与装备和有效管理，能在很大程度上得到控制，但由于在通风系统稳定性监测、电气设备的运行与故障诊断、人的不安全行为的监测监控技术方面仍有待进一步提高，该类事故在一定条件下仍有可能发生。

在一些深部矿井、地质构造特别复杂的矿井、突出—冲击地压复合的矿井、突出危险性特别严重的矿井，已有防突技术措施对煤与瓦斯突出事故的针对性和有效性不足，不能满足这类矿井安全生产的要求。因此，依靠现有技术与装备还很难实现全面有效防止突出事故的目的，突出事故尚不能完全杜绝。

现有瓦斯防治技术与装备还不能完全满足区域瓦斯治理的需要，矿区瓦斯灾害危险性评估、矿井合理采掘部署、地质构造超前探测、煤层瓦斯参数测定、抽采瓦斯钻孔施工、煤层增加透气性、高地应力卸压等技术与装备在进行区域瓦斯治理能力和效果方面还需要更深入的研究，瓦斯防治效果尚得不到根本体现。

目前煤矿安全的信息化和智能控制技术的研究和应用处于起步阶段，煤矿安全技术、装备和管理尚达不到信息化、智能化、规范化、精细化的要求，井下作业人员多的特点还非常明显，因而发生重特大瓦斯事故的可能性依然存在。

6. 安全科技"四个一批"新成果

2014 年 1 月，国家安监总局和国家煤监局公布了安全科技"四个一批"重要成果，其中涉及煤矿瓦斯灾害防治的新技术新装备有：

（1）煤与瓦斯突出综合预警技术及系统（中煤科工集团重庆研究院有限公司）。

（2）瓦斯煤尘爆炸自动抑爆装置（中煤科工集团重庆研究院有限公司）。

（3）瓦斯煤尘爆炸自动抑爆装置（山西兰花汉斯瓦斯抑爆设备有限公司）。

（4）松软突出煤层全孔段筛管下放成套工艺技术及装备（中煤科工集团西安研究院有限公司）。

（5）煤矿瓦斯高效抽采及煤层增透技术（煤科集团沈阳研究院有限公司）。

（6）光纤高浓度甲烷传感器（山东省科学院激光研究所）。

（7）矿用激光甲烷传感器［天地（常州）自动化股份有限公司］。

（8）煤与瓦斯突出声电瓦斯综合监测预警技术与系统（中国矿业大学）。

（9）钻冲一体化卸压抽采瓦斯关键技术（河南能源化工集团有限公司）。

（10）煤矿井下水力强化抽采瓦斯关键技术（河南能源化工集团有限公司）。

（11）高压脉冲水射流区域瓦斯治理技术与装备（中国平煤神马集团）。

（12）瓦斯抽采钻孔封孔材料及工艺关键技术（河南能源化工集团有限公司）。

　　(13)煤矿瓦斯抽采管网监测系统(郑州光力科技股份有限公司)。

　　(14)三维矿井通风智能分析系统(煤炭科学研究总院)。

　　(15)煤矿井下随钻测控千米定向钻进技术与装备(中煤科工集团西安研究院有限公司)。

　　(16)回转钻进钻孔轨迹测量技术(中煤科工集团重庆研究院有限公司)。

　　(17)深孔快速取样装置(中煤科工集团重庆研究院有限公司)。

　　(二)煤矿瓦斯灾害防治技术与装备政策导向

　　为了鼓励和推广先进适用的生产技术与装备的应用,限制和淘汰落后的技术与装备,提升煤炭工业技术与装备水平,国家发展和改革委员会于 2014 年编制了《煤炭生产技术与装备政策导向》,其中对矿井通风和井工瓦斯防治作了相关说明,如表 4-3～表 4-6 和表 4-7～表 4-10 所列。

表 4-3　　　　　　《煤炭生产技术与装备政策导向》(井工通风——鼓励类)

类　　别	分类名称
一、风量调控方法	1.主要通风机变频调速
	2.局部通风机变频调速
二、局部反风	采区局部反风
三、局部通风	双风机、双电源设备

表 4-4　　　　　　《煤炭生产技术与装备政策导向》(井工通风——推广类)

类　　别	分类名称
一、矿井通风方式	1.中央并列式通风方式
	2.中央分列式(或中央边界式)通风方式
	3.对角式通风方式
	4.混合式通风方式
	5.分区式通风方式
二、通风方法	矿井抽出式通风方法
三、风量调控	1.矿井主要通风机风叶角度调节技术
	2.采区及回采工作面间的增阻风量调节技术
四、采掘工作面通风方式	1.长壁回采工作面 U 型通风方式
	2.长壁回采工作面 Y 型通风方式
	3.掘进工作面局部通风机压入式通风
	4.掘进工作面长压短抽的混合式通风
五、矿井反风方式	1.反风道反风
	2.轴流式主要通风机反转反风
	3.利用备用风机反风
六、通风设备与设施	1.矿井轴流式主要通风机
	2.对旋式局部通风机
	3.风门

类　别	分类名称
七、矿井通风信息技术	1. 通风自动化检测
	2. 通风信息管理
	3. 矿井通风阻力测定
	4. 矿井通风机性能鉴定
八、掘进通风控制设备（瓦斯防治）	1. 甲烷、风、电闭锁装置
	2. 风、电闭锁装置
九、便携式通风检测仪表	1. 机械式风速表
	2. 电子风速表
	3. 数字式精密气压计

表 4-5　　　　　　《煤炭生产技术与装备政策导向》（井工通风——限制类）

类　别	分类名称
一、通风方法	矿井压入式通风方法
二、风量调控	1. 矿井主要通风机胶带传动轮调速工况调节技术
	2. 矿井主风机总吸入（压出）口风闸调节
	3. 辅助通风机调节
三、引射器通风	引射器局部通风
四、采掘工作面通风方式	1. 长壁回采工作面 W 型通风方式
	2. 长壁回采工作面多进、多回通风方式
	3. 漏斗式或小阶段式水采面通风
	4. 房柱式采煤工作面通风
	5. 掘进工作面局部通风机抽出式通风
	6. 掘进工作面长抽短压的混合式通风
	7. 掘进工作面长压、短压的混合式通风
五、通风设备	1. $CT_Д$ 系列（苏联制造）、9-57 系列（仿苏式）矿井离心式主要通风机
	2. BY、2BY 系列（苏联制造）、$70B_2$ 系列（仿苏式）、2K60 系列矿井轴流式主要通风机
	3. 矿井离心式主要通风机

表 4-6　　　　　　《煤炭生产技术与装备政策导向》（井工通风——禁止类）

类　别	分类名称
一、矿井通风方法	1. 自然通风
	2. 独眼井通风
	3. 采用局部通风机作主要通风机通风
二、回采工作面通风方式	仓储式采煤工作面通风方式
三、采掘工作面扩散通风	采掘工作面扩散通风
四、压风通风	采掘工作面压气供风通风

类　　别	分类名称
五、掘进工作面通风方式	长压、长抽混合式通风
六、通风设备	1. 木制风桥
	2. JBT 轴流式局部通风机
七、便携式通风检测仪表	热球风速仪

表 4-7　　　　　《煤炭生产技术与装备政策导向》(井工瓦斯防治——鼓励类)

类　　别	分类名称
一、煤层瓦斯参数测定	1. 井下钻孔煤样解吸法测定煤层瓦斯含量
	2. 深孔定点快速取样技术
二、局部瓦斯治理	高位钻孔抽采治理上隅角积聚瓦斯
三、瓦斯抽采	1. 井上下联合抽采瓦斯技术
	2. 地面钻孔开发煤层气(煤层瓦斯)
	3. 地面钻孔抽采采动区煤层瓦斯
	4. 地面钻孔抽采采空区瓦斯
	5. 地面钻孔一孔多用(预抽、采动区抽、采空区抽)抽采瓦斯
	6. 长钻孔控制预裂爆破强化预抽煤层瓦斯
	7. 顺层长钻孔大面积预抽煤层瓦斯
	8. 矿井开采综合抽采瓦斯技术
	9. 松软突出煤层抽采瓦斯钻孔技术
	10. 高低负压系统分源抽采瓦斯技术
	11. 低浓度瓦斯管道输送安全保障技术
	12. 钻孔复合结构密封技术
四、煤与瓦斯突出预防	1. 煤与瓦斯突出预警技术
	2. 采区避难所(硐室)
五、瓦斯检测装备	1. 便携式红外甲烷检测仪
	2. V 锥流量传感器

表 4-8　　　　　《煤炭生产技术与装备政策导向》(井工瓦斯防治——推广类)

类　　别	分类名称
一、煤层瓦斯参数测定	1. 井下注浆封孔直接测定煤层瓦斯压力
	2. 胶圈黏液封孔器测定煤层瓦斯压力
	3. 地勘钻孔解析法测定煤层瓦斯含量
	4. 间接法(朗格缪尔法)测定煤层瓦斯含量
	5. 钻孔径向瓦斯流动法测定煤层透气性系数

类　　别	分类名称
二、矿井瓦斯涌出量预测	1.分源法预测矿井瓦斯涌出量
	2.矿山统计法预测矿井瓦斯涌出量
	3.瓦斯地质教学模型法预测矿井瓦斯涌出量
三、局部瓦斯治理	1.压风（水）引射器提高风速治理采煤机附近积聚瓦斯
	2.插管抽（排）法治理上隅角积聚瓦斯
	3.专用排瓦斯巷治理回采工作面上隅角积聚瓦斯
四、瓦斯抽采	1.井下穿层钻孔预抽煤层瓦斯
	2.网格式底板穿层钻孔预抽煤层瓦斯
	3.顺层钻孔预抽煤层瓦斯
	4.井下水力压裂强化预抽煤层瓦斯
	5.水力扩孔（割缝）强化预抽煤层瓦斯
	6.煤巷边掘边抽卸压瓦斯
	7.钻孔抽采邻近层卸压瓦斯
	8.顶板专用巷道抽采邻近层卸压瓦斯
	9.密闭插管抽采工作面采空区或老采空区瓦斯
	10.回风巷埋管抽采采空区瓦斯
	11.顶煤专用巷抽采采空区瓦斯
	12.巷道、钻孔、埋管综合抽采采空区瓦斯
	13.废弃矿井瓦斯抽采
	14.水泥砂浆钻孔密封技术
	15.抽采系统管路排水、排渣
	16.抽采系统参数监测
	17.抽采系统安全保障
	18.钻孔参数检测技术
五、煤与瓦斯突出防治	1.单项指标法预测煤层突出危险性
	2.综合指标法预测石门揭煤工作面突出危险性
	3.瓦斯地质统计法预测煤层区域突出危险性
	4.钻孔煤样瓦斯解析指标法预测岩巷揭煤工作面突出危险性
	5.钻孔瓦斯涌出初速度预测工作面突出危险性
	6.钻屑瓦斯指标法预测工作面突出危险性
	7.R指标法预测工作面突出危险性
	8.掘进工作面瓦斯涌出动态预测工作面突出危险性
	9.声发射（AE）预测工作面突出危险性
	10.电磁辐射预测工作面突出危险性
	11.开采保护层区域防突技术
	12.底板穿层网格钻孔预抽瓦斯区域防突技术

续表 4-8

类　　别	分类名称
五、煤与瓦斯突出防治	13. 本煤层顺层钻孔预抽瓦斯区域防突技术
	14. 井下定向压裂增透防突技术
	15. 多排钻孔排放瓦斯揭穿突出煤层
	16. 金属骨架揭穿突出煤层
	17. 局部固化煤体揭穿突出煤层
	18. 预抽瓦斯防治工作面突出
	19. 水力冲孔防治工作面突出
	20. 超前钻孔防治工作面突出
	21. 深孔松动爆破防治工作面突出
	22. 长钻孔控制卸压爆破防治工作面突出
	23. 远距离爆破
	24. 突出煤岩挡栏
六、防止及隔离爆炸技术	1. 自动抑爆技术
	2. 被动式隔爆技术
七、瓦斯抽采装备	1. 履带式全液压钻机
	2. 全液压坑道钻机
	3. 风动钻机
	4. 立抽式钻机
八、瓦斯检测装备	1. 数字式甲烷报警矿灯
	2. 便携式热催化式甲烷检测报警仪
	3. 光干涉式甲烷测定仪

表 4-9　　　　　《煤炭生产技术与装备政策导向》(井工瓦斯防治——限制类)

类　　别	分类名称
一、煤层瓦斯参数测定	胶圈封孔器测压技术
二、瓦斯抽采装备	1. 罗茨鼓风机等干式抽采瓦斯泵
	2. SZ 系列抽瓦斯泵

表 4-10　　　　　《煤炭生产技术与装备政策导向》(井工瓦斯防治——禁止类)

类　　别	分类名称
一、煤层瓦斯参数测定	人工黄泥封孔测压技术
二、局部瓦斯治理	小型通风机治理回采工作面上隅角积聚瓦斯
三、瓦斯抽采装备	1. 抽采瓦斯用离心式鼓风机
	2. 玻璃钢抽采瓦斯管材
	3. ZH15 隔离式化学氧自救器
	4. 一氧化碳过滤式自救器
四、煤与瓦斯突出防治	震动爆破

（三）煤矿瓦斯灾害防治科技发展对策

2014年11月，国家安全监管总局和国家煤矿安监局发布了煤矿瓦斯灾害防治科技发展对策，就今后煤矿瓦斯灾害防治科技发展进行了具体部署。

1. 对策思路

瓦斯灾害防治坚持以基础理论研究为先导、关键技术研究为重点、转化推广应用为目的、法规标准升级为保障。努力向措施区域化、施工地面化、决策智能化、服务专业化的方向发展。

2. 基础理论研究

（1）瓦斯灾害危险性区域分布的地质作用机理及预测基础。揭示瓦斯灾害危险性区域分布的地质作用机理，为矿井建设之前有效预测及探测突出危险性新技术研发奠定基础。研究项目包括典型地质条件煤层瓦斯分布的地质作用机理、深部矿井瓦斯赋存参数预测技术基础、煤矿瓦斯危险性区域分布预测理论及探测技术基础等，形成基于地质构造演化、沉积演化、热演化及生烃史等因素的区域瓦斯灾害分布地质作用机制，得到深部矿井瓦斯赋存规律，提出煤层瓦斯危险性分布预测及探测技术方法。

（2）煤岩瓦斯动力灾害演化致灾机理及控制基础。量化揭示煤与瓦斯突出、冲击地压及其复合灾害的演化过程、作用机制、致灾机理等，提出监测控制的方法原理。研究项目包括煤与瓦斯突出机理的量化模拟研究、煤与瓦斯突出致灾机理研究、应力主导型瓦斯动力灾害演化作用机理研究、多因素耦合条件下的煤岩动力灾害演化作用机理研究、煤与瓦斯突出预警基础理论研究、应力主导型煤与瓦斯突出的监测基础理论研究、深部矿井煤岩瓦斯动力灾害监测与控制技术基础研究等。得出煤岩瓦斯动力灾害的量化分析模型，煤岩瓦斯动力灾害的发生、发展、演化及致灾机理，揭示瓦斯灾害预测与控制的原理，提出深部矿井瓦斯动力灾害的控制原理，形成瓦斯动力灾害监测技术方法。

（3）低渗透性煤层增透机理及高效瓦斯抽采基础。揭示井上下联合瓦斯抽采机理，提出高效抽采瓦斯原理。研究项目包括含瓦斯煤的渗透规律及透气性测定技术基础、采动影响及抽采条件下瓦斯流动规律、低渗透性煤层高效增透技术基础、含瓦斯煤水力压裂增透机理、大功率重复脉冲冲击波条件下煤层增透机理、煤层对特殊物理场的响应及增透技术原理、井上下联合瓦斯抽采机理及模式等。提出几种典型的大面积提高煤层透气性的方法原理，形成井上下联合高效抽采瓦斯机理及模式，建立低渗透性煤层的高效抽采方法。

（4）瓦斯煤尘爆炸机理、传播规律及控制基础。揭示瓦斯爆炸多因素耦合作用机理、瓦斯煤尘混合爆炸机理、巷道网络环境内瓦斯爆炸传播规律，隐蔽火源安全性及其检测方法。

研究项目包括瓦斯爆炸多因素耦合作用机理、瓦斯煤尘混合爆炸机制、井下隐蔽性引爆火源的安全性与检测技术基础、巷道网络条件下的瓦斯爆炸传播规律及控制基础研究等。

考核指标：得到瓦斯爆炸环境因素耦合关系、瓦斯煤尘混合爆炸机制、巷道网络条件下的瓦斯爆炸传播过程中各场量（压力、温度、速度）分布规律及其相互作用机制，提出井下隐蔽性引爆火源（如材料的撞击与摩擦、电磁波或高能光源、高分子聚合物的使用等）的安全性判识与检测方法，提出巷道网络条件下实用的瓦斯爆炸控制技术方法。

3. 关键技术与装备研究

（1）区域瓦斯治理关键技术与装备研究。形成能满足区域瓦斯治理所需的技术和装备，研究项目包括深部煤体区域瓦斯参数测定技术及装备，大范围、高精度地质构造超前探测的关键技术及装备,低渗透性煤层井下大范围增透技术及装备的先导性研究,井下千米定向大直径一次成孔钻进技术与装备,突出松软煤层深孔定向钻进、回转钻机钻孔轨迹测定等的井下瓦斯抽采长钻孔施工关键技术及装备,地应力监测、薄煤层及软岩保护层远控机械化开采、顶底板岩巷穿层钻孔增透与卸压抽采瓦斯技术和装备,水力压裂、大功率重复脉冲冲击波等大范围煤层增透关键技术与装备。研制出探测范围 300 m 以上、识别 1 m 以上断层的地质探测装备,研制出取样深度 150 m 以上的瓦斯参数测定工艺技术及装备,形成井下一次成孔达到 200 mm 的千米定向钻进技术与装备,研制出松软煤层定向钻进 250 m 的工艺技术与装备,研制出适用于普通钻机轨迹测定的技术与装备,研制出适用于深部矿井瓦斯动力灾害监测与防控的关键技术与装备。

(2) 地面施工的瓦斯治理关键技术与装备研究。形成能从地面施工或远控的瓦斯防治技术和装备,最大程度实现先抽后采、增强施工安全、减少现场作业人员等目标。研究项目包括单一煤层、煤层群等典型地质条件下地面井抽采瓦斯关键技术,地面井瓦斯抽采与煤炭开采工程合理部署,低渗透煤层井上下联合抽采瓦斯关键技术与装备,地面远程控制的井下钻掘支技术及装备,地面远距离控制井下钻孔钻进技术及装备,井下生产及安全设施、设备的地面控制关键技术等的研究。考核指标:研制出施工深度达到 1 200 m 以上的国产化地面钻井装备,形成地面井预抽瓦斯的增产关键技术,形成采动卸压条件下钻井破坏失效率低于 20% 的地面井关键技术,研制出能自动移机、锚固、定位、上下钻杆、钻孔倾角 −20°～60° 的地面远控井下钻机装备,并达到实用化程度,研制出地面控制的井下钻掘支一体化装备,形成地面控制井下设施、设备的关键技术。

(3) 决策智能化瓦斯灾害防治关键技术与装备研究。形成井下安全信息实时采集、智能判识、自动预警与控制的瓦斯防治技术和装备。研究项目包括基于物联网的煤矿综合信息化及联动控制技术和系统,瓦斯灾害隐患信息传感技术,瓦斯灾害隐患辨识模型,井下设备设施监控和故障诊断技术,矿井智能通风关键技术与装备。考核指标:建立 3D GIS、光纤通信、无线扩展、联动控制等功能的综合监控系统,研制得到激光瓦斯浓度、煤层瓦斯含量、采掘应力、构造和软煤、突出预测指标、顶板离层、矿山压力与位移、瓦斯抽采、设备设施运行状态参数、采掘进尺、钻孔轨迹、钻孔动力参数等的监测传感器,研究得到瓦斯浓度变化趋势预测模型、突出危险性辨识模型、预防措施缺陷辨识模型、技术管理缺陷辨识模型、灾变辨识模型、人员分布辨识模型等,研制基于风网在线监测、通风和生产设备设施自动控制的智能通风关键技术与设备,实现瓦斯异常涌出以外的瓦斯超限次数降低 30% 以上,研制基于井下信息自动采集和智能分析的重大瓦斯灾害预警关键技术与装备,实现煤层瓦斯参数、预测指标、钻孔施工参数、地质构造探测参数、工作面空间位置等信息的动态监测、传输与智能分析,预警准确率达到 90% 以上。

四、瓦斯灾害新案例

2013 年 3 月 29 日 21 时 56 分,吉林省吉林煤业集团有限公司通化矿业(集团)有限责任公司八宝煤业公司(以下简称八宝煤矿)发生特别重大瓦斯爆炸事故,造成 36 人遇难(企业瞒报遇难人数 7 人,经群众举报后核实)、12 人受伤,直接经济损失 4 708.9 万元。

4 月 1 日,该矿不执行吉林省人民政府禁止人员下井作业的指令,擅自违规安排人员入井施工密闭,10 时 12 分又发生瓦斯爆炸事故,造成 17 人死亡、8 人受伤,直接经济损失 1 986.5 万元。

（一）矿井基本情况

八宝煤矿有6个可采煤层，煤层自燃倾向性等级均为Ⅱ类，属自燃煤层，为高瓦斯矿井，煤尘具有爆炸危险性。

该矿采用立井开拓，共有5个井筒，发生事故前有5个生产采区（其中1个综采区和4个水采区）。该矿目前最深开拓标高已达到−780 m水平，超出采矿许可证许可的−600 m水平。

事故发生在−416采区−4164东水采工作面上区段采空区。−416采区工作面采用自然垮落法管理顶板，埋管抽放采空区瓦斯。

（二）事故经过

2013年3月28日16时左右，−416采区附近采空区发生瓦斯爆炸，该矿采取了在−416采区−380石门密闭外再加一道密闭和新构筑−315石门密闭两项措施。29日14时55分，−416采区附近采空区发生第二次瓦斯爆炸，新构筑密闭被破坏，−416采区−250石门一氧化碳传感器报警，该采区人员撤出。通化矿业公司总工程师宁某、副总工程师陈某接到报告后赶赴八宝煤矿，研究决定在−315、−380石门及东一、东二、东三分层平巷施工5处密闭。16时59分，宁某、陈某带领救护队员和工人到−416采区进行密闭作业。19时30分左右，−416采区附近采空区发生第三次瓦斯爆炸，作业人员慌乱撤至井底（其中有6名密闭工升井，坚决拒绝再冒险作业）。以上3次瓦斯爆炸事故均发生在−416采区−4164东水采工作面上区段采空区，未造成人员伤亡。该矿不仅没有按规定上报并撤出作业人员，且仍然决定继续在该区域施工密闭。21时左右，井下现场指挥人员强令施工人员再次返回实施密闭施工作业，21时56分，该采空区发生第四次瓦斯爆炸，该矿才通知井下停产撤人并向政府有关部门报告，此时全矿井下共有367人，后有332人自行升井和经救援升井，截至30日13时左右井下搜救工作结束，事故共造成36人死亡（其中1人于3月31日在医院经抢救无效死亡）。通化矿业公司为逃避国家调查，只上报28人遇难，隐瞒7名遇难人员不报。

"3·29"事故搜救工作结束后，鉴于井下已无人员，且灾情严重，吉林省人民政府和国家安全监管总局工作组要求吉煤集团聘请省内外专家对井下灾区进行认真分析，制定安全可靠的灭火方案，并决定未经省人民政府同意，任何人不得下井作业。4月1日7时50分，监控人员通过传感器发现八宝煤矿井下−416采区一氧化碳浓度迅速升高，通化矿业公司常务副总经理王某召集副总经理李某、王某和八宝煤矿副矿长王某等人商议后，违抗吉林省人民政府关于严禁一切人员下井作业的指令，擅自决定派人员下井作业。9时20分，通化矿业公司两位驻矿安监处长分别带领救护队员下井，到−400大巷和−315石门实施挂风障措施，以阻挡风流，控制火情。10时12分，该区附近采空区发生第五次瓦斯爆炸，此时共有76人在井下作业，经抢险救援59人生还（其中8人受伤），发现6人遇难并将遗体搬运出井，井下尚有11人未找到。事故共造成17人死亡、8人受伤。

（三）事故原因和性质

1.直接原因

八宝煤矿忽视防灭火管理工作，措施严重不落实，−4164东水采工作面上区段采空区漏风，煤炭自然发火，引起采空区瓦斯爆炸，爆炸产生的冲击波和大量有毒有害气体造成人员伤亡。

2.间接原因

（1）企业安全生产主体责任不落实，严重违章指挥、违规作业。

① 八宝煤矿不落实井下采空区的防灭火措施，管理不得力。一是采空区相通。该矿－416采区急倾斜煤层的区段煤柱预留不合理，开采后即垮落，不能起到有效隔离采空区的作用，导致上下区段采空区相通，向上部的老采空区漏风。二是密闭漏风。由于巷道压力大，造成－250石门密闭出现裂隙，导致漏风。三是防灭火措施不落实。没有采取灌浆措施，仅在封闭采空区后注过一次氮气，没有根据采空区内气体变化情况再及时补充注氮，导致注氮效果无法满足防火要求。四是未设置防火门。该矿违反《煤矿安全规程》规定，没有在－416采区预先设置防火门。

② 八宝煤矿及通化矿业公司在连续3次发生瓦斯爆炸的情况下，违规施工密闭。一是违反规程规定进行应急处置。第一次瓦斯爆炸后，该矿在安全隐患未消除的情况下仍冒险组织生产作业；第二次瓦斯爆炸后，该矿才向通化矿业公司报告。二是处置方案错误，违规施工密闭。通化矿业公司未制定科学安全的封闭方案，而是以少影响生产为前提，尽量缩小封闭区域，在危险区域内施工密闭，且在没有充分准备施工材料的情况下，安排大量人员同时施工5处密闭，延长了作业时间，致使人员长时间滞留危险区。三是施工组织混乱。该矿施工组织混乱无序，未向作业人员告知作业场所的危险性。四是强令工人冒险作业。第三次瓦斯爆炸后，部分工人已经逃离危险区，但现场指挥人员不仅没有采取措施撤人，而且强令工人返回危险区域继续作业，并从地面再次调人入井参加作业。

③ 通化矿业公司违抗吉林省人民政府关于严禁一切人员下井作业的指令，擅自决定并组织人员下井冒险作业，再次造成重大人员伤亡事故。

④ 吉煤集团对通化矿业公司的安全管理不力。未认真检查通化矿业公司和八宝煤矿的"一通三防"工作，对该矿未严格执行采空区防灭火技术措施的安全隐患失察，不认真落实防灭火措施，导致了事故的发生；违规申请提高八宝煤矿的生产能力。

（2）地方政府的安全生产监管责任不落实，相关部门未认真履行对八宝煤矿的安全生产监管职责。

① 白山市安全生产监督管理局落实省属煤矿安全监管工作不得力，对八宝煤矿未严格执行采空区防灭火技术措施等安全隐患失察。

② 白山市国土资源局组织开展矿产资源开发利用和保护工作不得力，未依法处理八宝煤矿越界开采的违法问题，并违规通过该矿采矿许可证的年检。

③ 白山市人民政府贯彻落实国家有关煤矿安全生产法律法规不到位，未认真督促检查白山市安全生产监督管理局等部门履行省属煤矿安全监管职责的情况。

④ 吉林省安全生产监督管理局组织开展省属煤矿安全监管工作不到位，将省属煤矿下放市（地）一级监管后，未认真指导和监督检查白山市安全生产监督管理局履行监管职责的情况，且对吉煤集团的安全生产工作监督检查不到位。

⑤ 吉林省能源局违规开展矿井生产能力核定工作，未认真执行关于煤矿建设项目安全管理的规定和煤矿生产能力核定标准，违规同意八宝煤矿生产能力由180万t/a提高至300万t/a。

⑥ 吉林省人民政府对煤矿安全生产工作重视不够，对省政府相关部门履行监督职责督促检查不到位，对吉煤集团盲目扩能的要求未科学论证。

（3）煤矿安全监察机构安全监察工作不到位。

吉林省煤矿安全监察局及其白山市监察分局组织开展煤矿安全监察工作不到位，对白山市安全生产监督管理局履行省属煤矿安全监管职责的情况监督检查不到位，对吉煤集团及八宝煤矿的安全监察工作不到位。

3. 事故性质

经调查认定，吉林省吉煤集团通化矿业集团公司八宝煤业公司"3·29"特别重大瓦斯爆炸事故和"4·1"重大瓦斯爆炸事故均为责任事故。

（四）事故防范措施

1. 要牢固树立和落实科学发展观，牢牢坚守安全生产红线

吉林省人民政府及白山市人民政府和吉煤集团要认真吸取八宝煤矿血的事故教训，坚决贯彻落实党中央、国务院关于加强安全生产工作的重大决策部署和习近平总书记、李克强总理等中央领导同志的一系列重要指示精神，坚决执行安全生产特别是煤矿安全生产法律法规，牢固树立和落实科学发展观，牢固树立以人为本、安全第一、生命至上的安全发展理念，牢固树立正确的政绩观和业绩观，认真实施安全发展战略，摆正生命与生产、生命与矿井、生命与效益、安全与发展的关系，坚持发展以安全为前提和保障，决不能以牺牲人的生命为代价来换取经济和企业的发展。要把安全生产尤其是煤矿安全生产纳入经济社会和企业发展的全局中去谋划、部署、落实，加强领导、落实责任、强化措施、统筹推进、健全体制、完善机制、强化法制、落实政策，突出重点、深化整治、夯实基础、全面提升，从根本上改善煤矿安全生产条件，提高安全保障能力。同时，要严格认真落实《煤矿矿长保护矿工生命安全七条规定》（国家安全监管总局令第 58 号），切实做到铁七条、刚执行、全覆盖、真落实、见实效。要针对制约煤矿安全生产的长期性、复杂性和深层次矛盾问题，坚决落实煤矿安全七项攻坚举措，下大决心、攻坚克难，真关实治、解决问题，不断提高煤矿安全生产水平，确保安全生产。

2. 要切实落实煤矿企业安全生产主体责任，严格禁止违章指挥、违章作业行为

吉煤集团及所有煤矿企业要在全面落实企业安全生产法定代表人负责制的基础上，建立健全安全管理机构，完善并严格执行以安全生产责任制为重点的各项规章制度，切实加强全员、全方位、全过程的精细化管理，把安全生产责任层层落实到区队、班组和每个生产环节、每个工作岗位。要加强对员工的安全教育与培训，增强职工维权意识，向作业人员如实告知作业场所和工作岗位存在的危险因素、防范措施以及事故应急措施。要加强煤矿安全质量标准化建设，依法提取和使用安全费用，加大安全投入，完善井下安全避险"六大系统"，加强对重大危险源的监控；要采取坚决而有力有效的措施，加强企业内部的劳动、生产、技术、设备等专业管理；要严格落实煤矿企业领导干部带班下井制度，强化现场管理，严禁违章指挥、严查违章作业；要经常性开展安全隐患排查，并切实做到整改措施、责任、资金、时限和预案"五到位"，及时消除治理重大隐患。尤其是国有煤炭企业，要带头落实安全生产主体责任，自觉接受当地政府的安全管理和监督，严禁迟报、谎报、瞒报事故及伤亡人数。

3. 要切实履行好政府及相关部门的安全监管监察职责，加强煤矿安全监管监察工作

吉林省人民政府及白山市人民政府及其煤炭行业管理部门、安全监管部门以及国土资源等负有安全生产监管职责的有关部门，要坚持"谁主管、谁负责"、"谁发证、谁负责"和管行业必须管安全的原则，认真履行职责、严格进行把关，深入基层、深入现场，加大执法力度，深入开展"打非治违"工作,认真整治煤矿安全生产中的突出问题,发现企业存在重大隐患不治理的,要进行追责。尤其是针对吉煤集团下属的八宝煤矿等 7 个煤矿在 2011 年违规提高核定生产能力的问题,吉林省人民政府要组织有关部门,重新对吉煤集团下属的 7 个煤矿的生产能力进行核定,严禁超能力组织生产;针对八宝煤矿存在越界开采的问题,国土资源管理部门要加强矿产资源管理,严格采矿许可证审核和年检。同时,地方政府要依法履行好属地管理职责,监督有关部门认真履行安全监管职责,监督煤矿企业切实落实安全生产主体责任,搞好安全生产工作。各级煤矿安全监察机构要充分发挥国家煤矿安全监察机构的作用,监督企业和地方政府及其相关部门切实做好煤矿安全生产工作,确保全省煤矿安全生产形势稳定,推进煤炭工业安全健康发展。

4. 要切实突出重点,加强煤矿瓦斯治理和防灭火管理

吉煤集团和所有煤矿企业要切实突出安全生产重点,加强"一通三防"管理。要筑牢思想防线,教育引导员工,人人都做安监员。瓦斯治理要做到"先抽后采、抽采达标",严禁瓦斯超限作业。在开采容易自燃煤层和自燃煤层时,必须制定和落实灌浆、注惰气等综合防灭火措施,必须在作业规程中明确注惰气时间、注惰气量和防灭火效果检验手段,连续监测采空区气体成分变化,发现问题、及时处理,确保不发生煤炭自然发火。要按规定构筑防火门,并及时封严采空区并加强检查,防止漏风;要合理确定矿井煤层的自然发火预测预报指标气体的发火预警临界值,当井下发现明显自然发火预兆或预警指标超过临界值时,必须停止作业、撤出井下人员。对八宝煤矿的灭火效果要进行监测分析,科学论证启封时间,科学制定启封方案,严防火区复燃再次发生事故。

5. 要切实规范和强化应急管理,提高事故应急处置能力

吉煤集团和所有煤矿企业以及吉林省人民政府及白山市人民政府及其有关部门,要深刻吸取八宝煤矿处置井下火区时违规施工密闭、强令工人冒险作业、现场应急组织混乱等沉痛教训,建立健全煤层自然发火的应急管理规章制度,加强应急队伍建设,加大应急投入,配备必要的应急物资、装备和设施,制定和完善应急预案,一旦发现险情或发生事故,要严格按照有关规程、规范和应急预案,以安全可靠的原则进行应急处置,安全有力有效地组织施救,严禁违章指挥、严禁冒险作业、严禁盲目施救。抢险救援指挥部要充分掌握事故灾害情况,科学制定救援方案,严格守住井口、严密保护现场、严控下井人员,尤其是严禁违反《矿山救护规程》派救护队员冒险施救。要组织开展有针对性的应急知识培训,根据生产特点和生产过程中的危险因素,开展经常性的应急演练,切实提高从业人员的应急意识和自救互救能力、应急处置能力。

6. 要扎实开展彻底地安全生产大检查,务求取得实效

吉林省、白山市和吉煤集团及所有煤矿企业要按照全覆盖、零容忍、严执法、重实效的总要求,全面深入开展安全生产大检查,通过明察暗访、组织专家检查、地区与企业之间互查、企业员工日常自查等方式和途径,及时全面彻底地排查企业各类安全生产隐患和存在的各种安全问题,强化安全措施,及时消除各类隐患,解决存在的问题,堵塞安全漏洞。要加强组织领导,落实工作责任,创新检查手段,确保取得实效,有效防范和坚决遏制重特大事故的发生。

第二节　矿井水害预防与治理

一、我国煤矿水害特征分析

（一）我国煤矿水害的分区特征

根据我国聚煤区的不同水文地质特征和自然地理条件，以及矿井水对生产的危害程度，可将全国煤矿水害划分为 6 个水害区。

1. 华北石炭二叠纪岩溶—裂隙水水害区

该区主要分布在河北、山东、山西、河南、陕西、江苏、安徽等省份。煤矿突水较频繁，涌水量大或特大（$1\,000\sim123\,180$ m³/h），水害主要致灾因素包括奥灰水、断层、陷落柱等。

2. 华南晚二叠世岩溶水水害区

该区位于我国淮阳古陆以南、川滇古陆以东的长江流域，包括苏南、皖南、江西、湖南、广东、广西、贵州、云南、四川等。煤矿突水频繁，突水量大（$2\,700\sim27\,000$ m³/h），容易造成淹井，矿井正常涌水量大（$3\,000\sim8\,000$ m³/h）。水害主要致灾因素包括岩溶水（岩溶管道）、地表水等。

3. 东北侏罗纪煤田裂隙水水害区

该区位于东北和内蒙古东部的新华夏系巨型沉降带内。煤矿受山间谷地河流地表水和第四系松散层水影响严重。水害主要致灾因素包括煤层顶板水和导水裂缝带等。

4. 西北侏罗纪煤田裂隙水水害区

该区位于昆仑—秦岭构造带以北，包括新疆、青海、甘肃、宁夏、陕西北部和内蒙古西南部广大地区。该区顶板水害突出，第四系水害较严重。水害主要致灾因素包括煤层顶板水和导水裂缝带等。

5. 西藏—滇西中生代煤田裂隙水水害区

该区主要分布在昆仑山以南，西昌—昆明以西的广大区域。该区主要聚煤期为晚三叠世和早白垩世。该区属于湿润—亚湿润气候区，年降雨量为 $300\sim600$ mm 的地区约占 55%，年降雨量为 $800\sim1\,000$ mm 的地区约占 35%，年降雨量为 $1\,000\sim2\,000$ mm 的地区约占 10%。区内煤矿的特点是开采规模小，受水害威胁尚不严重。

6. 台湾古近纪煤田裂隙—孔隙水水害区

该区主要分布在台湾省区域。该区属于湿润气候区，年降雨量为 $1\,800\sim4\,000$ mm 的地区约占 95% 以上。区内煤矿的特点是开采规模小，受水害威胁尚不严重。

综上所述，我国煤矿水害主要分布在华南、华北、东北和西北 4 大区域，据统计，近年发生的水害事故均在上述 4 大区域，如表 4-11 所列。

表 4-11　　　　　我国主要水害区近年发生的水害事故及死亡人数统计表

年　份	华北水害区		华南水害区		东北水害区		西北水害区	
	水害事故起数/起	死亡人数/人	水害事故起数/起	死亡人数/人	水害事故起数/起	死亡人数/人	水害事故起数/起	死亡人数/人
2010 年	8	60	23	65	3	44	4	55

年　份	华北水害区		华南水害区		东北水害区		西北水害区	
	水害事故起数/起	死亡人数/人	水害事故起数/起	死亡人数/人	水害事故起数/起	死亡人数/人	水害事故起数/起	死亡人数/人
2011 年	6	30	24	108	11	40	3	14
2012 年	5	34	10	37	6	47	3	4
2013 年	5	28	11	32	2	22	3	7
合计	28	158	104	360	29	195	13	80

（二）我国煤矿水害的主要类型

我国煤矿地质条件复杂,煤矿突水与地质构造、采矿活动、地应力、地下水水力特征等因素有关。水害类型,按水源划分可以分为地表水、孔隙水、裂隙水、岩溶水、老空水;按导水通道划分可以分为断层水、裂隙水、陷落柱水、钻孔水;按与煤层的相对位置划分可以分为顶板水、底板水。

（三）我国煤矿的水文地质类型

截至 2012 年 6 月 30 日,全国共有 11 504 个矿井开展了水文地质类型划分。其中极复杂型矿井 78 个,占总数的 0.68%;复杂型矿井 827 个,占总数的 7.19%;中等型矿井 4 141 个,占总数的 36%;简单型矿井 6 458 个,占总数的 56.14 %。水文地质类型复杂、极复杂煤矿主要分布在山西、黑龙江、安徽、山东、河南、湖南、重庆、四川、贵州、甘肃、河北、陕西、江西等地区。

（四）我国大水煤矿分布特征

大水煤矿指矿井正常涌水量超过 1 000 m^3/h 的煤矿。根据国家煤矿安监局 2012 年统计资料,全国共有 61 个大水煤矿。其中井工矿涌水量最大的是陕西的锦界煤矿,正常涌水量为 4 900 m^3/h,最大涌水量为 5 499 m^3/h;露天矿涌水量最大的是内蒙古元宝山煤矿,正常涌水量为 11 250 m^3/h,最大涌水量为 12 500 m^3/h。全国各省份大水煤矿统计数据如表 4-12 所列。

表 4-12　　　　　　　　全国各省份大水煤矿统计数据一览表

省级行政区域	大水矿井数量/个	矿井涌水量/$m^3 \cdot h^{-1}$		主要水害类型
		正常涌水量	最大涌水量	
河北	11	1 050~1 999	1 348~2 550	岩溶水、老空水、构造水
山西	2	1 400~1 800	1 500~2 000	岩溶水、老空水、顶板水
内蒙古	6	1 140~11 250	1 358~12 500	岩溶水、地表水、裂隙水
辽宁	1	1 015	1 134	老空水、顶板水
黑龙江	5	1 034~2 300	1 540~2 811	老空水、顶板水、地表水
江苏	1	1 200	1 500	岩溶水、老空水
安徽	1	1 000	1 157	岩溶水、老空水、地表水
江西	1	1 000	6 870	岩溶水、老空水、地表水
山东	7	1 001~2 045	1 560~2 700	岩溶水、老空水、地表水

续表 4-12

省级行政区域	大水矿井数量/个	矿井涌水量/m³·h⁻¹		主要水害类型
		正常涌水量	最大涌水量	
河南	18	1 033～4 500	1 057～5 940	岩溶水、老空水、地表水
广西	2	1 500～1 860	1 800～11 500	岩溶水、老空水、地表水
四川	3	1 270～1 810	1 763～3 000	岩溶水、老空水
陕西	3	1 050～4 900	1 200～5 499	顶板水、老空水、地表水

注:1. 大水煤矿指矿井正常涌水量超过 1 000 m³/h 的煤矿。

　　2. 随着煤矿生产条件的变化,其矿井涌水量大小也在不断变化,表中各省份大水煤矿的数量为 2012 年统计结果,仅供参考,各个煤矿具体涌水量数据以实时观测结果为准。

可以看出,全国大水煤矿主要集中在河南、河北、山东、内蒙古、黑龙江等地区,水害类型主要为老空水、岩溶水、地表水、顶板水等。

(五)近年来煤矿水害事故特征

近年来水害事故特征主要表现在以下几个方面:

一是重大事故仍然多发,甚至出现反弹。2011 年,全国煤矿发生水害事故 44 起,同比上升 15.8%,其中较大水害事故 16 起,死亡 78 人,同比分别上升 23.1% 和 30%。尽管 2012～2014 年全国煤矿水害事故起数和死亡人数逐年递减,但 2015 年前 8 个月全国煤矿水害事故导致死亡 61 人,占全国煤矿事故死亡人数的 17.8%,同比上升 27.1%。其中,水害较大事故 7 起,死亡 35 人,分别占全国煤矿较大事故的 28% 和 30.7%。

二是较大以上事故所占比例大。2012 年较大水害事故占全国煤矿较大事故总数的 11.3%,重大水害事故起数和死亡人数分别占全国煤矿重大事故总数的 31.3% 和 20.9%；2013 年较大水害事故占全国煤矿较大事故总数的 21.7%,重大水害事故和死亡人数占全国煤矿重大事故总数的 13.3% 和 11.0%。2014 年重大水害事故和死亡人数占全国煤矿重大事故总数的 14.3% 和 16.6%。2015 年上半年全国煤矿唯一的一起重大事故就是水害事故,死亡 21 人。

三是老空水、灰岩水和地表水为主要水害水源。2009～2013 年,63 起较大水害事故中,老空水 58 起,占 92%；灰岩水 3 起,占 4.8%；地表水 2 起,占 3.2%。23 起重大事故中,老空水 18 起,占 78.3%；灰岩水 2 起,占 8.7%；地表水 3 起,占 13%,如表 4-13 所列。

表 4-13　　　　　　　　　2009～2013 年水害事故水源情况表

年份	较大事故起数/起			重大以上事故起数/起		
	老空水	灰岩水	地表水（洪水、河流溃水等）	老空水	灰岩水	地表水（洪水、河流溃水等）
2009 年	14	1	1	3	1	0
2010 年	12	1	0	4	1	1
2011 年	15	1	0	5	0	1
2012 年	8	0	0	4	0	1
2013 年	9	0	1	2	0	0
合计	58	3	2	18	2	3

四是乡镇煤矿水害事故最为严重。2015 年共发生 8 起较大水害事故,其中,乡镇煤矿水害事故有 5 起,死亡 24 人,分别占全国煤矿较大水害事故起数和死亡人数的 22.9% 和24.2%。2010～2015 年全国煤矿发生水害事故按所有制统计情况如表 4-14 所列。

表 4-14　　　　　　　2010～2014 年全国煤矿发生水害事故按所有制统计表

年　份	国有重点煤矿		国有地方煤矿		乡镇煤矿	
	事故起数/起	死亡人数/人	事故起数/起	死亡人数/人	事故起数/起	死亡人数/人
2010 年	7	82	5	12	26	130
2011 年	8	30	4	6	32	156
2012 年	3	8	3	23	18	91
2013 年	6	37	4	12	11	40
2014 年	3	6	1	4	3	18
2015 年	3	14	0	0	5	24
合　计	30	177	17	57	95	459

五是掘进工作面为主要透水部位。2010～2015 年,较大透水事故和重大及以上透水事故中,在掘进工作面发生的事故数分别占总数的 58.06% 和 63.64%。相关统计情况如表4-15 所列。

表 4-15　　　　　　　2010～2014 年水害事故发生部位统计表

年　份	较大事故起数/起			重大及以上事故起数/起		
	掘进工作面	采煤工作面	其他	掘进工作面	采煤工作面	其他
2010 年	9	1	3	5	0	1
2011 年	9	5	2	4	1	1
2012 年	6	1	1	3	2	0
2013 年	6	3	1	1	1	0
2014 年	3	3	1	1	1	0
2015 年	3	4	0	0	1	0
合　计	36	17	9	14	6	2

二、矿井水害防治新规定

(一)《关于 2013 年煤矿水害防治工作指导意见》

2013 年 3 月 1 日,国家煤矿安全监察局下发了《关于 2013 年煤矿水害防治工作指导意见》(煤安监调查〔2013〕6 号),对煤矿防治水工作提出如下意见:

1. 高度重视煤矿防治水工作

各地、各有关部门要将防治水工作列入煤矿安全生产的重要日程,针对辖区内水害状况,督促煤矿企业切实落实水害防治措施。煤矿企业、矿井主要负责人是防治水第一责任人,总工程师具体负责防治水技术管理工作。煤矿应按规定成立防治水机构、配备防治水专业技术人员和探放水设备,水文地质条件复杂极复杂矿井必须配备水文地质副总工程师。

2. 认真开展水害隐患普查和治理工作

各煤矿企业都应当对所属矿井进行矿井水文地质类型划分,建立健全矿井充水性图等

5种必备的防治水图件,采用物探、钻探、化探等方法查明矿井充水条件,将矿井地面积水、河流、采空区积水范围等标注在图件上。小煤矿集中的市(州)、县要借鉴学习内蒙古自治区鄂尔多斯市普查煤矿采空区的经验,集中开展区域水害隐患普查和论证,探明矿井及周边老窑区分布及水文地质情况,做到一个矿一张预测图。中介机构接受委托承担水害普查和论证工作时,必须提出符合实际的水文地质报告,并对作出的结论负责。

3. 严格落实井下探放水规定

各煤矿企业都要坚持预测预报、有疑必探、先探后掘、先治后采的工作原则,采用物探、钻探等方法查明水文地质条件,提出水文地质分析报告和防治水措施;并坚持每项探放水工作由专业技术人员做专项设计,由探放水专职队伍使用探放水专用钻机实施探放水,严禁用煤电钻等非探水钻机进行探放水。水文地质条件复杂、极复杂矿井在地面无法查明矿井水文地质条件和充水因素时,井下要坚持有掘必探的原则,用钻探方法配合其他技术方法查明水害情况并进行彻底治理。

4. 及时治理井田内废弃井筒及采空区积水等隐患

要查明井田内废弃井筒和采空区的位置并准确标注在采掘工程平面图上,在探查清楚废弃井筒和采空区的积水范围、积水量的基础上,进行彻底治理。井下采掘工程接近废弃井筒和采空区时,必须按规定留设防隔水煤柱;不具备留设防隔水煤柱的条件时,要预先进行探放水,排除水害隐患。

5. 强化雨季"三防"工作

煤矿企业要成立领导机构,明确责任,落实人员、资金和物资,制订应急预案,并进行演练。雨季前要开展隐患排查治理,落实防范洪水淹井措施。雨季期间要实行 24 h 巡视检查,一旦发现险情,必须在第一时间立即撤出井下所有作业人员。对于受地表洪水影响严重的矿井,在暴雨期间一律不得安排井下作业,暴雨后隐患没有排除的,不得立即安排下井作业,防范因暴雨洪水引发煤矿事故灾难。

6. 重视透水事故应急救援工作

煤矿企业要在查明矿井水文地质条件的基础上,正确合理地预计矿井涌水量,建立与涌水量相匹配的水泵、管路、配电设备和水仓,确保排水系统正常运行。水文地质条件复杂、极复杂矿井在井底车场设置防水闸门或者在正常排水系统基础上安装配备排水能力不少于最大涌水量的潜水电泵排水系统。各地要加强排水救援基地的建设,针对辖区煤矿水害事故的特点,制定水害应急救援预案并进行演练,加大应急救援人力、物力和资金投入,装备必要的抢险排水设备,确保一旦发生透水事故,能够及时运到现场并发挥作用。

7. 加强水害防治工作的监管监察

各级煤矿安全监管监察部门要加强对煤矿防治水工作的监管监察,督促煤矿企业认真执行防治水"十个一律",落实各项防治水措施,并将复杂、极复杂矿井作为重点监管监察对象,对防治水措施不落实、不执行探放水制度、不具备安全生产条件的煤矿,一律责令其停产整顿,严禁组织生产。负责培训的部门要督促煤矿企业加大对探放水工的培训力度,加强对职工防治水知识的培训,让职工掌握透水征兆的相关知识,一旦发现有透水征兆,立即撤人。对发生的水害事故,煤矿安全监察机构要按照"四不放过"和"科学严谨、依法依规、实事求是、注重实效"的原则,认真查明事故原因,开展事故警示教育,吸取事故教训,提出针对性防范措施。

　　各地煤矿安全监管监察和煤炭行业管理部门要在雨季前组织开展一次水害防治专项检查,督促辖区内所有煤矿在雨季前开展一次全面的水害隐患排查,切实做到整改措施、责任、资金、时限和预案"五到位",有效防范重特大透水事故。

　　(二)《全国集中开展煤矿隐患排查治理行动方案》

　　2014年11月6日,国务院安委会办公室印发《全国集中开展煤矿隐患排查治理行动方案》(安委办〔2014〕20号),针对矿井水害的隐患排查,要求弄清"是否落实探放水规定、煤矿防治水规定,重点检查是否开采防隔水煤柱、是否查明老窑水、采空区积水及承压水导水通道、水文地质类型复杂极复杂矿井排水系统是否完善等"。

　　(三)山东煤监局《煤矿防治水安全七条规定》

　　2014年6月3日,国家煤矿安监局办公室转发了山东煤矿安监局制定的《煤矿防治水安全七条规定》等9个制度文件(煤安监司办〔2014〕9号),要求请结合贯彻落实《煤矿矿长保护矿工生命安全七条规定》,认真学习借鉴,扎实做好本地区、本企业煤矿安全生产工作。

　　(1)必须查明隐蔽致灾因素,严禁开采或破坏防隔水煤柱。

　　(2)必须确保图纸资料真实可靠,严禁擅自提高开采上限。

　　(3)必须坚持预测预报、有疑必探、先探后掘、先治后采,严禁非专业技术人员和队伍使用非专用探放水设备作业。

　　(4)必须坚持发现突水征兆立即停产撤人,严禁水文地质条件不清盲目生产。

　　(5)必须做到防水设施齐全完好可靠、监控有效,严禁顶水作业。

　　(6)必须保证矿井、水平、采区排水能力满足要求,严禁排水系统不完善违规采掘。

　　(7)必须在汛期前完成防洪、防排水、防雷电工程,暴雨等灾害性天气停产撤人,严禁冒险作业。

三、矿井水害防治新技术、新装备

　　(一)煤矿水害防治技术现状

　　煤矿水害防治技术分为预防与治理两个方面。水害防治技术包括探测、预测、监测技术等,其中探测技术手段有物探、钻探、化探等;水害治理技术是根据具体的矿井水文地质条件和水害类型与特点,通过专门的水害防治设备和工程,对水害进行治理的技术方法。

　　1.煤矿水害防治探测技术与装备发展现状

　　(1)物探技术与装备。目前,地面物探技术手段包括二维和三维地震勘探、瞬变电磁法、高密度电法、直流电法、可控源音频大地电磁测深、地质雷达、瑞利波和孔间透视等,其中:三维地震勘探是煤矿隐伏地质构造、不良地质体探查的最佳手段,地面瞬变电磁法在探测地下含水低阻地质体方面具有独特优势,如充水采空区、含水陷落柱等。

　　井下物探技术手段包括无线电波透视、瞬变电磁法、直流电法、高密度电法、便携式探水CT、地质雷达、音频电透视等电磁波探测技术以及槽波地震、MSP(矿井地震)、微震监测、瑞利波勘探、多分量地震探测等弹性波探测技术。上述方法手段中,直流电法、瞬变电磁法、地质雷达法、瑞利波勘探、矿井地震探测技术与装备的应用较广。

　　(2)钻探技术与装备。用于煤矿水害防治的钻探技术包括井下和地面两种类型,使用的钻探技术有常规回转钻进和定向钻进技术。近年来取得较大进展的钻探技术有精确定位与造斜分支钻探技术、井下长距离近水平定向钻探技术、地面大口径定向钻探技术等。定向钻进技术以先进的随钻测控技术为依托,可对钻孔轨迹进行实时测量和精确控制,使钻孔在目的层位延伸或精确中靶。

（3）化探技术与装备。水文地球化学探测技术是矿井水害防治工作中的一种重要手段，在矿井突水水源判别方面效果显著，是一种快速、经济、实用的方法。多年来的理论研究和实践表明，水化学分析和同位素方法是探查地下水成因、赋存条件、分布特征、运移规律等的重要方法。

常规水化学分析主要从离子含量、矿化度、硬度、碱度、pH 值、E_h 值等进行分析。利用离子含量分析可以大概得出地下水的运移情况、水交替强度、水力联系强弱等。除了常规水化学分析外，应用同位素理论与方法可以解决许多有关地下水的渗流问题，例如：测定地下水年龄，研究地下水起源、形成与分布规律，示踪地下水的运动，测定水文地质参数，研究地下水化学组分的来源。目前应用最多的环境同位素有 ^2H、^3H、^{18}O 以及 ^{13}C、^{14}C 等。

2. 煤矿水害预测技术发展现状

目前煤矿水害预测技术主要包括矿井涌水量预测和顶、底板突水预测。矿井涌水量预测计算方法主要有经验公式法、解析法、数值法、人工智能法，其中经验公式法、解析法、数值法在现场实际工作中应用较为广泛。常用突水预测方法包括顶板透水"三图—双预测"法、底板突水"脆弱性指数"法、"突水系数"法、"五图—双系数"法等。

3. 煤矿水害监测预警技术与装备发展现状

突水监测工作是实现水体上或水体下安全采煤的前提条件。根据监测环境不同，顶板或底板水的监测可分为地面监测和井下监测；根据监测对象不同，可分为地下水动态监测和突水监测；根据监测条件不同，可分为自然条件下监测和采矿条件下监测。

在国内，已开发了一系列突水监测数据采集系统、数据处理技术和相关软件。此外，在监测方法上，提出了监测中间指示层地下水位方法、实时监测含水层富水性物探方法；在监测指标上，常用的预警指标有水量、水压、水温、水质和视电阻率等。

4. 煤矿水害治理技术与装备发展现状

煤矿水害治理技术可分为水害隐患治理技术和灾后治理技术两个方面。其中，应用较广的隐患治理技术包括煤层底板注浆加固与改造技术、井筒预注浆技术、构造预注浆技术及帷幕注浆技术等；近年来取得较大发展的灾后治理技术有灾害治理前期的导水通道综合物探探查技术、导水通道定向导斜与分支钻探技术，以及后期的巷道阻水墙和陷落柱止水塞建造技术。

5. 煤矿水害应急救援技术与装备发展现状

近年来，国内水害应急救援技术的发展主要集中在大型潜水泵追排水技术、快速钻进技术、大口径救援钻孔技术、快速注浆封堵救援技术、突水水源快速检测与识别技术等。国外水害应急救援技术优势主要在救援孔作业方面，有美国雪姆 T 系列车载移动钻机、阿特拉斯公司的 RD 系列钻机、宝峨公司的 RB 系列钻机和土力公司的 G 系列钻机等。我国中煤科工集团西安研究院现已研制出与国外钻机功能接近的应急救援钻机。

6. 4 大主要水害区可推广的成熟水害防治技术与装备

我国煤矿水害主要分布在华北、西北、东北和华南 4 大水害区，结合目前我国煤矿安全生产工作的实际情况，针对这 4 大水害区的特征分别提出相应的成熟与亟须的水害防治技术如表 4-16 所列。

表 4-16　　　　　　　　4 大主要水害区可推广的成熟水害防治技术与装备一览表

水害区	主要水害问题	可推广应用的成熟技术	可推广应用的成熟装备
华北石炭二叠系岩溶—裂隙水水害区	奥灰水、断层、陷落柱	三维地震勘探技术	ARISE 数字地震勘探仪;408、428 系列地震仪;Geovecteur Plus 地震数据处理系统
		地面及井下电法勘探技术	Terra TEM 瞬变电磁仪;YD32(A)矿用高分辨直流电法仪;YTS625 矿用本安型探水 CT
		地面及井下超前钻探与注浆技术	美国雪姆 T130XD、T200XD 系列车载钻机;MDY-60 型全液压车载钻机;ZDY 系列探放水钻机;多功能注浆站
华北石炭二叠系岩溶—裂隙水水害区	奥灰水、断层、陷落柱	水文地质条件综合探查与带压开采配套技术	突水水源水化学快速判别系统;矿井水情实时监测系统;Feflow、Visual Modflow 地下水流数值模拟软件包
东北侏罗纪煤田裂隙水水害区	煤层顶板水、导水裂缝带	三维地震勘探技术	ARISE 数字地震勘探仪;408、428 系列地震仪;Geovecteur Plus 地震数据处理系统
西北侏罗纪煤田裂隙水水害区		地面及井下电法勘探技术	Terra TEM 瞬变电磁仪;YD32(A)矿用高分辨直流电法仪;YTS625 矿用本安型探水 CT
		地面及井下定向钻探及疏放顶板水技术	美国雪姆 T130XD、T200XD 系列车载钻机;MDY-60 型全液压车载钻机;ZDY 系列探放水钻机
华南晚二叠世岩溶水水害区	岩溶水(岩溶管道)、地表水	地面及井下电法勘探技术	Terra TEM 瞬变电磁仪;YD32(A)矿用高分辨直流电法仪;YTS625 矿用本安型探水 CT
		地面及井下超前钻探与注浆技术	美国雪姆 T130XD、T200XD 系列车载钻机;MDY-60 型全液压车载钻机;ZDY 系列探放水钻机;多功能注浆站
4 大水害分区共有问题			
上述四大水害分区	老空水	小煤窑非法超层越界地面实时监测技术	地面被动地震监测仪
		三维地震勘探技术	ARISE 数字地震勘探仪;408、428 系列地震仪;Geovecteur Plus 地震数据处理系统
		地面及井下电法勘探技术	Terra TEM 瞬变电磁仪;YD32(A)矿用高分辨直流电法仪;YTS625 矿用本安型探水 CT
		地面及井下超前钻探与注浆技术	美国雪姆 T130XD、T200XD 系列车载钻机;MDY-60 型全液压车载钻机;ZDY 系列探放水钻机;多功能注浆站

7. 安全科技"四个一批"重要成果

2014 年 1 月,国家安监总局和国家煤监局公布了安全科技"四个一批"重要成果,其中涉及煤矿水害防治的新技术新装备有:

(1) 煤矿井下随钻测控千米定向钻进技术与装备(中煤科工集团西安研究院有限公司)。

(2) 大功率潜水电泵与快速管接头(合肥三益江海泵业有限公司)。

(3) 基于关键层位置的导水裂隙带高度预计方法(中国矿业大学)。

(4) 地质构造精细探测装备(中煤科工集团重庆研究院有限公司)。

(二) 煤矿水灾防治技术与装备政策导向

为了鼓励和推广先进适用的生产技术与装备的应用,限制和淘汰落后的技术与装备,提升煤炭工业技术与装备水平,国家发展和改革委员会于 2014 年编制了《煤炭生产技术与装备政策导向》,其中对井工防治水做了相关说明,如表 4-17、表 4-18、表 4-19 所列。

表 4-17 《煤炭生产技术与装备政策导向》(煤矿水害防治——鼓励类)

类 别	分类名称
一、水文地质勘探	1.地面观测孔水位遥测
	2.井下水情有线遥测
	3.井下水质有线遥测
	4.矿井水质快速检测分析
	5.井下电法探查
	6.钻孔孔壁成像技术
二、煤矿水害监测预警	1.煤矿底板水害监测预警
	2.煤矿顶板水害监测预警
三、井下防治水	设置抗灾强排水系统

表 4-18 《煤炭生产技术与装备政策导向》(煤矿水害防治——推广类)

类 别	分类名称
一、地面防治水	1.地表水体与降水渗漏的防治
	2.修筑抗洪防汛工程
	3.封堵钻孔
	4.地面疏降水
二、井下防治水	1.井下钻探探放水
	2.井下物探探放水
	3.水文地质试验
	4.井下化学探放水
	5.矿井涌水量预测
	6.留设防水隔离煤(岩)柱
	7.建造水闸门(墙)
	8.注浆堵水
	9.井下疏水降压
三、顶板水害防治	1.含水层(体)赋水特征分析
	2.煤(岩)柱结构、岩性及水理学、力学性质分析
	3.覆岩导水裂隙带高度观测
四、底板承压水水害防治	1.底板注浆改造
	2.地面注浆系统
	3.隔水层评价技术
	4.采动底板破坏深度探测
	5.原位应力测试分析

类　　别	分类名称
五、老空水防治	1. 水文地质探查
	2. 井下探放
	3. 防水煤(岩)柱
	4. 修筑水闸墙
六、堵水复矿	1. 水文地质评价
	2. 强排水
	3. 水闸墙控水
	4. 注浆截留堵水地面定向分支钻进
	5. 注浆截留堵水井下定向分支钻进
	6. 堵水效果评价

表 4-19　　　　《煤炭生产技术与装备政策导向》(煤矿水害防治——限制类)

类　　别	分类名称
底板承压水水害防治技术	应力解除法原位应力测试技术

(三)煤矿水害防治科技发展对策

2014 年 11 月,国家安全监管总局和国家煤矿安监局发布了煤矿水害防治科技发展对策,对今后煤矿水害防治的科技发展进行了详细部署。

1. 总体思路

坚持"安全第一,预防为主,综合治理"的方针,按照"预测预报,有疑必探,先探后掘,先治后采"的水害防治原则,认真落实"防、堵、疏、排、截"综合治理措施。紧扣"两个"煤矿水害防治重点,加强"两类"水害防治技术的推广与研发,采取"四项"煤矿水害防治科技发展对策,为实现煤矿安全形势持续、稳定好转奠定坚实的科技基础。

2. 发展对策

(1)紧扣两个煤矿水害防治重点。一是以老空水、灰岩水突(透)水水源为防治重点;二是以垂向导水断层和陷落柱突水通道为防治重点。要在全面加强水害防治工作的基础上,有针对性地加强老空水、灰岩水、断层水和陷落柱水害的探查、监测、预测及治理研究。

(2)加强"两类"水害防治技术的推广与研发。一是推广现有先进成熟的水害防治技术与装备,全面提升矿井水害防治能力;二是加强水害防治亟须技术的研究,引领技术与装备的发展方向。

(3)采取"四项"煤矿水害防治科技发展对策。一是深入开展基础理论研究;二是进一步加强关键技术与装备研发;三是积极推进平台建设;四是完善煤矿水害防治管理体系。

煤矿水害防治科技发展对策如图 4-5 所示。

四、矿井水害新案例

2013 年 9 月 28 日,山西汾西正升煤业有限责任公司东翼回风大巷掘进工作面发生一起重大透水事故,10 人遇难。

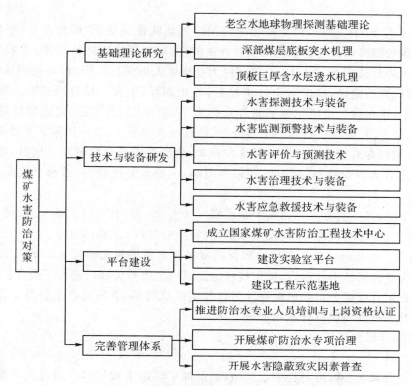

图 4-5 煤矿水害防治科技发展对策图

（一）矿井基本情况

正升煤业公司位于吕梁汾阳市，建设矿井，国有控股企业，属瓦斯矿井。2009 年 9 月，由山西杨家庄安源煤业有限公司、山西杨家庄金泰和煤业有限公司、山西杨家庄煤业有限公司、山西汾阳安兴煤业有限公司和山西汾阳金平煤业有限公司五座煤矿整合而成，整合主体为山西焦煤公司，批准能力 90 万 t/a，整合后井田面积 8.357 2 km²，开采 2# ～11# 煤层，由山西焦煤汾西矿业开发建设。

截至事故发生时，矿井约完成设计井巷总工程量的 15%，矿井各系统未按设计形成，均为施工用临时系统。矿井未装备人员定位系统、压风自救系统、供水施救系统、紧急避险系统。

事故发生在东翼回风大巷，该巷道布置在 9#、10#、11# 煤层中，于 2011 年 11 月开始施工，起始于轨道下山末端，设计长度 747 m，事故发生时已掘进 642 m，锚索、锚杆、喷浆联合支护，为机轨合一巷，左侧铺设胶带，右侧铺设轨道。该巷道施工初期采用炮掘作业方式，事发前采用综掘机作业。

该矿为整合矿井，井田范围内老旧小煤窑开采严重，大小井筒有 59 个，井田西部有 40 余处采挖已久的小窑口，根据《山西汾西正升煤业有限责任公司兼并重组整合矿井地质报告》，事故区域上部 2# 煤已采空，3#、4# 煤部分采空，事故区域东部、西部 9# ＋10# ＋11# 煤已采空。

（二）事故经过

2013 年 9 月 27 日 23 时许,兖矿新陆公司综掘队队长吴某、带班长谢某（事故中死亡）组织零点班在东翼回风大巷作业的工人召开班前会,对当班工作进行安排。23 时 30 分,工人开始陆续入井。28 日零时左右,东翼回风大巷作业人员到达工作面,司机胡某（事故中死亡）启动综掘机开始割煤,推进 0.8 m 进尺后,停止割煤,工人开始打顶锚杆。就在工人打锚杆的过程中,正在掘进机机尾处清理浮煤的朱某、张某（二人生还）发现锚杆钻孔有水冒出,水量较大且发臭、发红。过了二十多分钟,钻孔出水变小了,带班长谢某安排司机重新启动综掘机,综掘机在巷道底部割了一刀没有异常,然后在中部继续截割。这时,张某看到工作面迎头顶部有大块煤掉落,同时听到一声闷响,一股水突然涌出,透水事故发生,当时为 28 日 3 时许。

事故发生时,井下共有 42 人,其中东翼回风大巷 20 人,通风行人巷 9 人,另有 13 人为信号工、排水工、胶带司机等,事故发生后 30 人安全升井,12 人被困井下。

28 日凌晨 3 时 10 分,施工单位向矿调度室报告东翼回风大巷透水;3 时 15 分,汾西矿业接到正升煤业公司的事故报告,随即按规定逐级向上级有关部门进行了报告。

事发当班正升煤业公司跟班矿领导为行政副矿长何某,事发时在主斜井工作面。兖矿新陆公司正升项目部当班没有领导带班下井。

（三）事故原因和性质

1. 直接原因

该矿东翼回风大巷掘进过程中未严格执行《煤矿防治水规定》,在超过允许掘进距离的情况下继续掘进,导致煤壁不能承受小煤窑采空区积水压力,造成煤壁坍塌发生透水。

2. 间接原因

（1）职工安全意识淡薄,水害辨识、防治能力差。事发前支护工在打锚杆时钻孔已出现较大水流,且水发臭、发红,现场作业人员在出现透水征兆的情况下未引起足够重视,及时采取停止施工、撤出人员等有效措施,而是在水流变小后启动综掘机继续掘进。

（2）未严格执行《煤矿防治水规定》。矿井防治水机构不健全,防治水专业技术人员配备不足;在事发巷道地质构造发生变化后,未及时调整探放水设计;东翼回风大巷的掘进和探放水工作均由施工方负责,违反"探、掘主体分离"的防治水规定;探放水工作从设计到执行层层打折扣,探放水现场验收制度不落实;未严格执行《山西汾西正升煤业有限责任公司东翼回风大巷探放水设计》,将原设计方案双排 6 个钻孔改为单排 3 个水平钻孔;事发前最后一次探水钻孔长度为 49.75 m,而实际掘进距离 49.5 m,严重违反"探放老空积水最小超前水平钻距不得小于 30 m"的规定。

（3）矿井建设项目管理混乱。建设单位项目管理机构不健全,"六长"配备不全,无地测防治水副总工程师;矿井建设未按重新批准的开工报告实施,违规使用措施井提升出煤;建设、施工、监理各方职责不明,相互扯皮;监理合同未明确对东翼回风大巷的监理,东翼回风大巷形成监理盲区;施工单位出借资质,施工队伍变更频繁;事发巷道工程建设未经招标,未与施工方签订合同。

（4）执法不严,监管不力。"五人小组"、"挂牌责任制"、"包保责任制"流于形式,未真正发挥监管作用;汾西矿业、山西焦煤 2013 年以来虽多次对该矿进行检查,但对发现的问题、存在的安全隐患督促整改不力;省煤炭厅基建局在 2013 年 8 月对该矿督查时,对该矿利用措施井违规提升出煤查处不力。

3.事故性质

调查认定:山西汾西正升煤业有限责任公司"9·28"重大水害事故是一起责任事故。

(四)事故防范措施

1.山西焦煤、汾西矿业两级集团公司要深刻吸取事故教训,认真落实安全生产主体责任,牢固树立"以人为本、安全第一、生命至上"的安全发展理念

结合实际认真分析研究安全管理中存在的不足和漏洞,理顺管理机制,健全管理制度,严格落实各级责任,配齐安全生产管理人员,强化安全生产"挂牌责任制"和安全监管"五人小组"等制度的落实,夯实安全生产基础。

2.加强煤矿防治水基础工作,严格落实《煤矿防治水规定》

煤矿企业要建立健全防治水机构,配齐防治水专业技术人员,坚持"预测预报、有疑必探、先探后掘、先治后采"的防治水原则,认真落实"防、堵、疏、排、截"综合治理措施,探明井田内及周边老窑区、废弃旧巷道的分布及积水范围、积水量等水文地质情况,准确掌握矿井水患情况,严禁地质情况不清、水文地质条件不明、相邻矿井资料不详的煤矿企业组织生产和建设。当采掘活动接近老空水等灾害影响范围时,要及时采取有效措施,消除安全隐患。要进一步强化探放水管理,制定并认真落实矿井探放水制度,严格执行"探、掘分离"的防治水规定和批准的探放水设计,杜绝探放水工作的随意性,当水文地质条件发生变化时,要及时调整完善探放水设计。出现透水征兆时,要果断采取停止作业、撤出人员等措施,严禁冒险作业。

3.进一步加强煤矿基本建设项目的管理

建设单位要认真落实安全责任,严格落实建设项目招投标各项管理规定,杜绝使用施工队伍的随意性,对建设项目施工期间的各相关单位要进行统一协调管理,严格落实建设、施工、监理各方责任,明确各方职责,杜绝相互推诿、扯皮。要严格按照批准的施工组织设计进行施工作业,强化施工现场管理。对外委工程要全过程进行动态跟踪监管,切实加强施工队伍的劳动组织、用工管理,严禁层层转包,杜绝以包代管。

4.加大安全监督检查和隐患排查治理力度,认真落实"五人小组"、"挂牌责任制"等各项制度

各级监管部门要以高度的责任感和使命感,认真履行安全监管职责,切实发挥监管作用,强化对防治水工作的监督检查,加大对煤矿建设项目的监管力度,严格执法、有效执法。煤矿企业要认真贯彻落实《煤矿矿长保护矿工生命安全七条规定》,严格落实隐患排查制度,深入排查治理各类安全隐患,堵塞安全漏洞。

5.进一步加大安全培训教育力度,提升员工素质和安全防范意识,提高职工的灾害辨识及灾害防治和应急处理能力

要结合矿井实际灾害情况,有针对性地开展安全培训教育,使职工对矿井的灾害情况做到心中有数,未经培训合格不得上岗作业,安全管理人员和特种作业人员必须持证上岗。

第三节　煤矿火灾灾害预防与治理

一、我国矿井火灾特征分析

煤矿火灾是制约煤矿安全生产的主要灾害之一，按成因不同通常可分为自燃火灾和外因火灾，按地点不同通常可分为矿井火灾和煤田火灾。火灾事故除直接燃烧外，产生大量有毒有害气体，烟流在井下受限空间内蔓延极易引起人员中毒、窒息，造成人员伤亡重大事故的发生。煤矿火灾事故还容易诱发瓦斯爆炸事故，如 2004 年 11 月在陈家山煤矿处理火灾时诱发了重大瓦斯爆炸事故，造成 166 人死亡。2014 年 7 月新疆生产建设兵团豫新煤业有限责任公司一号井采空区明火引发重大瓦斯爆炸事故，造成 17 人遇难、3 人受伤，直接经济损失 1 800 多万元。

（一）我国煤矿火灾灾害特点与趋势

1. 煤矿火灾灾害危险性变化趋势

（1）煤矿自燃火灾灾害得到了极大遏制。2001 年国有煤矿有 430 个矿井发生火灾，其中自燃火灾 190 次，封闭采区 58 个，冻结煤量 17.46 Mt，百万吨发火率为 0.725。2012 年在煤炭产量持续增长的情况下，全国煤矿百万吨发火率下降至 0.05 左右，煤矿自燃火灾频发的势头得到了明显遏制。

（2）典型外因火灾灾害比例逐渐上升。随着矿井开采深度的逐年增加（每年开采深度增加 10～30 m），煤矿电气设备、电缆以及带式输送机使用量加大，以电缆火灾、带式输送机火灾为代表的典型外因火灾灾害占煤矿火灾灾害比例逐渐上升。

（3）煤田火灾灾害进一步发展。虽然通过煤田灭火工程的实施，在一定程度上控制了部分北方煤田火灾的蔓延，但总体上我国煤田火灾灾害有进一步发展的趋势，并在以后相当长一段时期内，将是威胁矿井安全生产的重要因素之一。

（4）小煤窑的无序开采给煤矿火灾防治带来重大隐患。通常条件下小煤窑回采率不足 15%，私挖滥采极易导致自燃火灾事故，并危及临近的矿区，易形成难以治理的大范围老空区火灾。以神东矿区大柳塔矿活鸡兔井田为例，其周边分布的 16 个废弃小煤窑中，6 个小煤窑有发火迹象，有多处明火和冒烟点。

（5）由煤矿火灾引起的次生灾害逐步上升。随着矿井开采水平不断下延，煤层瓦斯压力、瓦斯含量、地应力和瓦斯涌出量不断增大，全国将陆续出现瓦斯矿井逐渐转变为高瓦斯矿井、高瓦斯矿井变为突出矿井的状况，煤炭自然发火区等诱因引发煤矿瓦斯燃烧或爆炸等次生灾害的危险程度逐步上升，增大了灾害防治的难度。

2. 煤矿火灾事故特点

（1）自燃煤层分布广，自然发火情况严重。我国煤炭资源丰富，成煤时期多，煤田类型多样，开采煤层具有多样化的地质特征，开采容易自燃、自燃煤层的矿区分布较广。据相关资料统计，除北京市外，我国 25 个主要产煤省区的 130 余个大中型矿区均不同程度地受到煤层自然发火的威胁，70% 以上的大中型煤矿存在煤层自然发火危险。根据现场统计，最短自然发火期在 3 个月以内的矿井占 50% 以上。一些主要煤炭基地如神东、乌达、兖州、淮南、淮北、徐州、大屯、枣庄、平顶山、阳泉、大同等矿区开采的煤层都属于自燃或容易自燃煤层,自燃火灾严重影响煤矿安全生产。

（2）非人身伤亡火灾事故频发。以 2012 年国家统计数据为例,全国煤矿共发生致人死亡火灾事故 5 起,死亡 27 人,但全国范围内发生火灾事故数量远大于 5 起,绝大多数火灾事故因未造成人员伤亡而未统计。随着我国煤炭开采机械化程度的提高与矿井开采水平不断下延,井下电缆与带式输送机的数量和长度不断增长,以电缆、带式输送机为代表的外因火灾事故发生的潜在危险与日俱增。

（3）火灾引发次生事故严重。因火灾引发的煤尘、瓦斯爆炸等次生灾害同样较为严重,如 2013 年 3 月 29 日和 4 月 1 日,吉林通化矿业集团八宝煤业公司造成 53 人遇难,即是由自然发火引发的瓦斯爆炸次生灾害事故。对 2012 年发生的煤矿瓦斯爆炸事故从瓦斯爆炸火源进行分析来看,主要原因是违章爆破、煤炭自燃引起,其中,11 起较大瓦斯爆炸事故中,有 2 起是电气设备火花引起,5 起是爆破引起,3 起是井下煤炭自燃引起,1 起事故是由金属撞击火花引起。

（二）煤矿火灾事故原因分析

1.煤层赋存条件复杂是煤矿火灾事故多发的根本性因素

我国 90％以上的煤矿属于井工开采,煤层厚度、煤层倾角、煤层埋藏深度、地质构造、围岩性质以及煤层瓦斯含量等赋存条件差异性较大。同时,受煤本身煤化程度、煤岩组分、水分、含硫量、孔隙率及脆性等方面的影响,具有煤层自然发火倾向的矿井占总量的半数以上,客观上增加了煤矿火灾防治的难度。此外,随着我国煤矿开采能力与生产强度的提升,由于小窑火、浅地表火、煤田火以及原有采空区遗煤自燃等隐患的存在,加之内部漏风甚至是地表漏风的影响,对于非单一煤层的煤层群开采带来了严重威胁,也对传统的防灭火技术的适用性提出了更高的要求。

2.技术装备和管理水平的差异造成煤矿火灾防治能力不均衡

目前,我国煤矿火灾防治领域应用的技术、工艺与装备主要集中在煤自燃倾向性鉴定、煤自然发火预测预报的气体分析法及预测预报指标体系,各类型防灭火技术如注浆防灭火、阻化防灭火、惰气防灭火等针对性还不够强,同时对于隐蔽火源探测、煤田火灾的探测以及矿井胶带、电缆典型外因火灾防治缺乏有效的技术手段,相关研究尚难以实现对火源的精确定位和监测预警,不能有效指导矿井火灾防治。一些中小煤矿的安全投入不足,致使火灾防治的成熟技术没有得到有效推广与应用,特别是乡镇煤矿的火灾防治技术力量与装备水平还相当薄弱,安全生产的保障能力较差,导致火灾事故频发。

二、煤矿火灾防治新规定

2014 年 7 月 17 日,基于新疆生产建设兵团豫新煤业有限责任公司综放工作面密闭采空区发生重大瓦斯爆炸事故,国家安全监管总局和国家煤矿安监局印发了《关于进一步加强煤矿井下防灭火管理的通知》（安监总煤装〔2014〕72 号）,提出了加强煤矿井下防灭火管理的"三个切实"。

1.切实加强放顶煤开采的安全管理

有煤（岩）与瓦斯（二氧化碳）突出危险的煤层,严禁采用放顶煤开采。使用放顶煤开采的煤矿,要针对煤层开采技术条件和放顶煤开采工艺特点,必须对防瓦斯、防火、采放煤工艺、顶板支护、初采和工作面收尾等制定安全技术措施。

2. 切实加强防灭火管理, 严防煤层自然发火

开采容易自燃和自燃煤层的煤矿, 必须确定本矿井煤层的自然发火预测预报指标气体, 确定指标气体浓度、温度的预报临界值; 同时必须建立自然发火早期预测预报监控系统, 采取矿井监控系统、人工日常巡检和定期取样分析"三位一体"的综合监测方法, 及时检测和发现气体浓度、温度变化情况。开采容易自燃和自燃煤层时, 必须对采空区、冒落孔洞等空隙采取预防性灌浆或全部充填、注阻化泥浆、注惰性气体等措施, 编制相应的技术措施, 防止自然发火。当井下发现自然发火征兆时, 必须停止作业, 立即采取有效措施处理。在发火征兆不能得到有效控制时, 必须撤出人员远距离封闭发火危险区。进行封闭施工作业时, 其他区域所有人员必须全部撤出。

3. 切实加强火区封闭和启封管理

开采容易自燃和自燃煤层, 必须提前制定防止自然发火及一旦发火及时封闭的专项措施, 并预先选定安全的位置构筑防火门, 确保防火门能随时有效关闭。封闭火区时, 构筑密闭的位置必须远离着火点, 确保施工人员安全。井下封闭不能确保人员安全的, 必须全矿井封闭。启封已熄灭的火区前, 必须制定安全措施, 撤出其他区域作业人员, 只有在确认安全后, 方可进行生产作业。

三、煤矿火灾防治技术现状及发展对策

(一) 煤矿火灾防治技术现状

1. 煤矿火灾防治技术与装备现状

(1) 煤自燃基础及预测预报理论与技术。在煤自燃倾向性鉴定方面, 国内主要采用以色谱动态吸氧法为主的煤自燃倾向性鉴定方法, 同时提出了基于氧化动力学测定的煤自燃倾向性判定方法。另外, 进行了如基于量子化学理论的煤自燃倾向性判定方法等方面的初步研究。在煤自然发火期确定方面, 主要采用统计比较法和类比法。另外, 对煤最短自然发火期的实验测试分析技术进行了探索性研究。在煤自然发火早期预测预报方面, 形成了以 CO 及其派生指标、C_2H_4、C_2H_2 为主要指标, 以链烷比和烯烷比以及温度等为辅助指标的煤自然发火预测预报综合指标体系, 提出了我国典型褐煤、长焰煤、气煤、肥煤、焦煤、瘦煤、贫煤、无烟煤等煤种自然发火标志气体指标优选原则。与此相应, 高产高效现代化矿井现配备了基于气相色谱分析的自燃预测预报束管监测系统, 抽气距离最长可达 8 km; 光纤测温技术在采空区温度监测方面也取得了一定进展。

(2) 火区探测技术与装备。在钻探法探测方面, 建立了孔内不同高度测温与成孔时孔内气样分析相结合的探测技术工艺。在物探法探测方面, 开展了磁法、高密度电法等在煤矿火灾探测领域的探索性研究。在同位素测氡探测方面, 通过测量氡气浓度异常变化区域, 圈定地下采空区火源的位置, 探测深度可达 $500 \sim 800$ m。在遥感法探测方面, 通过提取煤火燃烧痕迹或现象在可见光影像和热红外影像中显示出来的特征信息, 结合地质、采矿等信息与野外验证, 初步实现了煤田火区勘查与煤火的早期预报。

(3) 矿井综合防灭火技术与装备。现阶段我国开采容易自燃煤层或采用放顶煤方法开采自燃煤层的高产高效现代化矿井, 普遍建立了以注浆防灭火方法为主的两种以上的综合防灭火系统。充填堵漏防灭火技术解决了因内外漏风通道发育, 易引发自燃火灾事故的技术难题。均压防灭火技术实现了开区均压与闭区均压法的成功应用, 通过改变通风系统内的压力分布, 降低了漏风通道两端的压差, 减少了漏风, 从而抑制和熄灭火区并减少涌入工

作面的有毒有害气体。注浆防灭火技术形成了以地面固定式制浆系统为主体,同时辅以井下移动式注浆系统的完整矿井注浆防灭火体系,地面固定式注浆系统流量可达 $120\ \mathrm{m^3/h}$ 以上,并在浆材方面实现了页岩、矸石、粉煤灰等多种材料的拓展。惰性气体防灭火技术以氮气为主,二氧化碳为辅,制氮装置以变压吸附和膜分离为主,相应开发了地面固定式和井下移动式制氮装置,氮气防灭火技术处于国际先进水平;同时,液氮防灭火技术也得到了成功应用,发展了直接灌注与液转气两种形式的防灭火技术。阻化剂防灭火技术实现了喷洒、压注以及气雾阻化等多种阻化防火技术的突破,并在传统常规阻化材料基础上,先后开发了多种高分子阻化剂。高分子材料防灭火技术主要分为高分子泡沫与高分子胶体两种形式,先后应用了包括各类型凝胶、胶体泥浆、聚氨酯、罗克休、马丽散、艾格劳尼等多种高分子材料,并实现了复合浆体堵漏风表面喷涂、裂隙压注及裂隙充填的工程应用。

三相泡沫防灭火集固、液、气三相材料的防灭火性能于一体,解决了传统注浆材料运移堆积与包裹覆盖性能差、惰气滞留时间短的技术难题。燃油惰气灭火技术与高倍数泡沫灭火技术解决了煤矿井下火灾快速熄灭、快速惰化的技术难题。

(4)矿井典型外因火灾防治技术与装备。矿井外因火灾自动监控技术装备解决了带式输送机胶带跑偏、滚筒打滑和轴温超限监测难题,实现了带式输送机主动滚筒电机的断电、报警并控制喷水管路喷水降温。分布式光纤测温系统实现了在煤矿井下带式输送机与电缆火灾监控中的应用,同时新型阻燃抗静电胶带的广泛应用进一步降低了胶带火灾概率。矿井外因火灾自动喷水灭火系统则实现了带式输送机自动灭火系统、硐室与胶带自动洒水灭火系统的技术突破。

(5)煤矿火灾防治政策法规及标准制定领域。我国先后制修订了《安全生产法》、《煤炭法》、《矿山安全法》、《煤矿安全监察条例》、《煤矿安全规程》、《煤矿救护规程》、《爆破安全规程》、《煤矿安全生产基本条件规定》、《煤矿安全监察行政处罚办法》等法律法规,进一步规范了煤矿火灾防治工作。煤炭行业先后制修订了《煤自燃倾向性色谱吸氧鉴定法》(GB/T 20104—2006)、《煤层自然发火标志气体色谱分析及指标优选方法》(AQ/T 1019—2006)、《矿井密闭防灭火技术规范》(AQ 1044—2007)、《煤矿自然发火束管监测系统通用技术条件》(MT/T 757—1997)等一系列煤矿火灾防治管理、方法和产品相关的国家及行业标准,为煤矿火灾防治的标准化、规范化管理和防治技术实施提供了科学依据。

2.现有技术与装备的火灾防治效果分析

(1)煤自燃基础及预测预报理论与技术。煤自燃基础及预测预报理论与技术在煤矿火灾防治中的应用效果分析结果如表 4-20 所列。

表 4-20　　煤自燃基础及预测预报理论与技术在煤矿火灾防治中的应用效果分析

技术方法	应用效果分析	备　　注
煤自燃倾向性色谱动态吸氧鉴定方法	可在 0.05~4.00 mL/g 吸氧量区间内测定煤的自燃倾向性,使我国在煤自燃倾向性鉴定的技术和手段步入国际先进行列;另外,基于氧化动力学测定的煤自燃倾向性判定方法也得到了一定应用	我国煤自燃倾向性鉴定的国家标准
煤最短自然发火期测定方法	基于统计比较法的小煤样量实验测试周期短,每年测试煤氧数量多,有利于对煤氧测试结果的规律性进行研究;基于类比法的大煤样量测试周期长,每台设备每年测试煤氧数量非常有限,由于模拟现场条件难度大,实验结果重复性差	

续表 4-20

技术方法	应用效果分析	备　注
煤自然发火预测预报技术	煤自然发火预测预报指标体系作为矿井火灾防治的关键性基础参数已被广泛应用于自燃火灾的预测预报工作中,基于气相色谱分析的井下自燃预测预报束管监测系统目前也已成为高产高效现代化矿井的标准装备;同时,自燃火灾光谱分析预警技术取得了进展,应用前景广阔	

(2) 火区探测技术与装备。火区探测技术总体上依然不能实现对煤矿隐蔽火源的精确定位,需要进一步发展完善,以适应矿井安全生产对隐蔽火源的防控需要。火区探测技术与装备在煤矿火灾防治中的应用效果分析结果如表 4-21 所列。

表 4-21　　　　火区探测技术与装备在煤矿火灾防治中的应用效果分析

技术方法	应用效果分析	备　注
钻探法	可靠度较高,受外部影响较小,但存在工程量较大,费时、费力、成本昂贵等缺陷,性价比相对较低	
物探法	物探法在火区探测方面尚属于探索性研究,其中:磁法效率高、成本低、效果好,尤其是航空磁测在短期内能进行大面积测量,但应用条件要求高;高密度电法具有测点密度大、信息量大、分辨率高、工作效率高等优点,同时存在测线铺设受地形影响较大,要求接地条件较高等不足	
同位素测氡法	简单易行,几乎不受地形影响,探测深度可达 500～800 m,探测精度较高,操作简便,但易受岩石裂隙漏风影响,现场探测工作量较大	
遥感法	可快速进行煤田火区勘查,实现煤火的早期预报,但存在成本高、操作复杂等缺点	

(3) 矿井综合防灭火技术与装备。我国煤层赋存条件非常复杂,决定了不能采用单一方法防治所有采煤形式下的各类地质条件自燃火灾,必须根据矿井具体情况选用适当的防治措施。现阶段我国开采容易自燃煤层或采用放顶煤方法开采自燃煤层的高产高效现代化矿井,普遍设立了以注浆防灭火方法为主的两种以上的综合防灭火系统。部分矿井综合防灭火技术与装备在煤矿火灾防治中的应用效果分析结果如表 4-22 所列。

表 4-22　　　　部分矿井综合防灭火技术与装备在煤矿火灾防治中的应用效果分析

技术方法	应用效果分析	备　注
充填堵漏技术	技术易行、价格便宜,但不能完全制止漏风,适用性有限	
均压防灭火技术	实施费用低、实施方法灵活并可减少涌入工作面有害气体,改善工作环境,但工艺复杂,影响正常的生产,工程量较大	实现了开区均压与闭区均压法的成功应用
注浆防灭火技术	材料易选且价格便宜、浆液制备简单、防灭火效果显著,但浆液制备设备体积大、运输管路长、运输管路易堵塞且处理困难、易跑浆并恶化工作面环境	
惰性气体防灭火技术	具有工艺简单,操作方便,没有污染,设备损失小,有较好的稀释抑爆作用,有利于矿井恢复生产等优点,但存在固氮技术复杂,隔离性差,灭火周期长,不能有效地消除高温点,具有窒息性等缺点。制氮装备总体技术水平跻身国际先进国家行列。另外,在常规氮气防灭火技术得到广泛应用的同时,液氮防灭火技术因具有显著的窒息、抑爆以及冷却降温作用得到了快速发展	氮气、二氧化碳
阻化防灭火技术	工艺简单、阻化效果好、适用于火灾预防,但阻化材料价格昂贵且用量较大、阻化寿命有限,使用地点选择性强	

技术方法	应用效果分析	备　注
高分子材料技术	具有封堵效果好、用途广泛等优点,但存在价格昂贵、施工复杂等缺点	主要分为高分子泡沫与高分子胶体
三相泡沫防灭火技术	具有吸热降温,包裹煤体,隔绝氧气,封堵漏风通道与煤体裂缝等特点,在我国煤层自然发火防治领域得到了较广泛的应用	
燃油惰气灭火技术以及高倍数泡沫灭火技术	两者均可用于熄灭煤矿井下火灾、快速惰化火区,既能阻爆灭火,又起到隔绝、窒息火灾	

（4）矿井典型外因火灾防治技术与装备。矿井典型外因火灾防治技术与装备在煤矿火灾防治中的应用效果分析结果如表 4-23 所列。

表 4-23　矿井典型外因火灾防治技术与装备在煤矿火灾防治中的应用效果分析

技术方法	应用效果分析	备　注
矿井外因火灾自动监控技术装备	带式输送机火灾监控系统,主要监测胶带跑偏、滚筒打滑和轴温超限,可实现对带式输送机主动滚筒电机的断电、报警,控制喷水管路喷水降温,但其只能实现对输送机机头位置等重点部位的监测,难以对长达数公里的带式输送机整个范围的火灾危险性进行监测。分布式光纤测温系统在近年来逐渐被应用于煤矿井下带式输送机与电缆火灾的自动监测,但尚难以实现自动控制灭火	
矿井外因火灾自动灭火系统	实现了带式输送机自动灭火系统、硐室与胶带自动洒水灭火系统的技术突破,得到了较为广泛的应用,应用效果较好	

3. 存在的主要问题

（1）煤自燃火灾发生、发展、致灾基础理论研究不够深入。煤自燃火灾反应机理及致灾机制研究不足,突出地表现在煤自燃氧化动力学反应过程机制、瓦斯与煤自燃风险共生环境下的灾害耦合致灾及演化规律,灾变期间受限空间热动力灾害的传播特性、瓦斯爆炸后致灾性气体的生成动力学机制等深层次理论研究方面的欠缺,对指导防灭火现场实践与应急救援指挥决策的技术支撑能力不足。与此同时,随着高产高效集约化矿井建设,出现了煤层群开采浅部小窑和上组煤采空区自燃等多种威胁因素,对环境气体本底含量异常等特殊生产技术条件下的预测预报指标,煤的二次氧化自燃特性等研究方面提出了更高的要求。

（2）隐蔽火源探测技术可靠性不高。我国现有火区探测技术总体上依然不能实现对煤矿隐蔽火源的精确定位需要,钻探法工程量较大,费时、费力、成本昂贵,性价比相对较低;物探法探测矿井隐蔽火区的准确性需进一步提升;同位素测氡法探测精度易受采动影响以及围岩裂隙漏风干扰,适用性受到了一定程度限制;遥感法成本高、操作复杂。目前,隐蔽火源探测的问题,在我国依然是一项开放性的课题,同时也是一项困扰煤炭行业的世界性难题。现阶段,我国国有重点煤矿至今残存火区近 800 个,封闭和冻结的煤量 2 亿多吨,因此,亟须攻克高温火区精确探测关键技术,为采取有针对性的治理措施提供技术支持,对于保障矿井生产正常接续,控制并扑灭火区、减少煤炭资源损失、保证煤炭能源有效供给具有重要现实意义。

（3）典型外因火灾防治技术与装备水平有待于进一步加强。目前,以井下带式输送机以及电缆为代表的典型外因火灾监控对于煤矿火灾防治依然是一项技术难题,现有技术装备无法实现对长达十数公里的井下带式输送机以及井下电缆整个范围的火灾危险性进行有效监测与自动控制灭火,同时煤矿井下自动控风与火灾消防装备系统的成熟度和应用还不完善,难以对井下火灾实现智能感知与系统控制。

(4)煤矿火灾一体化预警机制尚不完善。目前,我国煤矿缺乏内外因火灾一体化预警系统,无法实现矿井动态安全信息的连续采集、在线辨识、智能分析,集煤矿火灾早期监测、火灾预警与专家决策分析系统为一体的煤矿火灾一体化预警与高效预防技术体系还没有建立。

(5)火灾防治的技术标准与规范有待加强。近年来我国因火灾事故所引发的煤矿重特大事故持续不断,引发这种现象的主要因素之一是国家将煤矿灾害防治的重心放在瓦斯灾害、水害防治等更易引发人员死亡的灾害防治方面,而对于煤矿火灾防治重视程度不够,如现行的《矿井防灭火规范》(试行)1988年开始推行,至今没有进行修改,一些内容已明显不适应现阶段我国煤矿防灭火工作的开展;煤田火灾防治领域至今没有一个全国性的煤田火灾防治技术标准或规范,对于煤田火灾治理的支撑作用明显不足。同时,矿井火灾防治的强制性标准及技术装备强制推广程度相对于瓦斯与水害防治领域明显弱化,也是我国煤矿百万吨发火率水平与先进国家差距较大的一个重要原因之一。另外,相关煤矿企业在矿井防灭火设计、火灾应急预案编制等火灾防治关键技术方案编制过程中由于缺乏专业科研机构技术支持,设计及预案等技术含量普遍较低,缺少实用性。

"十一五"期间,建立了适合我国特点的基于流态色谱吸氧量的煤自燃倾向性鉴定方法,推广应用了煤自然发火预测预报的气体分析法及预测预报指标体系、均压防灭火、注浆防灭火、阻化防灭火、惰气防灭火等多项技术,研发了自动抑爆技术与装备、被动式隔爆技术与装备,并在全国煤矿进行了广泛推广与应用。"十一五"期间攻克了煤最短自然发火期的快速测试技术,研究提出了火区封闭与启封的技术准则,开发了适用于大面积松散区域的复合惰泡防灭火装备、新型抑爆装置等,促进了我国煤矿热动力灾害防治技术水平的提高。

在煤田火灾方面,通过开展国际合作,获得了遥感测量数据,基本掌握了我国北方煤田火灾的分布范围和特点,实施了煤田灭火工程,在一定程度上控制了北方煤田火灾的蔓延与发展。

4. 安全科技"四个一批"重要成果

2014年1月,国家安监总局和国家煤监局公布了安全科技"四个一批"重要成果,其中涉及煤矿火灾防治的新技术新装备有以下几种:

(1)实时探测采空区温度的光纤光栅传感系统(中国煤炭科工集团沈阳研究院有限公司)。

(2)井下灾区探测与灾害抑控技术与装备(中国煤炭科工集团沈阳研究院有限公司)。

(3)基于分布式光纤测温技术的煤矿防火预警系统[天地(常州)自动化股份公司]。

(4)矿用温湿度传感器(煤炭科学研究总院)。

(二)煤矿火灾防治技术与装备政策导向

为了鼓励和推广先进适用的生产技术与装备的应用,限制和淘汰落后的技术与装备,提升煤炭工业技术与装备水平,国家发展和改革委员会于2014年编制了《煤炭生产技术与装备政策导向》,其中对井工防治水做了相关说明,如表4-24、表4-25、表4-26所列。

表 4-24　　　　《煤炭生产技术与装备政策导向》(煤矿火灾防治——鼓励类)

类　别	分类名称
一、防灭火技术	硐室外因火灾自动报警灭火
二、火灾监测技术	光纤测温
三、防灭火材料	1. 粉煤灰灌浆材料
	2. 无氨凝胶材料

表 4-25　　　　《煤炭生产技术与装备政策导向》(煤矿火灾防治——推广类)

类　别	分类名称
一、防灭火技术	1. 灌浆防灭火
	2. 氮气(液氮)防灭火
	3. 阻化剂防灭火
	4. 汽雾阻化防灭火
	5. 胶体防灭火
	6. 闭区均压防灭火
	7. 三相泡沫防灭火
	8. 密闭防灭火
二、灭火装备	1. 高倍数机械泡沫灭火装备
	2. 燃油惰气灭火装备
	3. 化学惰气泡沫灭火装备
	4. 化学泡沫灭火器
	5. 消防水管系统
三、火灾监测技术	1. 矿井火灾预报束管监测系统
	2. 人工采样气体监测
	3. 红外温度监测技术
	4. 便携式多参数气体测定仪
	5. SF_6 检测仪
四、防灭火材料	1. 灌浆材料
	2. 密闭材料

表 4-26　　　　《煤炭生产技术与装备政策导向》(煤矿火灾防治——限制类、禁止类)

类　别	分类名称
防灭火技术(限制类)	1. 采区均压防火
	2. 浓硫酸和碳酸氢铵化学反应产生 CO_2 气体防灭火技术
防灭火材料(禁止类)	酸性促凝剂(NH_4HCO_3)凝胶材料

(三)煤矿火灾防治科技发展对策

2014 年 11 月,国家安全监管总局和国家煤矿安监局发布了煤矿火灾防治科技发展对策,对今后煤矿火灾防治的科技发展进行了详细部署。

1. 对策思路

遵循"以防为主、防治结合、因地制宜、综合实施"的原则,应坚持以基础理论研究为先导,以关键技术研究为重点,以推广应用为目的,以法规标准升级为保障。从优化采掘布局、开采技术、通风系统等基础影响因素入手,完善各项装备,不断创新提高防火技术的有效性、适应性和经济性,指导煤层自燃与外因火灾防治,实现隐蔽火源的精确定位,最终实现一体化火灾预警系统的技术突破。

2. 基础理论研究

(1)开展煤自燃反应机理研究,掌握煤低温氧化自燃链式反应种类、自由基和活性官能团与温升的关系,分析阻化剂与煤中自由基反应的过程机制,确定多因素耦合条件下煤自燃不同阶段的宏观热物理场效特性与微观结构变化特征,建立自燃过程的氧化动力学反应模型,揭示煤自燃火灾动力学反应与突变机理。

(2)开展有利于煤自燃防治的采矿工程技术方案研究,分析煤层层位关系、工作面布置方向、工作面参数对生产系统的影响规律,研究采动影响下多元气体运移与灾害演化的时空特征,从预防煤矿火灾的角度,提出最优采掘部署方案的设计原则、防控条件与控制参数。

(3)开展煤层自燃前兆信息演化特征与预警理论研究,提出煤自燃活化性能测试方法与评价技术,确定煤自然发火期快速测试分析方法,建立环境气体本底含量异常等特殊生产技术条件下的预测预报指标。

(4)开展瓦斯与煤自燃风险共生环境下耦合致灾及演化规律研究,分析不同火源产生的条件与致灾机理,揭示瓦斯爆炸后致灾性气体的生成动力学机制与受限空间传播特性,提出火区封闭、启封、治理等不同阶段的爆炸危险性评价方法与指标,确定矿井火灾诱发爆炸的转化条件及影响规律。

(5)开展矿井火灾灾变通风热力学研究,掌握矿井火灾时期非定常紊流条件下不同风流流态与矿井热环境的热交换特征,揭示井巷网络系统中不同通风构筑物对矿井风流的影响规律,提出基于热力学的矿井火灾灾变通风的控制方法。

(6)开展煤自燃防治材料的物化特性与效应性研究,确定煤岩多孔介质结构体在火灾演化过程中的物理化学参数的变化规律,揭示各种防灭火材料本征阻化特性,提出不同火灾危险环境条件下的防灭火材料的适用性。

3. 关键技术与装备研究

有针对性、实用性的防灭火技术、工艺、材料与装备是煤矿防灭火工作的重要保障,深入开展防灭火新材料及专用装备、隐蔽火源精确探测技术与装备等方面的研究,取得关键技术突破,才能根本性提升煤矿防灭火技术水平。

(1)在煤矿火灾早期监测预警与控制方面:攻克多组分混合气体定性及宽量程定量光谱分析技术、贫氧条件下甲烷单波长光谱定量检测技术、超低浓度目标气体光电离检测技术、采空区分布式光纤测温技术等关键技术,研制基于光谱技术的煤矿自燃火灾监测预警系统,实现长距离在线实时监测预警;开发煤矿火灾专家决策分析系统,研制基于矿井网络系统的快速应变技术与专用装备,控制煤矿火灾及继发性灾害的发生。

(2)在矿井隐蔽火源探测方面:研究煤炭自燃隐蔽火区热辐射、热磁及热电地球物理参数耦合特征,开发火区温度分布特征正演与反演解释系统,研制专用隐蔽火源探测装备,建立基于红外遥感、磁法、电磁法的煤自燃隐蔽火区多元信息探测技术方案。

（3）在典型外因火灾监控方面：开展基于 MEMS 技术的井下带式输送机火灾监测与控制系统开发，研制基于分布式光纤测温技术的井下电缆火灾监测与控制系统。

（4）在矿井火灾治理技术与装备方面：研究开发新型气溶胶、无机泡沫阻化剂、微包囊及新型胶体封堵剂等防灭火材料及其专用装备，研究松散煤岩体大孔径灭火钻孔钻进技术及装备，开发浅埋藏近距离复合煤层堵漏控风与惰化降温关键技术与装备，以及煤田火区高温大热容煤岩体的快速降温灭火技术及装备。

（5）在矿井火灾和火区的处理方面：研究智能远程控制的采区及工作面快速封闭巷道防爆门技术及装备。

四、煤矿火灾新案例

2014 年 7 月 5 日 20 时 43 分，新疆生产建设兵团第六师新疆大黄山豫新煤业有限责任公司一号井（以下简称豫新公司）+708 m 水平西翼中大槽煤层综采工作面顶板巷在锁风启封压缩板闭时发生一起重大瓦斯爆炸事故，造成 17 人遇难、3 人受伤，截止到 8 月 5 日，直接经济损失 1 800 多万元。该事故虽然从表面看是瓦斯爆炸，但实质上是一起采空区火灾引发的事故，反映出该矿在矿井火灾防治方面的诸多问题。

（一）矿井基本情况

2005 年该矿生产能力为 60 万 t/a，2010 年核定生产能力为 100 万 t/a。

该矿主要开采中大槽煤层和八尺槽煤层，煤层倾角 25°～42°，其中，中大槽煤层厚度为 23.5 m，八尺槽煤层厚度为 4.5 m。中大槽煤层绝对瓦斯压力 1.51 MPa、八尺槽煤层在 +720 m 水平具有煤与瓦斯突出危险性。据 2013 年资料，该矿井相对瓦斯涌出量为 49.96 m³/t，绝对瓦斯涌出量为 67.71 m³/min，属煤与瓦斯突出矿井。煤层具有自燃倾向性，自燃倾向性为 Ⅱ 级（自燃）。煤尘具有爆炸危险性，爆炸指数 39.5%。

该矿为斜井多水平开拓。矿井主井口标高 +981.2 m，事故地点标高为 +708 m，事故地点距地表 273.2 m。自井口到事故地点约 2 200 m。以主井筒为界，井田东翼长约 2 000 m，西翼长约 1 500 m。矿井布置三个采煤工作面，+735 m 中大槽综放面（位于井田西翼）、+733 m 八尺槽综采面（位于井田东翼）和 +708 m 中大槽综放面（位于井田西翼），+708 m 中大槽综放工作面为接替采面、此次事故工作面。

708 工作面采用全部垮落法顶板管理，走向长壁斜切分层综采放顶煤采煤工艺，运输巷沿煤层顶板布置，回风巷沿煤层底板布置，工作面可采走向长度为 1 180 m，倾斜长度为 110 m，工作面坡度为 32°～38°。708 工作面上部为 735 工作面采空区，工作面切眼前煤壁与 735 工作面采空区西边界投影距离为 4 m，735 工作面采空区倾向南边界投影位于 708 工作面 35 号支架，架顶距 735 工作面采空区 6～8 m。

708 工作面于 2014 年 3 月 6 日开始试运行。至 3 月 18 日，工作面下平巷推进 7.5 m，上平巷推进 8.4 m 时，工作面第 34 号支架掩护梁处出现明火，经现场处理，未得到有效控制，3 月 19 日对工作面进风巷、回风巷及其西翼的运输石门实施密闭，并利用施工钻孔向着火位置实施灌注防灭火材料，事故前共计灌注稠化泥浆和黄泥浆混合量为 14 752 m³、灌注复合胶体凝剂 2 793 kg。

（二）事故经过

豫新煤业公司为煤与瓦斯突出矿井，井下共布置 3 个采煤工作面，即 +735 m 中大槽综放工作面、+733 m 八尺槽工作面和+708 m 中大槽综放工作面。+708 m 中大槽综放工作面设计走向长为 1 200 m,倾斜长 110 m,倾角 32°～38°,进风巷沿煤层顶板布置,标高+708 m,回风巷沿煤层底板布置,标高+750 m,采用斜切分层综采放顶煤采煤法,工作面上方为上分层工作面采空区。

2014 年 3 月 18 日,+708 m 中大槽综放工作面进风巷推进 7.5 m,回风巷推进 8.4 m时,第 45 号支架掩护梁出现明火,经现场处理,未能得到有效控制,豫新公司遂决定对工作面进风巷、回风巷及矿井西翼运输石门实施密闭(+780 m 边界石门设置两道板闸、两道二四砖闸;+750 m 回风巷在 U 形段采用水封,同时在+750 m 回风巷落平段设置两道二四砖闸;+708 m 中大槽综放工作面设置两道板闭,并在进风巷距切眼 338 m 处采用水封)。

2014 年 7 月 1 日,豫新煤业公司决定压缩已封闭的火区,计划在+708 m 中大槽综放工作面进风巷切眼以东 10 m 位置设置永久密闭后,施工灭火上山,对+708 m 中大槽综放工作面实施灭火。7 月 5 日中班,安排 13 名救护队员到+708 m 中大槽综放工作面进风巷实施压缩密闭作业,安排 7 名工人运送打密闭材料等工作;当班井下另有 127 人在其他地点作业。20 时 43 分,密闭内采空区发生瓦斯爆炸。

豫新煤业公司"7·5"重大瓦斯爆炸事故暴露出该公司在开采工艺的选取、井下采空区的管理和火区的封闭、启封等方面存在很多问题。

(三)事故原因

事故直接原因是该矿在 708 工作面密闭火区未熄灭的情况下,盲目决定缩小封闭范围。在违规打开原密闭、施工新密闭过程中,新鲜风流进入封闭区域,氧气和瓦斯浓度达到爆炸界限,遇采空区明火,发生瓦斯爆炸。

事故间接原因有两个方面:

1. 企业安全生产主体责任不落实,违章指挥,违规作业

(1)豫新公司安全责任不落实:① 百花村公司党委副书记、总经理兼豫新公司党委书记、董事长,既要全面负责百花村公司的日常工作,又要承担安全生产第一责任人职能职责,不能经常在矿和经常深入井下履行安全生产监督管理职责,履职不到位;豫新公司总经理负责公司日常生产经营和安全管理工作,其为非煤专业人员,到任前长期从事政工工作,履职能力不足。② 分管生产、安全和技术的副总经理、总工程师未认真履行安全生产职能职责,把关不严,在火灾隐患未得到有效治理和不具备启封条件情况下积极主导和推动《压缩方案》的实施。③ 组织结构不清,职责不明,豫新公司和一号井实为一体,公司即是一号井,一号井又为公司,公司直接对一号井生产经营、安全生产等进行管理,原一号井副矿级领导干部和职能科室等行政机构撤销后,保留矿长职位,由分管生产的副总经理兼任,无决策权力,形同虚设。

(2)豫新公司技术管理不到位:① 没有以科学的态度和方法对矿井隐蔽致灾因素进行普查,特别是对矿井火区分布情况掌握不清把握不准,没有采取有效措施对地面、井下采空区等火区进行有效治理。② 没有科学研究制定急倾斜特厚煤层、煤与瓦斯突出矿井安全开采技术方案,在火区下部区段进行开采未留设隔离煤柱,开采后垮落导致上下采区相通,下部开采区向上部采空区漏风,上部采空区火灾向下部开采区蔓延。③ 以总工程师为首的技术管理体系不健全,安全、生产、通风等技术管理部门,未认真履行"一通三防"技术管理职

责,未对照《煤矿安全规程》对灾区侦查基础资料进行认真分析,并严格按照《煤矿安全规程》有关规定对《压缩方案》审核把关。

(3)豫新公司火区管理不力:① 地面裂隙与井下相通导致向封闭的采空区漏风;水封巷道抽水后,通过板闭向封闭区严重漏风。② 未按《煤矿安全规程》规定在708工作面预先设置防火门。③ 对采取的注浆、注氮措施效果以及相关检测数据是否满足防灭火需求未进行认真分析。

(4)豫新公司锁风启封方案不科学:制定的《压缩方案》章节不全,内容不完善,无启封时井下或相关区域必须停电撤人规定,未明确井下基地设置地点,设定的瓦斯超限撤人浓度不符合规定等。

(5)劳动(施工)组织混乱无序:① 在危险区域内施工密闭时,安排大量人员井下多地点平行作业,特别是在实施锁风启封区域同时安排清理巷道,致使人员长期滞留在危险区域内。② 未严格按照《煤矿安全规程》和《矿山救护规程》的相关规定进行火区处理,事故发生时地面指挥部总指挥、副总指挥和前线指挥部负责人均不在岗。③ 未向配合单位综掘二队提交708工作面锁风启封方案,未告知作业人员锁风启封作业的危险性。④ 救护队在危险区域内作业时未按《矿山救护规程》规定检测瓦斯、一氧化碳、氧气等气体浓度,在瓦斯浓度超过2%、氧气浓度充足情况下未立即终止施工,撤出人员。⑤ 安排实习救护队员无证上岗。

(6)豫新公司未执行监管监察指令和相关规定擅自启封火区:① 未执行兵团煤监局、六师安监局要求对735、708工作面火灾隐患挂牌督办监察指令,在火灾隐患未得到整改情况下,组织人员入井生产。② 未执行兵团煤监局《关于加强煤矿井下密闭管理及启封工作的通知》(兵煤监局发〔2013〕9号)规定,在《压缩方案》未经批准的情况下,擅自实施708工作面锁风启封。

(7)百花村公司对豫新公司安全管理不力:① 对师安监局下达的《煤矿重大安全隐患挂牌督办通知书》执行不力。② 未认真检查指导豫新公司煤矿的"一通三防"工作,对豫新公司未严格执行火区管理制度和防灭火措施失察。

2.第六师的安全生产监管责任不落实,相关部门未认真履行对豫新公司的安全生产监管职责

(1)第六师:① 贯彻落实国家有关煤矿安全生产法律法规不到位,未认真督促检查相关部门履行对所属煤矿安全监管职责情况。② 落实兵团煤监局针对现场检查时发现的708工作面火区管理存在的问题下达的《加强和改善安全管理建议》监察指令不力。

(2)第六师工业局:① 煤炭行业安全监管职能职责不到位,未贯彻落实管行业必须管安全的要求。② 对豫新公司未严格执行火区管理制度和防灭火措施失察。

(3)第六师安全生产监督管理局:① 重大隐患挂牌督办责任落实不力,未认真指导和督促检查百花村公司对重大火灾隐患及时整改。② 对豫新公司安全生产工作监督检查不到位,对豫新公司未严格执行火区管理制度和防灭火措施失察。

经调查认定,豫新公司"7·5"重大瓦斯爆炸事故为责任事故。

(四)事故防范措施

1.严格落实企业安全生产主体责任,严禁违章指挥、违章作业行为

一是要牢固树立"安全第一,预防为主,综合治理"的安全生产方针,严格按照"党政同

责、一岗双责、齐抓共管"的总要求,坚持管行业必须管安全,管业务必须管安全、管生产经营必须管安全的具体要求,落实各级安全生产责任。二是要建立健全安全管理体制,理顺公司和矿井的关系。

2.进一步加强井下采空区的防灭火管理

一是要摸清搞准矿区火区情况,编制相应的防止自然发火技术措施,采取地面覆盖和井下预防性灌浆或全部充填、注阻化泥浆、注惰性气体等措施对采空区、冒落孔洞等空隙进行处理,要在作业规程中明确灌浆(注惰气)时间、灌浆(注惰气量)和防灭火效果检验手段,发现自然发火征兆时,必须停止作业,采取有效措施进行处理,在自然发火征兆得不到有效控制时,必须远距离封闭发火危险区域。进行封闭施工作业时,所有区域非救护队员必须全部撤出。

二是要加强封闭采空区的管理,特别是要防止已自然发火的采空区漏风,要建立自然发火预测预报制度,明确自然发火预测预报指标气体,明确指标气体浓度、温度的预报临界值;必须建立自然发火早期预测预报监控系统,采取监控系统、人工巡查和定期取样化验"三位一体"的综合监测方法,及时检测和发现气体浓度、温度变化情况。

三是要提前制定防止自然发火及一旦发火及时封闭的专项措施,按规定构筑防火门,确保防火门能随时有效关闭。必须严格执行有关火区启封和注销的规定,启封前要对矿井灭火效果进行有效监测、分析,科学论证启封条件,科学制定启封方案,严禁违法违规擅自启封火区。

3.进一步加强安全教育与培训,强化劳动施工组织管理,切实保障煤矿企业员工权益

煤矿企业要加强职工的安全培训工作,严格从事煤炭安全生产管理人员和特种作业人员的学历和资格审查工作,100%持证上岗。要增强职工的安全意识和维权意识,严禁灾区救护队员和工人平行作业。

4.进一步加强对第六师下属煤炭企业技术保安工作的监管和监察

第六师及其煤炭行业管理部门、安全监管部门以及负有安全生产监管职责的有关部门,要坚持管行业必须管安全的原则,认真履行职责、严格进行把关,深入开展"打非治违"工作,发现企业存在重大隐患不治理的,要进行追责。第六师下属煤矿企业的地质条件十分复杂,应进一步加强在技术保安方面的日常监督检查。一是要对急倾斜煤层区段煤柱留设,要监督企业根据煤层厚度、倾角、硬度、结构及构造影响等实际情况,进行组织论证,科学留设,严防发生安全问题。二是要对采空区容易引发的安全问题引起高度重视,淘汰国家明令禁止的采煤方法和采煤工艺,突出煤层中的突出危险区、突出威胁区,严禁采用放顶煤采煤法、水力采煤法、非正规采煤法采煤。加强对自然发火煤层管理监督力度,依法依规、科学有效打好密闭,并对密闭质量等加强常态监管,确保不出现安全隐患问题。

5.进一步建立健全事故应急预案,科学处置井下各类灾害

加强矿山救护基地和救援队伍建设,熟练事故应急预案,煤矿进行灾害处置时,应认真分析灾区现状以及可能发生的危险,以国家、兵团的法律法规、规定、办法和《煤矿安全规程》为依据、以安全可靠为原则来制定科学的应急处置方案。

第四节　矿井冲击地压的预防和处理

一、我国煤矿冲击地压现状

近年来,随着煤矿开采深度的增加,我国煤矿冲击地压的频度和强度呈显著增加,造成的人员伤亡和经济损失也日益严重,正发展成为主要的煤矿灾害。近年来冲击地压造成的人员伤亡如表 4-27 所列。比较典型的如河南义马千秋煤矿 2011 年 11 月 3 日发生冲击地压事故,造成 10 人死亡,64 人受伤,直接经济损失 2 748 万元。而在 2014 年 03 月 27 日,又发生冲击地压事故,造成 6 人死亡。

表 4-27　　　　　　　　　　近年来冲击地压事故统计

年度	事故起数	死亡人数
2010	1	4 死
2011	3	16 死
2012	7	14 死
2013	6	14 死
2014	1	6 死

据 2012 年国家煤矿安全监察局的调研报告显示,我国冲击地压矿井数量已从 1985 年的 32 个发展到现在的 142 个,分布于 20 多个省(市、自治区)。2000～2012 年冲击地压矿井分布如表 4-28 所列。

表 4-28　　　　　　　　　　冲击地压发生的地域分布统计

地 区	矿井数量	典型矿井
山 东	33	兖州济二、济三、东滩、南屯、鲍店;新汶华丰、孙村、良庄、协庄、潘西;临沂古城、王楼;天安星村;肥城梁宝寺;枣庄联创;淄博北徐楼等煤矿
黑龙江	10	鹤岗富力、峻德、南山、兴安;七台河新兴、桃山;鸡西城山矿;双鸭山集贤、新安等煤矿
江 苏	8	徐州三河尖、张双楼、权台、张集等煤矿
河 南	6	义马千秋、跃进、常村、杨村;平顶山十一矿、十二矿等煤矿
河 北	5	开滦唐山、赵各庄;峰峰大淑村等煤矿
山 西	5	大同同家梁、煤峪口、忻州窑、白洞、四老沟等煤矿
辽 宁	4	阜新五龙、孙家湾;抚顺老虎台等煤矿
新 疆	4	宽沟、乌东、硫磺沟等煤矿
吉 林	4	龙家堡、西安等煤矿
甘 肃	3	窑街一号井、华亭、砚北等煤矿
北 京	3	门头沟、木城涧、大安山等煤矿
重 庆	2	南桐矿、砚石台等煤矿
内蒙古	1	古山矿
陕 西	1	铜川下石节矿

据对表 4-28 中 89 个矿井冲击地压显现的统计分析,发现有 12 个冲击地压事故发生在采煤工作面,30 个发生在掘进巷道,47 个发生在回采巷道,巷道冲击地压约占 87%,并且灾害严重。把冲击地压的危害提到了前所未有的位置。

二、冲击地压防治政策与精神

长期以来,国家非常重视矿井冲击地压的防治工作。早在 1987 年,原煤炭工业部就颁布了《冲击地压煤层安全开采暂行规定》和《冲击地压预测和防治试行规范》。《煤矿安全规程》等也对冲击地压的防治作了规定。近年来,随着冲击地压显现的日趋严重,国家也进一步加大了冲击地压防治的力度。2013 年 10 月,《国务院办公厅关于进一步加强煤矿安全生产工作的意见》(国办发〔2013〕99 号)明确提出要严格煤矿安全准入:"现有煤与瓦斯突出、冲击地压等灾害严重的生产矿井,原则上不再扩大生产能力;2015 年底前,重新核定上述矿井的生产能力,核减不具备安全保障能力的生产能力。"

国家安全监管总局等四部门联合发布的《煤矿生产能力管理办法》规定,被鉴定为高瓦斯矿井或冲击地压矿井、采深突破 1 000 m、其他生产技术条件发生较大变化的矿井应当组织进行生产能力核定。《煤矿生产能力核定标准》规定:"发生冲击地压或经鉴定为严重冲击危险的矿井采掘工作面必须采取综合监测和各项卸压措施,核定该煤矿生产能力时取安全系数 K_c,K_c 按实际考察的煤矿冲击地压的强度、频次和产量的关系取值,一般取 0.70~0.95。冲击地压矿井必须建立防冲责任体系,设置专职防冲队伍,建立健全矿井和采掘工作面预测预报系统,装备具有吸能防冲功能的超前液压支架,具有完备的防治机具,配备职工个体防护用具,制定防冲规划并开展防冲研究。"

2013 年 5 月 10 日,国家煤矿安监局在阜新召开加强煤矿冲击地压防治工作座谈会,提出:一要充分认识煤矿冲击地压灾害的危害,明晰思路、有效应对。目前,冲击地压防治工作效果不甚理想,下一步的治理难度非常大,近期的几起事故教训说明了这一问题。一定要充分认识冲击地压灾害的复杂性和难度,一方面要认真研究防范冲击地压的技术措施,另一方面要认真研究产煤方法对冲击地压频度、强度的影响。二是要加强冲击地压灾害矿井的技术管理,防范事故。对于开采有冲击地压危险的煤矿,除了认真研究实施区域的、局部的防控措施之外,更应该从矿井的设计开始,依据冲击地压灾害防范工作的需求、冲击地压灾害的严重程度、矿井开采技术条件等来合理确定矿井的生产能力。只有从采掘部署、开采强度、采煤方法、防范措施等方方面面,综合考虑煤矿生产和治理冲击地压灾害的问题,才能有效防范冲击地压灾害,确保安全生产。

2014 年 9 月 4 日,国家煤矿安监局在煤炭行业脱困工作视频会上强调,煤与瓦斯突出矿井和冲击地压矿井是灾害严重矿井,其危险程度与超能力、超强度开采的严重程度呈正相关关系。核减这两类矿井生产能力,是保障安全生产的重要手段。

《国务院办公厅关于进一步加强煤矿安全生产工作的意见》(国办发〔2013〕99 号)明确要求 2015 年底前重新进行生产能力核定。2013 年要首先对 50 个重点县内 524 处煤与瓦斯突出矿井和全国 142 处冲击地压矿井进行能力核定。对冲击地压矿井,按核减从快的原则由各省负责煤矿能力核定的部门按照四部委(局)颁发的能力核定标准,在该类矿井现有核定能力的基础上,直接取 0.7 的安全系数进行核减。认为安全系数高的矿井,可向国家煤矿安监局提出申请,由国家煤矿安监局行管司组织机构进行专门核定。

《国务院安委会办公室关于辽宁、贵州近期两起煤矿重大事故的通报》(安委办〔2014〕22

号)要求,对瓦斯、水、火、冲击地压等灾害严重且无治理能力的煤矿,要坚决纳入关闭计划。对确定关闭的矿井,相关部门要采取得力措施,确保及时关闭并关实关死。

2014年,《国家煤矿安监局办公室发出关于开展冲击地压矿井产能调研的函》(煤安监司函办〔2014〕21号),部署在全国范围内开展冲击地压矿井产能调研,调研内容包括:① 冲击地压矿井动力灾害防治技术、防冲装备、防冲队伍、防冲责任体系、防冲措施、主要经验、存在问题及建议等。② 典型冲击地压矿井地质条件、开采技术条件、生产能力、冲击显现、工作面推进速度等。③ 近5年来典型冲击地压事故,以及发生冲击地压事故工作面的工程地质资料、地应力测试结果、煤岩冲击倾向性测试结果、采掘作业规程、防冲专项设计、冲击危险性评价结果等。

2016年,新版《煤矿安全规程》针对冲击地压专门新设了第五章,共21条,较原《煤矿安全规程》显著增加了冲击地压防治的内容。

三、冲击地压防治技术与装备

(一)冲击地压防治技术现状

1. 冲击地压发生过程与发生机制

学者经过不断探讨,提出了各种各样的冲击地压发生机理,并形成冲击地压相关理论基础,例如能量准则、刚度准则、强度准则、三准则理论、冲击倾向性理论、粘滑失稳理论等。有些学者从煤岩体变形局部化、岩体破坏最小能量原理、煤体扩容变化、煤岩冲击失稳类型、复合型厚煤层综放工作面"震—冲"型动力灾害、冲击地压强度弱化减冲理论、煤岩体结构破坏、冲击载荷条件等方面探讨了冲击地压的发生机理,这些机理的研究为冲击地压的监测、监控及防治提供了基础性资料。

2. 冲击地压的监测和预测

目前,我国煤矿监测预警冲击地压的主要方法有矿压观测法、钻屑法、顶板动态仪、钻孔应力计、电磁辐射法、地音法、微震法等。冲击地压预警方法众多,对于不同矿区,可能采用一种方法,也可能采用多种方法进行综合监测,因此形成了不同的预警模式。

(1) 单一人工探测式。主要应用在以前未出现过、目前有冲击地压迹象的矿区。这种模式由于人员工作量较大,单一的监测结果缺乏验证、比较,因此预警可靠度最低,甚至不能警示灾害的发生。

(2) 综合矿压观测式。主要是将岩石力学方法中的几种方法组合起来使用,例如钻屑法、顶板离层观测、巷道变形观测、钻孔应力监测,甚至将采场的支架、巷道的立柱工作阻力监测组合进来。这种模式主要在一些已经出现,但是冲击地压显现较轻的矿区应用,虽然能将监测结果进行横向比较,相互验证,但是都是近距离监测,监测结果通常难以满足指导冲击地压防治的要求。

(3) 单一物探监测式。主要是采用电磁辐射仪、微震监测系统、地音(声发射)监测系统中的一种来监测预警冲击地压。主要应用在冲击地压事件较多、已经出现过破坏性冲击地压的矿井,这种模式以监测煤岩中的集中动载荷源为目标,忽视了围岩近场集中静载荷是冲击启动的内因,虽然考虑到了采掘活动空间远场围岩的破坏对冲击启动的促进作用,但是由于各自监测原理及有效监测半径的不同,使用效果差异较大,并且单一方法缺乏验证。

(4) 多参量综合监测式。主要是将岩石力学方法与地球物理方法相组合的一种监测预警模式。这种模式投入的人力、物力相对较大,是我国典型的冲击地压矿井主要应用模式。

该模式考虑到了各种手段的局限性，采用综合的思想，所有监测手段可同时应用。

尽管采用了很多方法，但实践证明目前的冲击地压监测预警仍然很不完善，是今后需要继续研究的重大难题。

3. 冲击地压防治技术

目前，我国煤矿防治冲击地压的主要方法有区域防范法、主动解危法和加强支护法。其中区域性防范方法包括优化开拓布置、解放层开采、无煤柱开采、预掘卸压巷、宽巷掘进、宽巷留柱法、煤层注水、高压水射流切槽等；局部主动解危方法包括顶板深孔爆破、煤层卸载爆破、煤层高压注水、大孔卸压法、定向水力压裂法、断底爆破法、预掘卸压硐室、煤层高压水力压裂、底板切槽法等。

目前我国冲击地压矿井防治模式大体有以下几种：

（1）煤岩性质改变式。如通过煤层注水改变煤岩的冲击倾向性，几乎是所有冲击地压矿井首选，尤其是一些冲击地压初步显现的易自然发火煤层。

（2）临时卸压式。一些矿井在开采初期没有冲击地压显现，后期冲击地压突显，针对冲击过的区域，围岩变形大的区域，临时采用煤层爆破、打大孔径钻孔等简单常规的方法卸压。

（3）循环卸压式。在一些有冲击地压发生史的矿井，应用基本的监测手段，结合以往冲击地压发生案例，采用在工作面超前支护区、地质构造区、本工作面以及与邻近工作面采空区，依据顶板活动周期规律及煤体应力监测结果、微震事件分布情况等进行循环式卸压爆破、打大孔径钻孔。在存在坚硬顶板的薄及中厚煤层进行周期性预裂断顶。

（4）加强支护式。由于冲击地压一般都发生在巷道，很多矿井通过加强支护降低冲击地压能量总量和降低释放速度，从而达到降低灾害程度。

（5）综合防治式。其包括三个层次：一是工作面回采之前在区域实施一些区域防范性措施，如开采解放层、沿空掘巷等；二是在区域防范性措施基础上在采掘空间局部采取一些解危措施，如煤体卸压爆破、顶底板预裂爆破、大孔径卸压等；三是个体防护性，如采掘空间强力支护，人员防护服的穿戴等。

（二）冲击地压防治技术存在的问题

1. 基础理论研究不够，缺乏指导意义的理论

目前用于解释冲击地压发生的观点或学说，基本停留在理论阶段，没有针对各自观点指出今后如何监测及防治，因而造成机理、监测与防治相互脱节。

2. 冲击危险性预评价研究重视不够

目前冲击地压研究主要还是"三步走"，机理、监测、防治，对预评价重视不够，导致各个环节遗留隐患。

3. 冲击地压危险源监测缺乏针对性，没有时间、空间概念

监测预警是冲击地压研究各环节中最为薄弱的一部分，除了受技术能力限制，监测设备自身存在缺陷外，受冲击地压的地质、开采等众多复杂因素影响，在设备使用上缺乏规则或理论指导，因而布置传感器时缺乏空间概念，要么原理不同的设备交错使用，要么同原理的设备平行使用。

4. 冲击地压防治被动，缺乏精细化研究

由于对冲击地压认识程度的不足及相关监管法规的不完善，大多数矿井都是出现了冲击地压显现症状，才开始着手防治，因此能从根本上避免或降低冲击地压灾害的区域性防范

措施欠缺。

5.冲击地压矿井技术管理不够成熟

在冲击地压矿井技术管理方面,大的方面,所要求的生产能力与灾害防治要求矛盾,即超能力生产;小的方面,存在人的不安全行为(包括领导的不安全指挥),例如采掘集中作业,多头扩修等。

6.行业安全监管部门技术力量薄弱

屡次冲击地压(包括煤与瓦斯突出事故)表明,目前我国煤炭行业监管部门也存在很多问题,尤其是对技术人才,技术水平的不重视,各级监管部门到了煤矿现场在事故发生前没有指出隐患或者不具备技术力量去监察隐患,主要做的工作是检查该矿井是否已有必备监测、监控、防治的条件。防治效果一般难以监管,出了事故后,便有现成的法规对照,因此常是事后的以罚代管。

7.冲击地压相关法律法规不健全

目前我国的冲击地压规程还是原煤炭工业部 1987 年制定的,已不适应当今冲击地压矿井防治及生产的需要,亟须制定新的冲击地压规范以及相关法律法规。

(三)安全科技"四个一批"成果

2014 年 1 月,国家安监总局和国家煤监局公布了安全科技"四个一批"重要成果,其中涉及煤矿冲击地压防治的新技术新装备有以下几种:

(1)自震式微震监测系统(煤炭科学研究总院)。

(2)采空区精细探测及隐患评价、防治技术(煤炭科学研究总院)。

(3)矿用地震仪(中煤科工集团西安研究院有限公司)。

(4)矿井煤岩动力灾害监测预警技术装备(中国安全生产科学研究院)。

(5)矿山采空区三维激光扫描仪(中国安全生产科学研究院)。

(四)煤矿冲击地压防治技术与装备政策导向

为了鼓励和推广先进适用的生产技术与装备的应用,限制和淘汰落后的技术与装备,提升煤炭工业技术与装备水平,国家发展和改革委员会于 2014 年编制了《煤炭生产技术与装备政策导向》,其中对煤矿冲击地压防治做了相关说明,如表 4-29、表 4-30 和表 4-31 所列。

表 4-29　　　　煤炭生产技术与装备政策导向(井工防冲击地压——鼓励类)

类　　别	分类名称
一、冲击危险性评价与冲击危险区域划分	地应力快速测量技术
二、冲击地压监测	1.采动应力监测系统
	2.电磁辐射监测系统
	3.地音监测系统
	4.电荷监测系统
	5.一孔多点钻孔应力计
三、冲击地压防治	1.水压致裂定向断顶(底)技术
	2.高压水射流切缝技术

续表 4-29

类　别	分类名称
四、冲击地压防护装备	1.防冲击支柱与支架
	2.防冲击锚杆

表 4-30　　　　煤炭生产技术与装备政策导向(井工防冲击地压——推广类)

类　别	分类名称
一、冲击危险性评价与冲击危险区域划分	1.冲击倾向性鉴定
	2.地质动力区划方法
	3.采动应力场模拟
	4.综合指数评价法
	5.数量化理论评价法
	6.现场实测评价法
	7.经验类比评价法
二、冲击地压监测	1.微震监测系统
	2.矿压监测系统
	3.电磁辐射监测仪
	4.地音监测仪
	5.钻屑监测
三、冲击地压防治	1.合理开采布置
	2.合理选择开采方法
	3.保护层开采技术
	4.宽巷布置技术
	5.煤层卸载爆破技术
	6.深孔断顶(底)爆破技术
	7.煤层高压注水技术
	8.顶板高压(静压)注水技术
	9.钻孔卸压技术
四、冲击地压防护	1.安全防护
	2.个体防护
	3.巷道全断面整体支护

表 4-31　　　　煤炭生产技术与装备政策导向(井工防冲击地压——限制类)

类　别	分类名称
冲击地压防治	孤岛煤柱开采

四、冲击地压案例

2012 年 11 月 17 日 5 时 0 分 15 秒,山东省朝阳矿业有限公司(以下简称朝阳煤矿)3下层煤 31 采区 3112 材料道综掘工作面发生一起冲击地压事故,造成 6 人死亡,2 人轻伤,事故造成直接经济损失 1 040 万元。

（一）矿井基本情况

朝阳煤矿隶属于山东中泰煤业集团，开采深度为－550～－1 200 m，核定生产能力72 万 t/a，矿井剩余服务年限 10.4 年。

发生事故前，矿井实际布置 1 个综放工作面和 4 个掘进工作面。3下煤层划分 2 个采区，分别是 31 采区和 32 采区，31 采区布置 2 个掘进工作面（其中一个为 3112 材料道综掘工作面，另一个为 3111 胶带巷通道修复）；32 采区布置 1 个采煤工作面（3205 综采放顶煤工作面）和 1 个掘进工作面（3206 材料道炮掘工作面）；12下层煤正在开拓准备，安排 122 集轨1 个炮掘工作面。

（二）事故发生经过

11 月 16 日 21 时，朝阳煤矿掘进二区技术员刘某主持召开班前会，安排 3112 材料道正常掘进施工，要求抓好质量和安全，及时进行敲帮问顶，使用好前探梁，做好现场的互保联保、"三不伤害"工作，做好手指口述。

3112 材料道掘进工作面夜班共出勤 7 人，22 时 20 分到达施工地点，先期做好联网、转运锚杆和锚索等准备工作，准备工作结束后进入正常掘进工作。事故发生前迎头已施工完成两片网的作业任务，迎头顶板的锚杆、锚索及帮部的上半部支护已经完成，正进行最后的浮煤清理，出煤后进行迎头两帮下半部的支护。当时，现场分工为：综掘机司机李某（班长）、赵某，一人操作，一人监护，丁某在综掘机运行期负责警戒和看护电缆，田某、陈某及安全检查工房某在综掘机后人行道侧休息，李某负责开启 3113 材联第一部刮板输送机溜子，赵某把支护锚杆运完后又到距离迎头 120 m 处开启第二道喷雾帘，然后就地休息。11 月 17 日凌晨 5 时 0 分 15 秒，3112 材料道掘进工作面发生了冲击地压事故。

（三）事故原因和性质

1. 直接原因

矿井开拓布局不合理，3112 采煤工作面形成孤岛工作面，3112 材料道埋深为 881～910 m，并处于三面采空及断层切割范围内的掘进平巷，煤层和顶板具有冲击倾向性，且顶板及高位顶板具有坚硬厚层砂砾岩，具备产生冲击地压的力源条件；该区域因停止作业产生的顶板压力释放失衡，形成叠加的高应力集中区；冲击地压监测预报及防治不到位，导致发生冲击地压事故。

2. 间接原因

（1）朝阳煤矿对 3112 材料道掘进工作面发生冲击地压的危险性重视不够，对矿井小煤柱送巷存在高应力区及孤岛条件下的冲击危险性分析严重不足，冲击地压检测方法不可靠。

（2）朝阳煤矿没有委托有冲击倾向性鉴定资质的单位进行冲击倾向性鉴定；3112 工作面设计形状为梯形，工作面外长里短，应力越往里越集中，不符合防冲要求；《3112 材料道防冲设计（防治方案）》不完善，设计中未明确施工帮部卸压孔到迎头最小距离；矿井未编制 31 采区、32 采区专门防冲设计，矿井安全技术基础工作不到位。

（3）3112 材料道前期巷道净断面为 14.8 m²，顶部锚杆间排距为 700 mm×800 mm，双排错步锚索间距为 1.4 m，后期断面已扩大为 17.02 m²，顶部锚杆间排距依然为 700 mm×800 mm，双排错步锚索间距为 1.4 m，支护参数没有相应改变；作业规程中的支护规定低于采区设计的支护强度。

（4）3112 材料道掘进工作面停产 9 天,复工后,防冲办未制订具体的 3112 材料道停工复产防冲检测及解危措施,冲击地压危险性检测及解危措施不力。

（5）朝阳煤矿防冲机构不完善,人员配备不足。防冲工区的分管领导不明确,没有设立专职的防冲副总,卸压解危人员不能根据工作需要配备。防冲责任制落实不到位,矿井没有根据岗位责任制的要求开展防冲培训工作、责任考核工作、投入保障工作,防冲办公会议制度落实不严格,与相邻矿井的联系没有专门联系记录。

（6）朝阳煤矿安全培训管理工作不到位,3112 材料道综掘机司机无证上岗。

（7）山东中泰煤业集团有限公司安全管理机构不健全,管理不到位,兼职现象突出,专业人员配备不符合要求,不能依法全面履行安全管理职责。

（8）枣庄市市中区煤矿安全监管部门对朝阳煤矿落实防冲措施监管不到位。

3. 事故性质

经现场勘查、调查取证、技术分析,认定是一起责任事故。

（四）防范措施

（1）提高干部职工的防冲意识,特别是提高煤矿主要负责人对冲击地压的认识,切实从思想上高度重视冲击地压防治工作;进一步健全防冲机构和防冲保障体系,充实安全技术管理人员和施工队伍。矿井必须设置专门防冲机构,配备专职防冲副总工程师,配齐防冲专职施工队伍。

（2）矿井要优化开拓布局,完善采区防冲设计,避免形成高应力采煤工作面。对在目前冲击地压防治技术条件下孤岛工作面无法实现安全开采的,严禁再安排采掘活动。

（3）矿井要完善冲击地压预测预报制度。要及时对微震监测、应力实时在线监测以及钻屑法检测等相关数据信息进行综合分析,编制防冲预测综合分析日报,做到日分析日通报,经总工程师签字,并及时告知防冲施工和生产作业相关单位。矿井要建立短信发布平台,向矿分管负责人及部门责任人实时发送冲击地压预警和预报信息。

（4）矿井要完善冲击危险采掘工作面解危措施。除了钻孔卸压外,完善爆破卸压、注水卸压等切实可行的卸压措施,确保解危到位。在巷道掘进过程中,迎头超前卸压钻孔最小剩余长度和帮部卸压钻孔深度必须重新评估论证,确保在卸压保护带内安全施工。巷道支护方式应进一步优化,锚杆直径的选取及锚杆(索)布置的间排距、密度应综合考虑,适当加大锚杆(索)直径,支护参数选择要科学、合理、可靠,并应进行专家评估,确保支护方式满足安全需要。

（5）朝阳煤矿对 $3_下$ 层煤及顶底板委托有资质部门重新进行冲击倾向性鉴定;对采掘工作面进行防冲评估,坚持"一面一评估、一头一评估"。矿井必须完善覆盖全矿井的微震监测系统,采掘工作面要装备应力在线监测系统。凡经预测、评价有冲击危险的采掘工作面,必须编制防冲专项设计,报上级管理单位组织专家论证审批。

（6）朝阳煤矿要加强冲击地压培训工作。建立和完善全员防冲培训、岗位人员防冲培训和管理人员培训的全方位防冲教育和培训保障体系,提高全矿井防治冲击地压业务素质;矿井要加强与科研院所合作,加大对条带和孤岛工作面及地质构造复杂区域的冲击地压防治研究工作,确保采掘工作面防控措施研究到位。

（7）山东中泰煤业集团有限公司要进一步完善安全管理机构,配齐安全管理专业人员,要加大对朝阳煤矿防冲方面安全投入,切实履行好安全管理职责;枣庄市市中区煤矿监管部门要加大朝阳煤矿监管力度,督促其落实好有关防冲各项规定,进一步提升防冲管理水平,确保实现安全生产。

第五节　矿井尘害事故预防与治理

一、矿井尘害事故现状

我国煤矿历史上曾多次发生重特大煤尘爆炸事故和瓦斯煤尘爆炸事故。目前,煤尘爆炸仍然是我国煤矿安全的主要威胁之一。

在煤矿生产过程中,如采掘作业、钻眼作业、顶板管理等各个环节都会产生大量的矿尘,给矿井的安全生产和矿工的身心健康带来了巨大的威胁。为最大限度地降低采掘工作面及其他作业场所的粉尘浓度,保障全矿井下工人的身心健康和矿井安全生产,就必须采取综合的防尘措施,即各个生产环节都实施有效的防尘措施。

二、煤尘防治新规定、新标准

(一)《严防企业粉尘爆炸五条规定》

2014年8月15日,国家安全生产监督管理总局发布《严防企业粉尘爆炸五条规定》(总局令第68号),该规定具体包括:

(1)必须确保作业场所符合标准规范要求,严禁设置在违规多层房、安全间距不达标的厂房和居民区内。

(2)必须按标准规范设计、安装、使用和维护通风除尘系统,每班按规定检测和规范清理粉尘,在除尘系统停运期间和粉尘超标时严禁作业,并停产撤人。

(3)必须按规范使用防爆电气设备,落实防雷、防静电等措施,保证设备设施接地,严禁作业场所存在各类明火和违规使用作业工具。

(4)必须配备铝镁等金属粉尘生产、收集、贮存的防水防潮设施,严禁粉尘遇湿自燃。

(5)必须严格执行安全操作规程和劳动防护制度,严禁员工培训不合格和不按规定佩戴使用防尘、防静电等劳保用品上岗。

(二)《加强煤尘防治工作防范煤尘爆炸事故的紧急通知》

2014年8月8日,基于为深刻吸取江苏苏州昆山市中荣金属制品有限公司"8·2"特别重大粉尘爆炸事故教训,举一反三,警钟长鸣,国家安全监管总局、国家煤矿安监局发布《关于加强煤尘防治工作防范煤尘爆炸事故的紧急通知》(安监总煤装〔2014〕85号)。

1. 高度重视煤尘防治工作

随着煤矿开采技术的发展,采掘装备日趋大型化,工作面单产不断提高,随之而来的煤尘危害日益严重、防治难度加大。要充分认识煤尘的危害性及煤尘爆炸事故后果的严重性,始终把煤尘防治作为煤矿安全生产的重要工作予以高度重视,绝不能掉以轻心。

2. 落实企业煤尘防治主体责任

煤矿企业要健全煤尘防治责任体系和管理制度,把煤尘防治主体责任落实到每一个班组、每一个岗位、每一个重点环节,确保《煤矿安全规程》等关于煤尘防治的规定执行到位。

(1)要严格落实综合防尘降尘措施。建立完善防尘供水系统,配齐用好喷雾降尘和捕尘器除尘等设施装备,严格落实湿式钻眼、水炮泥、爆破喷雾、采掘设备内外喷雾、装岩(煤)洒水和净化风流等防尘降尘措施。

（2）要突出重点环节煤尘防治工作。井下煤仓放煤口、溜煤眼放煤口、输送机转载点和卸载点以及地面筛分厂、破碎车间、带式输送机走廊、转载点等地点都必须安设喷雾装置或除尘器；综掘机必须安设除尘器，并确保作业时正常运转。

（3）要坚持做好积尘冲洗清扫工作。及时组织清除巷道、地面带式输送机走廊等地点中的浮煤，及时冲洗清除沉积煤尘，确保符合防尘降尘标准。

（4）要完善隔爆设施。隔爆设施的安装地点、数量、水量或岩粉量必须符合有关规定，并确保安装质量。坚持每周至少检查1次，及时整改存在的问题。

（5）要严格爆破管理。严格执行采掘工作面装药爆破的规定，必须使用水炮泥，外部剩余炮眼部分应用黏土炮泥或不燃性的、可塑性松散材料制成的炮泥封实。爆破作业必须严格执行"一炮三检"制度。用爆破方法处理卡在溜煤(矸)眼中的煤、矸时，必须采用取得煤矿矿用产品安全标志的用于溜煤(矸)眼的煤矿许用刚性被筒炸药或不低于该安全等级的煤矿许用炸药，并严格控制装药量，爆破前必须检查堵塞部位的上部和下部空间的瓦斯并洒水。严禁在工作面内采用炸药爆破方法处理顶煤、顶板及卡在放煤口的大块煤(矸)。

（6）要强化通风和火源管理。完善通风系统，排查无风、微风巷道，严禁无风、微风作业。严防电器失爆，严格火区管理，严格井下电气焊等用火管理。认真落实瓦斯综合防治措施，防范瓦斯煤尘爆炸事故发生。

3. 加强煤尘防治监管监察

各级煤矿安全监管部门、煤炭行业管理部门和驻地煤矿安全监察机构要始终把煤尘防治尤其是煤尘具有爆炸危险性的矿井煤尘防治，作为安全监管监察工作的一项重要内容，结合实际将煤尘防治监管监察纳入执法检查工作计划和检查工作方案之中，有计划、有针对性地开展煤尘防治专项检查、专项监察和专项整治，必要时对重点企业进行暗查暗访。在正在开展的"六打六治"打非治违专项行动、50个煤矿安全重点县攻坚战等专项工作中，要充实煤尘防治方面的内容。对查出的问题，要严格按照有关规定进行处理，决不能放宽标准、放松要求。

4. 迅速开展一次煤尘防治专项检查

省级煤矿安全监管部门要立即组织开展辖区煤矿、选煤厂煤尘防治专项检查。要部署企业全面开展自查自纠，并限期报送自查自纠情况，包括查出的问题、整改措施及整改结果。同时，会同省级煤炭行业管理部门、煤矿安全监察局组织开展重点抽查。要把煤尘具有爆炸危险性的企业作为重点抽查对象，有针对性地进行暗查暗访。抽查要覆盖到每一个县域，抽查数量要基本能够反映当地企业自查的总体情况，企业自查、整改情况差的地区要扩大抽查范围。对查出的问题要限期整改，问题严重的要停产整顿，并按有关规定严厉处罚。对自查或整改不积极、不认真的企业要一律进行停产整顿，并按照国家规定的上限处罚。

三、煤尘防治新技术、新装备

（一）煤矿综合防尘现状

目前，我国煤矿综合防尘措施主要包括通风除尘、湿式作业、净化风流和个体防护等。

（1）通风除尘。在机械或自然动力的作用下，将地面新鲜的空气连续地供给作业点，稀释并排除有毒、有害气体和粉尘，调节矿内气候条件，创造安全舒适的工作环境。

（2）湿式作业。利用水或其他液体，使之与尘粒相接触而捕集粉尘的方法，它是煤矿综合防尘的主要技术措施之一。除缺水和严寒地区外，一般煤矿应用较为广泛。湿式作业主要包括煤层注水、喷雾降尘、水封爆破和水炮泥等防尘措施。

（3）净化风流。使井巷中含尘的空气通过一定的设施或设备将矿尘捕获的技术措施。目前使用较多的是水幕和湿式除尘装置。

（4）个体防护。通过佩戴各种防护面具以减少吸入人体粉尘的最后一道措施。在井下综放面、掘进面产尘浓度高的地方，尽管采取了上述防尘措施，但还有一些未被捕获的细小煤尘弥留在作业空间内，为了阻止这部分煤尘吸入人体，必须进行个体防护。目前个体防护的主要措施有防尘口罩和防尘帽。

（二）矿井防尘发展方向

随着煤矿机械化程度的提高，开采强度的增大，矿井的防尘问题日益突出。为进一步提高降尘效率，世界各国已经开始研究应用物理化学方法降低矿井粉尘的新技术措施，例如，添加降尘剂除尘、泡沫除尘、超声波除尘、磁化水除尘、生物试剂除尘等。

为适应煤炭资源安全高效开采的需要，建立安全、清洁的作业环境，在现有防尘技术基础上，研究开发高效经济环保型除尘新技术，实现对呼吸性粉尘的高效抑制，是煤矿防尘技术的主要发展方向。

（三）安全科技"四个一批"重要成果

2014 年 1 月，国家安监总局和国家煤监局公布了安全科技"四个一批"重要成果，其中涉及煤矿粉尘防治的新技术新装备如下所述。

1. 粉尘浓度超限喷雾降尘技术

粉尘浓度超限喷雾降尘技术由中煤科工集团重庆研究院有限公司研发，是国内率先研发并投入实际应用的智能化喷雾降尘技术，结合了粉尘激光检测，热释电红外检测及先导式高压电磁阀工艺设计，能根据现场粉尘浓度的大小，智能洒水降尘，主要用于煤矿井下作业场所粉尘浓度在线监测及超限喷雾降尘。具体技术特点如下：

（1）超限自动喷雾。根据需要设置控制限值，当作业场所粉尘浓度超过控制限值时喷雾自动打开进行降尘，低于控制限值后，喷雾自动停止。

（2）远程测控。装置与安全监控系统相连接，可实现系统的远程监控。

（3）设限浓度值范围宽。装置可在 $0 \sim 500 \ mg/m^3$ 范围内设定。

（4）人员通过自动检测。装置在喷雾期间如有人员经过，喷雾停止，人员通过后继续喷雾。

2. 矿井综合防尘系统技术工艺及其装备

矿井综合防尘系统技术工艺及其装备由大屯煤电（集团）有限责任公司研发，包括智能喷雾、ZP127 矿用自动洒水降尘装置、KXP 矿用自动洒水降尘装置控制器、DFB-20/7Y 矿用隔爆型电动阀，使采掘工作面、转载点及大巷的降尘率达到 90% 以上；KCS 系列湿式除尘器（含附壁风筒、控尘风筒）是将掘进机产生的绝大部分粉尘吸进除尘器内进行除尘，除尘率达 97% 以上；湿喷机组（SPB6 湿式混凝土喷射机、MJDY-200 煤矿用混凝土搅拌机）将喷射混凝土过程中的粉尘降低到 $10 \ mg/m^3$ 以下，回弹率降低到 20% 以下；GLLD 系列给料机平稳给料，降低噪音，减少冲击产生的粉尘；HYY 乳化液驱动高压泵将工作面乳化液进行能量转换，将低压水变为高压水，用于喷雾、煤壁注水、冲刷巷帮和支架等；煤层抑制剂是减少水的表面张力，除尘效果更佳。

（四）煤矿粉尘防治技术与装备政策导向

为了鼓励和推广先进适用的生产技术与装备的应用，限制和淘汰落后的技术与装备，提升煤炭工业技术与装备水平,国家发展和改革委员会于 2014 年编制了《煤炭生产技术与装备政策导向》,其中对井工粉尘防治做了相关说明,如表 4-32、表 4-33、表 4-34 所列。

表 4-32　　　　《煤炭生产技术与装备政策导向》(井工粉尘防治——鼓励类)

类　　别	分类名称
一、粉尘检测	1.总粉尘浓度连续检测
	2.长周期呼吸性粉尘浓度检测
	3.沉积煤尘检测
二、采掘工作面粉尘防治	1.采煤机尘源跟踪高压喷雾降尘
	2.液压支架高压自动喷雾降尘
	3.粉尘浓度超限自动喷雾降尘
	4.涡流控尘结合除尘器抽尘净化
	5.煤层注水监控系统
	6.湿式喷浆
	7.破碎机抽尘净化
	8.泡沫除尘
	9.分段注水

表 4-33　　　　《煤炭生产技术与装备政策导向》(井工粉尘防治——推广类)

类　　别	分类名称
一、粉尘检测	1.游离 SiO_2 含量检测焦磷酸质量法
	2.游离 SiO_2 含量检测红外光谱测定法
	3.粉尘粒度分布测定
	4.总粉尘浓度测定
	5.呼吸性粉尘浓度测定
	6.数字化煤尘爆炸性鉴定
二、采掘工作面粉尘防治	1.动压注水
	2.静态注水
	3.高压喷雾降尘
	4.液压支架常压自动喷雾降尘
	5.内喷雾降尘
	6.湿式打眼防尘
	7.孔口抽尘净化
	8.水炮泥封孔爆破降尘
	9.附壁风筒控尘结合除尘器抽尘净化
	10.炮掘工作面压气远程喷雾降尘
	11.锚喷支护粉尘防治
	12.防尘用水水质软化净化

续表 4-33

类 别	分类名称
三、转载点粉尘防治	1. 自动喷雾降尘
	2. 除尘器除尘
四、输送机粉尘防治	自动喷雾降尘
五、个体防护用具	防尘口罩
六、防止和隔绝煤尘爆炸	被筒炸药爆破防爆

表 4-34　　　　　《煤炭生产技术与装备政策导向》（井工粉尘防治——限制类）

类 别	分类名称
采掘工作面粉尘防治	1. 采煤机中低压外喷雾降尘技术
	2. 炮掘声控自动喷雾降尘技术

四、煤矿尘害新案例

2014 年 11 月 26 日 2 时 34 分，辽宁省阜新矿业集团恒大煤业有限责任公司 5336 综放工作面发生一起重大煤尘爆燃事故，共造成 28 人死亡，50 人受伤，事故直接经济损失 6 668.16 万元。

（一）矿井基本情况

恒大公司位于阜新市海州区境内，隶属于阜矿集团。1978 年建井，1987 年投产，设计生产能力 120 万 t/a，2009 年核定生产能力为 150 万 t/a。矿井井田南北走向长 3.70 km，东西倾斜宽 2.65 km，面积 10.81 km²。含煤地层为白垩系下统阜新组，自下而上共沉积高德层群、太平层群、中间层群、孙家湾层群、水泉层群等五大层群，有 20 个可采煤层。2012 年度瓦斯等级鉴定结果为煤与瓦斯突出矿井，2014 年矿井测定绝对瓦斯涌出量 182.28 m³/min，相对瓦斯涌出量 63.56 m³/t。开采煤层太下煤层为非突出煤层，原始瓦斯含量 6.91 m³/min，属 I 类容易自燃煤层，挥发分为 37.8%，自然发火期 3～6 个月。煤尘爆炸指数 41.52%，具有爆炸性。矿井具有冲击地压危险。

矿井采用立井单水平开拓，现生产水平为－650 m 水平，有 3 个立井，通风方式为中央并列与对角混合式，通风方法为抽出式。

发生事故的 5336 综放工作面走向长 390 m，倾斜长 180 m，开采的煤层为太下 2、3 层，煤层厚度 7.6～10.6 m，平均厚度 8.66 m，煤层倾角 3°～10°。该工作面采用综合防尘措施，即实施注水预先湿润煤体、风流净化、转载点喷雾、采煤机内外喷雾、架间喷雾、定期冲洗煤帮等防尘措施。入风、回风平巷按规定设有隔爆设施。该工作面 2014 年 9 月 3 日开始回采，截止 11 月 25 日已回采 151.5 m。

（二）事故经过

事故发生当班，5336 工作面区域共有综采一队、综维一队、综维二队、大修一队 4 个单位作业。

11 月 25 日 21 时，综采一队当班出勤 34 人，其中 29 人在工作面采煤，5 人在运输平巷辅助工作，主要任务是接上班从 61# 液压支架向上采煤，然后做缺口向下开采，回采 1.5 个循环进度。综维一队当班出勤 15 人，其中 5 人在 5336 综放工作面运输平巷进行超前支护和文明生产,10 人在 153 轨道下山维修;综维二队当班出勤 20 人,其中 8 人在 5336 综放工作面清扫浮煤、打炮眼,12 人在 5336 综放工作面回风平巷维修巷道;大修一队当班出勤 10 人,在 5336 综放工作面回风平巷维修巷道。在此区域作业的还有通风区、质检大队、调运队等单位 9 人。巷修副总工程师蒋某在此区域带班。

26 日 2 时 36 分,5336 综放工作面瓦检员刘某向矿调度汇报"5336 工作面冲出一股火流,发生事故了! 快来救人"。

(三)事故原因和性质

1. 直接原因

5336 综放工作面 72# ～76# 支架处在处理片冒的大块煤岩体时,违章放"糊炮"爆破大块煤岩,扬起的煤尘达到爆燃浓度,爆破引起煤尘爆燃。

2. 间接原因

(1)恒大公司综采一队违章指挥和违章作业,阜矿集团以及恒大公司相关安全措施、安全管理和教育培训不到位,是事故发生的主要原因。① 违章指挥,违章作业。现场管理人员违章指挥,作业人员违章放"糊炮"爆破大块煤岩,违反了《煤矿安全规程》严禁裸露爆破的规定和《5336 综放工作面作业规程》(以下简称《作业规程》)严禁放"糊炮"、"明炮"处理大块的规定。② 超定员多地点违规作业。事故当班,综采一队、综维一队、综维二队、大修一队等队伍在事故区域多地点同时作业,5336 综放工作面作业人数超过规定,违反了该矿《作业规程》关于采煤工作面人数不超过 25 人和省煤管局《关于简化生产系统提高劳动效率严格控制井下作业人员的通知》(辽煤生产〔2006〕242 号)关于采煤工作面小班作业人数不超 29 人的规定;恒大公司生产及安全管理人员未采取有效措施予以制止。③ 安全措施不落实。2014 年 3 月,阜矿集团制定下发了《关于印发采煤工作面爆破管理的有关规定的通知》(阜矿生字〔2014〕36 号),对采煤工作面爆破作业提出严格明确的要求,但现场作业人员未按规定执行,安全监督管理人员未能及时发现并制止。④ 技术管理不到位。《作业规程》编制不严谨、不细致;审查、审批作业规程工程技术管理人员不认真,没有发现存在的问题,把关不严格;《作业规程》贯彻落实流于形式。⑤ 安全教育培训不到位。阜矿集团和恒大公司对干部职工安全教育培训重视不够,员工安全意识淡薄,"三违"现象时有发生,自主保安和群体保安意识差。⑥ 阜矿集团生产技术处对恒大公司井下生产组织指导不力;阜矿集团安监局组织开展煤矿安全生产检查不到位,动态安全检查不够,未能有效组织开展安全生产隐患排查。阜矿集团生产技术处和安监局没有采取有效措施对 5336 工作面存在超定员多地点违规作业的问题予以制止。⑦ 阜矿集团公司董事长、总经理对集团公司生产技术处和安监局没有采取有效措施制止恒大公司违规作业的问题失察。

(2)省煤炭工业管理局有关部门对阜矿集团恒大公司安全生产监管不力,是事故发生的重要原因。① 省煤炭工业管理局作为受省政府委托、主管全省煤炭行业发展和煤矿安全监管工作的直属机构,其下设的煤矿安全监督管理局对阜矿集团恒大公司安全生产监管和日常安全检查不到位,组织开展动态监督检查不够,对恒大公司超定员多地点违规作业的问题失察。② 省煤炭工业管理局派驻阜矿集团督导组对阜矿集团恒大公司安全生产防范措施落实情况监督检查不到位,未能有效组织开展动态的安全检查,没有及时发现和纠正恒大公司超定员多地点违规作业的问题。

(3)辽宁煤矿安全监察局辽西监察分局对阜矿集团恒大公司安全监察存在薄弱环节,

对恒大公司超定员多地点违规作业的问题失察。

3.事故性质

经调查认定，阜矿集团恒大公司"11·26"重大煤尘爆燃事故为责任事故。

（四）事故防范措施

1.切实解决安全生产摆位问题

阜矿集团要真正把习近平总书记关于"发展决不能以牺牲人的生命为代价，这要作为一条不可逾越的红线"的重要指示从思想和行动上落到实处，认真落实《安全生产法》和煤矿安全生产"双七条"，依法管矿、依法治矿。集团公司各级领导越是在经济困难时期，越要保持清醒头脑，牢固树立"安全第一"的思想，始终把保护矿工生命安全放到首位，不安全坚决不生产。

2.切实落实企业安全生产主体责任

阜矿集团要认真履行法律赋予的安全生产主体责任，严格执行法律法规和各项规章制度，要把安全责任层层分解落实到科室、区队、班组，覆盖到煤矿生产的各个环节、各个岗位；全面开展以反"三违"为主要内容的专项治理，通过不间断地开展突击检查、夜间巡查，严肃查处"三违"行为，切实解决干部对"三违"看惯了、现场作业人员干惯了的问题。

3.切实加强劳动组织管理

阜矿集团要根据生产安全条件合理安排各矿生产计划，产量计划不得超过批准的核定生产能力；各生产矿井要简化生产布局，合理集中生产，切实减少用人环节，按照计划合理确定生产强度，认真核算井下劳动定员，严格按照定员均衡组织生产和检修，作业地点要实行限员挂牌管理，严禁超定员组织生产，坚决杜绝多区队在同一生产区域集中作业。

4.切实加强和改进技术管理工作

要提高技术管理人员业务素质和责任心，严格规程和安全技术措施的制订、审查、审批和落实。制定的规程和安全技术措施既要符合法规标准要求，又要充分考虑现场生产过程中可能出现的隐患和问题，做到切实可行、具备可操作性；要加强现场执行管理，确保规程和安全技术措施在现场兑现、在现场落实。

5.切实加强安全教育培训工作

阜矿集团要在全公司开展经常性的安全警示教育活动，认真吸取"11·26"及以往事故教训，举一反三；要结合矿井实际情况，开展有针对性的安全培训，如实向作业人员告知作业场所和工作岗位存在的危险因素、防范和应急措施，提高职工实际操作技能和自主保安、群体保安意识；要强化基层领导的安全责任和安全防范意识，提高现场管理水平。

6.切实加强安全生产监管监察工作

各级煤矿安全监管部门要认真履行职责，发挥驻企业督导组和驻矿安监处作用，落实监管责任，强化日常监管；按要求抓紧重新核定煤与瓦斯突出、冲击地压等灾害严重矿井的生产能力；各省属国有煤矿要抓紧时间、实事求是地重新核定采区和工作面作业人数，并报行业主管部门批准；煤矿安全监察部门也要强化对以上问题的监察。

第六节　矿井顶板事故预防与治理

一、我国矿井顶板事故特征分析

长期以来,我国煤矿顶板事故起数和死亡人数一直位于煤矿事故之首。据统计,2010～2013 年间顶板事故起数占事故总起数的 45％～50％,死亡人数占死亡总人数的 30％～35％。例如,2010 年我国共发生煤矿顶板事故 702 起,死亡 829 人,分别占事故总起数和死亡人数的 50％ 和 34.1％。

（一）事故总体特征

2005～2013 年期间共发生顶板事故 8 484 起,死亡 9 918 人。其中,一般事故 8 262 起,死亡 9 075 人,分别占顶板事故总起数和死亡人数的 97.4％ 和 91.5％,未发生特别重大顶板事故。可见,一般顶板事故起数和总死亡人数最高,需重点防范。

（二）事故地点特征

根据统计,从较大顶板事故的发生地点来看,采煤工作面发生顶板事故的次数最多,其次为掘进工作面。

（三）其他特征

（1）一般顶板事故起数和总死亡人数最高。

（2）采煤工作面和掘进工作面发生顶板事故的概率较大;支护不到位、支护方式落后、工程质量不过关是事故发生的最主要原因。

（3）四川、重庆、贵州、湖南和云南 5 省市顶板事故多发,需重点监管并治理。

（4）顶板事故频数与月份的相关性较明显,春节前后及 8 月事故次数较多;与日期形成波动趋势;与时间具有相关性,白天较夜晚易发生事故,交接班与交接班后 2 h 事故多发。

二、矿井顶板事故防治新规定、新精神

（一）《关于近期三起煤矿顶板事故的通报》

基于 2012 年 5 月 20 日至 21 日,全国煤矿连续发生 3 起顶板事故,2012 年 5 月 25 日国家安全监管总局和国家煤矿安监局印发了《关于近期三起煤矿顶板事故的通报》(安监总煤调〔2012〕71 号),提出以下要求:

1.加强顶板安全管理工作

煤矿企业要加强矿井地质勘探和地质资料的分析研究,加强矿压观测工作,掌握煤层赋存情况、地质构造、顶底板岩性和矿压显现规律,为顶板管理提供基础资料。要根据煤层顶底板岩性和矿压显现情况,合理制定采掘工程支护设计和作业规程,确定相应的支护方式和支护参数。遇有穿过老巷、煤柱、地质构造破碎带等特殊情况时,要及时加强支护,完善安全技术措施,并按规定审批、实施。要严格执行敲帮问顶制度,严禁空顶作业。要加强采掘布置,严禁"楼上楼"开采。

2.坚决淘汰落后支护方式和工艺

煤矿企业要严格落实国家安全监管总局、国家煤矿安监局发布的《禁止井工煤矿使用的设备及工艺目录(第二批)》(安监总煤装〔2008〕49 号)的相关要求,及时淘汰落后的支护方式和工艺,回采工作面严禁使用木支柱和金属摩擦支柱支护。同时,要积极推广应用顶板支

护新技术、新工艺、新材料,要针对"三软"煤层、复合顶板、破碎顶板等井巷的实际情况,确定支护方式,提高支护强度和质量。地方各级煤炭行业管理部门和煤矿安全监管部门要大力推进煤矿企业支护方式改革,推广应用顶板管理的先进适用技术。

3.切实加强井巷维修工作

煤矿企业必须及时进行井巷维修。维修井巷支护时,必须严格执行安全技术措施,并加强现场管理,设置防护栅栏和警示标志,严防顶板煤岩冒落伤人、堵人。进行井巷维修和更换支护设施时,要随时检查顶帮及支护情况,先采取临时支护,严禁在未采取临时支护的情况下擅自拆除原有支护。修复旧井巷前,必须严格执行瓦斯检查制度。维修独头巷道时,必须由外向里逐架进行,严禁分段整修、边掘边修。

4.切实加大煤矿事故查处力度

事故发生地有关部门要积极配合驻地煤矿安全监察机构按照"四不放过"和"科学严谨、依法依规、实事求是、注重实效"的原则,严肃事故查处,严格责任追究。要及时向社会公布事故调查处理结果,自觉接受社会和舆论监督。要严格执行事故通报、约谈、分析和跟踪督导"四项制度",认真吸取事故教训,防范同类事故发生。

(二)《关于贵州省 2 起煤矿顶板事故的通报》

2012 年 8 月 9 日,基于贵州省接连发生 2 起煤矿顶板事故,国家安全监管总局和国家煤矿安监局印发了《关于贵州省 2 起煤矿顶板事故的通报》(安监总煤调〔2012〕104 号),提出以下要求:

1.全面加强煤矿安全生产工作

各地区、各有关部门和煤矿企业要深入贯彻落实中央领导近期关于加强安全生产工作的一系列重要指示和全国煤矿安全生产经验交流现场会、全国安全生产(季度)视频会精神,清醒认识当前煤矿安全生产形势,牢固树立安全生产工作只有起点、没有终点的思想观念,坚持从零做起、常抓不懈,把各项工作抓严、抓实、抓细、抓好。尤其要按照国务院关于集中开展安全生产领域"打非治违"专项行动的统一部署和国家安全监管总局的要求,进一步提高认识、坚定信心、加强领导、狠抓落实,不留盲区、不留死角,严厉打击各类非法违法生产经营建设行为,坚决治理纠正违规违章行为,及时发现和整改安全隐患,始终保持高压态势,促进煤矿安全生产形势持续稳定好转。

2.强化技术管理,合理选择支护方式和参数

煤矿企业要高度重视顶板管理工作,明确分管负责人和分管业务部门,配备足够的专业技术人员,健全完善有关规章制度,明确岗位责任。要加强矿井地质勘探和矿压观测工作,掌握煤层赋存情况、地质构造、顶底板岩性、煤岩物理力学参数和矿压显现规律,做好采区地质情况的预测预报工作,为顶板管理提供基础资料。要按照《煤矿安全规程》和技术规范,根据所采煤层顶底板岩性和矿压显现规律,制定采掘工程支护设计方案,确定相应的支护方式和支护参数;条件发生变化时,要及时进行调整。对于应力集中区,要采取增加支护强度的有效措施。

3.强化现场管理,严格落实顶板管理安全技术措施

煤矿企业采掘工作面、巷道维修工程要制定作业规程和安全技术措施,遇有过老巷、煤柱、地质构造破碎带等特殊情况时,要及时补充制订安全技术措施,并按规定审批、实施。采用锚杆、锚索、锚喷支护的巷道,要加强对支护质量的检查,确保锚杆、锚索的材质、拉力和预

紧力、喷层厚度和强度符合作业规程规定。要加强巷道顶底板移近量的观测工作,防止因锚杆、锚索支护质量问题引发巷道冒落。要加强对作业人员顶板管理知识的教育培训,增强防范顶板事故的意识和能力,严格执行敲帮问顶制度,严禁空顶作业。事故发生后,要科学安全组织抢险救援,严防发生次生事故。

4.切实加大煤矿事故和瞒报行为的查处力度

事故发生地有关部门要积极配合驻地煤矿安全监察机构按照"四不放过"和"科学严谨、依法依规、实事求是、注重实效"的原则,严肃查处事故,严格追究责任。对涉险事故,也要按照有关规定和要求,进行严肃查处,并认真分析原因,吸取事故教训。对瞒报、谎报、迟报事故行为的责任人员,要综合运用法律、经济和行政等手段,依法加大处罚力度。要严格执行事故通报、约谈、分析和跟踪督导"四项制度",落实各项安全措施,防范同类事故发生。

(三)顶板事故防治典型经验

1.湖北煤监局防范顶板事故七条规定

2014上半年,湖北省煤矿顶板事故多发,发生顶板事故10起,死亡11人。为有效预防煤矿顶板事故,降低全省煤矿事故总量和死亡人数,结合湖北省煤矿实际,6月底制定并下发了《防范顶板事故保护矿工生命安全七条规定》。规定实施后,下半年,发生顶板事故3起,死亡3人,较上半年分别下降了7起、8人,效果显著。七条规定即:一是开拓部署必须科学合理,禁止非正规采煤方法和超能力组织生产;二是采掘作业规程必须严格编审和贯彻落实,禁止无规程、无措施组织施工;三是采煤工作面必须采用单体液压支柱、滑移顶梁液压支柱、伪倾斜柔性掩护式支架等合理的支护方式,禁止采用木支护和混合支护;四是掘进工作面必须采用金属支架、锚网喷等支护方式,加强前探支护,禁止空顶作业;五是巷道维修必须制定和落实安全技术措施,矿领导现场盯守,禁止先拆后支;六是现场作业必须执行敲帮问顶和工程质量验收制度,发现事故隐患立即停止作业,禁止违章指挥;七是采掘作业人员必须熟练掌握本岗位操作技能,禁止违章作业。

2.内蒙古煤监局生产煤矿顶板管理专项监察

为了吸取以往监察区域煤矿顶板事故占比较重的教训,督促煤矿加强井下现场安全管理,遏制顶板事故的发生,保障2015年区域内煤矿安全生产活动顺利进行,赤峰监察分局针对薄弱环节,自2015年1月12日至1月31日开展辖区内顶板管理专项监察。此次专项活动共设立了3个监察小组,主要监察对象为正常生产的煤矿或正在井下进行巷道支护及维修的煤矿。监察过程采取双向推进的方式方法,地面井下同时展开监察活动,保证专项监察不留死角。地面组主要负责检查现场作业与设计布局是否一致、编制的作业规程顶板管理的安全技术措施是否到位,从技术管理层面排除顶板隐患。井下组分别对掘进工作面、采煤工作面以及巷道维修进行主要检查:如是否严格执行前探支护,是否有空顶作业现象、端头支护,超前支护是否符合规程要求、是否按作业规程的规定进行维修作业等现场事项,从井下实际作业层面排除顶板隐患。监察分局还要求,为了保证监察质量,杜绝"一查了之"现象,各监察组要将监察情况进行总结,形成书面材料,结合2014年煤矿顶板事故,开展警示教育活动,真正吸取事故教训,遏制顶板事故的发生。1月21日,赤峰分局召开了2014年辖区顶板事故分析研讨会,随即在对通达煤矿、公格营子煤矿进行顶板专项监察工作的同时,分别在两矿召开了顶板事故警示教育会。在1月中旬的监察工作中,为进一步有效扩大顶板警示教育覆盖面,赤峰分局在扎鲁特旗兴旺煤炭有限责任公司召开了由通辽市鲁兴煤业有限公司 3 座井工煤矿矿级领导参加的顶板事故警示教育片区会,扩大警示教育宣传工作覆盖面,提高煤矿顶板安全管理水平,排除顶板隐患,保障安全生产的顺利进行。

三、矿井顶板事故防治新技术、新装备

我国过去对煤矿顶板事故的研究多集中在被动支护方面,近年来,顶板事故致因和监测预警研究得到加强。如通过建立顶板事故致因 ISM 模型,从人的个体行为因素、物的因素、环境因素和管理因素综合研究顶板事故的原因。在顶板事故预防中,进一步强调了新型支护材料的开发和利用现代科技手段进行监测预警的研究。2014 年 1 月,国家安监总局和国家煤监局公布了安全科技"四个一批"重要成果,其中涉及矿井顶板事故防治的新技术新装备有以下几种:

(1)煤矿顶板安全综合监测预警技术(天地科技股份有限公司)。该技术能实时在线监测各种与顶板灾害相关的参数,并利用这些参数分析顶板灾害征兆,实现矿井顶板灾害的预警。监测的参数有支架工作阻力、煤岩体应力、锚杆(索)载荷、顶板下沉量、巷道变形量和离层量等。

(2)采空区围岩变形支护结构动态监测预警系统(五矿邢邢矿业有限公司)。该系统能对全矿巷道稳定性实现分布式、网络化无线监测,实时反馈监测区域内围岩应力应变动态变化,及时作出灾害预警。

四、顶板事故新案例

2014 年 10 月 24 日 22 时 51 分左右,新疆东方金盛工贸有限公司米泉沙沟煤矿＋615 m 45# 煤层东翼综采放顶煤工作面发生一起重大顶板事故,造成 16 人死亡、11 人受伤,直接经济损失 1 586.21 万元。

(一)矿井基本情况

米泉沙沟煤矿由 14 处小井合并而成,设计能力 15 万 t/a,2007 年核准生产能力 9 万 t/a。主采 43-1#、45# 煤层,平均厚度分别为 11.64 m、30.87 m。43-1# 煤层顶底板均以粉砂岩为主,局部含泥岩,单向抗压强度 1.62～52.4 MPa,为易软化的极软—较硬岩石。45# 煤层顶板以粉砂岩和细砂岩为主,夹少量中砂岩及泥岩,饱和状态下单向抗压强度为 26.02 MPa,为中等稳定型顶板;底板为深灰色粉砂岩,饱和状态下单向抗压强度为 2.8 MPa,不稳定;45# 煤层普氏系数 $f=2～3$,整体性较好,不易垮落。

矿井生产水平为＋551 m 水平,总回风水平标高＋625 m。＋551 m 水平划分为 1 个上山采区,进行两翼开采,西翼走向长 760 m,各煤层已回采完毕;东翼走向长 1 240 m,自井底车场向东 480 m 范围内各煤层已采完,现开采剩余走向长 757 m 范围内的煤层。东翼剩余走向范围内布置有＋615 m 43-1# 煤层水平分段液压支架炮采放顶煤工作面(2012 年发火封闭)和本次发生事故的＋615 m 45# 煤层东翼综采放顶煤工作面,采用水平分段液压支架炮采放顶煤和水平分段综采放顶煤采煤法。

(二)事故经过

10 月 24 日夜班进行采面割煤、放顶煤,因作业循环被打乱,早班进行了工作面顶煤爆破和割煤、放顶煤。事故当班井下布置有＋615 m 45# 煤层综采工作面、＋551 m 运输大巷胶带机尾处与总回风联通的＋551～＋577 m 通风上山眼进行刷扩 2 处作业地点。

当班班前会安排李某负责＋615 m 45# 煤层综放面收缩胶带、移转载机、回收回风平巷轨道和管路,金某负责工作面架前和两平巷打眼装药,另有 3 人在＋551～＋577 m 通风上山眼进行刷扩作业,共有 33 人入井。李某、金某等 29 人来到采煤工作面作业,爆破工吴某等3人在＋551～＋577 m专用回风上山眼刷扩作业,井底车场1人打信号。17时30分,金某等6人在工作面架前打眼、装药;21时30分左右,金某等人在工作面施工完4个架前深孔炮眼,并装药封孔,然后带4人将2台钻机移至回风平巷施工深孔炮眼,另有4人等待装药;蒋某等2人将1台钻机移至运输平巷施工深孔炮眼;刘某、乌某、陈某、史某等5人在回风平巷内回收轨道、压风管、水管,其余人员在运输平巷收缩胶带。22时30分左右,机修班长马某几人在胶带机尾处焊接缓冲托辊架,其他人员在各自地点继续作业。22时51分左右,金某正在回风平巷打钻,突然耳朵感觉"嗡"的一下,意识到冒顶了,接着一股风从工作面压过来。在回风平巷作业的刘某、陈某、乌某感到突然一阵冷风吹来,乌某喊"来压了,快跑!"。刘某闻声往外跑了几步又返回来拿上工具包,转身向外跑,慌乱中跟随其他人折回工作面跑到运输平巷,看见乌某、史某倒在转载机旁,跨过乌某后也倒在转载机旁;陈某正在回风平巷内距工作面30 m处拆卸轨道,听到喊声立即向外跑去,没跑几步就昏倒在地,醒来后挣扎着走到石门胶带机头新鲜风流处。当班公司安检员冉某正在运输平巷里往外走,发现风流突然停滞并逆转,就赶紧趴下。正在胶带机头割挡煤皮的刘某也发现运输平巷风流方向逆转,接着看见煤尘出来。过了3分钟左右,冉某感觉风向正常了,爬起来跑到胶带机头给调度室打电话"井下风流反了,你给工作面打个电话,问一下情况,是不是有啥事"。事故发生时,该工作面已装封完的炮眼尚未启爆。

（三）事故原因和性质

1.直接原因

＋615 m 45#煤层综放面上部存在小窑采空区大面积悬顶,违规放顶煤开采,导致采空区顶板大面积冒落,压出大量有毒有害气体,造成作业人员窒息死亡。

2.间接原因

（1）米泉沙沟煤矿违反三级人民政府挂牌督办指令和监管指令,违规组织生产。米泉沙沟煤矿置自治区、乌鲁木齐市、米东区三级人民政府重大事故隐患挂牌督办和米东区煤炭局下达的监管指令于不顾,违反《关于对新疆东方金盛工贸有限公司米泉沙沟煤矿重大隐患治理方案的批复》(米煤局字〔2014〕49号)文件规定的"综放面初采150 m只推不放顶,到指定位置后,立即停止推进"规定,违规组织生产。

（2）米泉沙沟煤矿未按照专家制定并论证的方案进行整改,违法生产并采取多种隐瞒手段逃避监管。米泉沙沟煤矿未按照经过专家论证的《新疆甘电投辰旭能源有限公司东方金盛米泉沙沟煤矿防灭火设计》所确定的"在开采45#煤层时,先行对地面剥离区进行黄土覆盖压实,再从地面施工钻孔,对小窑采空区全部充填胶体泥浆,然后启封井下封闭的＋615 m 45#煤层综放面,采用只开帮不放顶(即不回收顶煤)方式快速推进150 m至火区范围以外;在火区压覆范围以外,从计划放顶煤位置后方30 m处开始,从井下施工钻孔向上部采空区灌注胶体泥浆,将小窑最低水平采仓全部充填满,然后进行放顶煤开采"方案进行整改;为逃避监管,采取中班进行架间打眼爆破和夜班进行放顶煤作业、放顶煤炮眼布置图不公开、安排工人反映假情况、会议记录失真、隐患排查记录造假等多种手段隐瞒违法生产行为。

（3）新疆辰旭公司在米泉沙沟煤矿对外承包过程中对乙方提供的资质真伪认定失察。事故发生后,经调查认定核工业金华建设工程公司没有煤矿生产经营资质,黄某私刻"核工业金华建设工程公司"及公司法人代表的两枚印章;在签订承包合同时,新疆辰旭公司未与核工业金华建设工程公司主要负责人联系以确认该公司资质和委托是否属实。

（4）新疆辰旭公司没有认真履行实际已承担的法人职责。2011 年 6 月 20 日,甘肃辰旭公司与新疆东方金盛工贸有限公司签订资产转让协议,于 2011 年 7 月 18 日完成了资产的移交,并请求允许使用新疆东方金盛工贸有限公司的经营手续进行生产经营,明确"在未完成采矿许可证等证照变更登机前,甲方允许乙方使用原甲方采矿许可证等证照进行生产,期间如发生安全事故,所有的经济、行政、刑事责任完全由乙方承担"。新疆辰旭公司自接手米泉沙沟煤矿生产经营起已实际开始履行法人职责,但在其后的安全生产活动中,将米泉沙沟煤矿进行承包经营,没有落实有关政府的督办要求,且对米泉沙沟煤矿安全生产活动中违法违规行为没有制止。

（5）安全监管工作不到位。米东区、乌鲁木齐市人民政府及有关煤炭管理部门对挂牌督办矿井的隐患整改指导、督促、跟踪不力,对煤矿打眼爆破方式处理顶煤、违规生产等情况失察。

3.事故性质

通过调查分析,认定该起事故为责任事故。

（四）事故防范措施

（1）乌鲁木齐市、米东区人民政府要进一步贯彻落实《国务院办公厅关于进一步加强煤矿安全生产工作的意见》（国办发〔2013〕99 号）的精神,深刻汲取事故教训,建立健全煤矿安全长效机制,加大调整结构、整顿关闭的力度,淘汰落后产能;加强对挂牌督办矿井重大事故隐患整改治理工作的督办、跟踪落实的力度;加大对隐蔽致灾因素的排查和治理力度,特别是要针对乌鲁木齐所属矿区特厚急倾斜煤层开采中的采空区问题进行处理,坚决遏制煤矿重特大事故的发生。

（2）煤矿企业应当牢固树立法制观念,强化安全生产责任主体意识。煤矿企业要确保依法办矿、依法管矿、合法生产。要严格执各级人民政府关于煤矿安全生产的决策部署和工作安排,认真履行企业安全生产的主体责任;不得将煤矿发包或者出租给不具备安全生产条件或者相应资质的单位或者个人,严格审查承包方的资质;加强对作业人员的安全培训力度,尤其是紧急避险、自救、互救知识和能力的培训。

（3）切实加强对煤矿的安全监管工作。煤矿安全监管部门要创新监管方式,加大处罚力度,对隐瞒实情,逃避监管,违法生产的煤矿,一经查实,必须采取坚决措施予以查处,直至吊销证照、提请地方人民政府依法关闭;采取明察暗访、突击检查等方式,防止煤矿弄虚作假、逃避检查,切实保障人民群众生命和财产安全,促进经济社会持续健康发展。

第七节　矿井机电运输事故预防与治理

一、我国煤矿机电运输事故现状

长期以来,我国煤矿机电运输事故发生起数仅次于顶板事故,位居第二,死亡人数在顶板、瓦斯事故之后位列第三。2013 年全国煤矿机电事故 41 起,死亡 43 人,分别占全国事故总起数和死亡人数的 6.8% 和 4.0%,运输事故 109 起,死亡 124 人,分别占全国事故总起数和死亡人数的 18.0% 和 11.6%;2014 年机电事故 36 起,死亡 37 人,分别占全国事故总起数和死亡人数的 7.1% 和 4.0%,运输事故 83 起,死亡 103 人,分别占全国事故总起数和死亡人数的 16.3% 和 11.1%。

另外,机电运输事故还容易引发其他事故。如 2002～2012 年期间,因煤矿机电运输设备不完好、失爆或使用非阻燃、非防爆矿用设备等原因,导致瓦斯爆炸、火灾等特别重大事故 18 起,死亡 1 117 人,分别占同期特别重大事故总起数的 29.5% 和死亡人数的 32.2%;发生斜井跑车、立井坠罐重大运输事故 7 起,死亡 94 人。例如,2010 年 1 月 5 日,湖南省湘潭市湘潭县谭家山镇立胜煤矿违规使用国家明令禁止的设备和工艺,在 18 处暗立井中全部采用调度绞车配自制"吊箩"提升装备,多处使用淘汰设备,因非阻燃电缆老化破损,短路着火,引燃电缆外套塑料管、吊箩、木支架及周边煤层,产生大量有毒有害气体,造成 34 人窒息死亡的特别重大火灾事故。

二、矿井机电运输事故预防新规定

(一)《煤矿矿长保护矿工生命安全七条规定》

2013 年 2 月 21 日,为认真落实中央领导同志重要批示精神,大力宣传贯彻《煤矿矿长保护矿工生命安全七条规定》(国家安全监管总局令第 58 号,以下简称《七条规定》),国家安全监管总局、国家煤矿安监局研究起草了《七条规定》宣传提纲。

《七条规定》中第六条:必须保证井下机电和所有提升设备完好,严禁非阻燃、非防爆设备违规入井。

由于井下存在着瓦斯等有害气体,凡是入井的机电设备都必须取得煤矿矿用产品安全标志,必须具有阻燃、防爆的功能;煤矿使用的各种提升运输设备必须完好,不能带病运转,也不能超载超限。可见,机电运输是煤矿安全生产的重要环节,井下机电和提升运输设备的安全可靠运行与煤矿安全生产息息相关,直接影响矿工生命安全。目前,全国煤矿零敲碎打的机电运输事故多发,分析原因主要有:现场管理不到位,违规违章安装和操作运输设备,有的设备老化长期得不到检修、维护和更新;有的斜井人车运输时人料混搭、制动保护等安全装置不起作用;有的提升绞车制动失灵、钢丝绳断裂、矿车未连接好等导致发生跑车或坠罐;有的井下违规使用非阻燃、非防爆矿用设备;有的设备设施没有取得煤矿矿用产品安全标志;有的使用国家明令禁止淘汰的设备等。

(二)山东煤监局煤矿机电运输安全七条规定

2014 年 6 月 3 日,国家煤矿安监局办公室转发了山东煤矿安监局制定的《煤矿机电运输安全七条规定》(煤安监司办〔2014〕9 号),要求结合贯彻落实《煤矿矿长保护矿工生命安全七条规定》,认真学习借鉴,扎实做好本地区、本企业煤矿安全生产工作。

(1)必须保障矿井双回路电源线路、井下供电不少于两回路,严禁擅自更改继电保护整定值。

(2)必须严格遵守停送电管理制度,严禁非专职人员或非值班电气人员操作电气设备。

(3)必须保证在用机电设备设施完好,严禁使用未经检测的大修设备及国家明令禁止或淘汰的设备和工艺。

(4)必须选用按规定取得安全标志的矿用产品,严禁非阻燃、非防爆电气设备违规入井。

(5)必须按照设备设计能力提升和运输人员,严禁安全保护装置失效、人物混乘、无证操作。

(6)必须确保安全监控、人员定位、通信联络系统正常运转,严禁非兼容、未标校的部件和设备随意接入。

（7）必须定期检查维修和检测设备设施，严禁带电检修、搬迁电气设备和电缆。

三、矿井机电运输事故预防新技术、新装备

（一）安全科技"四个一批"重要成果

2014 年 1 月，国家安监总局和国家煤监局公布了安全科技"四个一批"重要成果，其中涉及煤矿粉尘防治的新技术新装备有以下几种：

1. 矿井安全提升综合保障技术及装备（徐州市工大三森科技有限公司研发）

该套技术装备包括换绳车、自动换层摇台、择绳调换保护装备。

YHC 型换绳车，是摩擦提升首绳更换专用装备。它首创了双绳交互式换绳工艺，采用直线式连续夹持收放绳技术，实现新旧绳井口同步交互收放，安全、快捷、高效；采用优质摩擦衬垫超静定夹持首绳，不损伤首绳，从根本上改变了矿井井筒换绳理念，获得授权发明专利 6 项，先后在淮南矿业集团、冀中能源峰峰集团、中煤能源集团、陕煤集团等下属矿井成功应用，解决了矿山立井井筒更换首绳时人数多、劳动强度大等问题，防范事故发生，确保生产安全。

ZHT-B 型双补锁定回转自动换层摇台，采用对提升绳弹性伸长、上下补偿的双补偿技术及对提升容器的锁定技术，实现双补到位，停罐位置在 450～150 mm 之间任意锁定，保证深立井上、下大件时，进出罐笼稳定、安全，消除了因罐笼反弹引起的掉道事故，可替代国外进口装备。

@TT 型择绳调换智能保护装置，实现了双码择绳调整、滑绳溜车保护、卡绳等功能，防止摩擦提升滑绳溜车事故发生，弥补了摩擦提升系统存在的本质不安全因素，适用于提升系统维护调整和滑绳溜车保护。

2. 煤矿电力监控系统［天地（常州）自动化股份有限公司研发］

该系统致力于解决煤矿井下供电系统难题，是国家科技部技术开发项目的新成果，采用现代通信技术、计算机技术、电力电子技术对煤矿井下二次供电设备以及监控设备进行重新组合，优化设计，可实现变电所视频远程监视、遥控断电/上电、遥测、遥信、遥调，以及视频联动、语音联动、环境联动，减少供电事故发生，实现防越极跳闸、故障定位功能，能显著缩短故障排除时间。系统有综合电力调度配置，分区调度型配置、环网接入型配置以及多种组网模式，能满足不同用户的高、中、低端要求。

（二）煤矿粉尘防治技术与装备政策导向

为了鼓励和推广先进适用的生产技术与装备的应用，限制和淘汰落后的技术与装备，提升煤炭工业技术与装备水平国家发展和改革委员会于 2014 年编制了《煤炭生产技术与装备政策导向》，其中对井工供电、提升、运输做了相关说明，如表 4-35～表 4-46 所列。

表 4-35　　　　　《煤炭生产技术与装备政策导向》（井工供电——鼓励类）

类　别	分类名称
一、供电方式	1. 地面变电所综合自动化
	2. 110 kV 智能变电站
	3. 井下变电所综合自动化
	4. 井下 3.3 kV 供电

类　　别	分类名称
二、安全保护	1.井下继电保护
	2.采区供电接地故障超前切断
三、节能技术	变频调速
四、供电装备	1.矿用防爆型动力中心
	2.矿用隔爆型移动变电站

表 4-36　　　　《煤炭生产技术与装备政策导向》(井工供电——推广类)

类　　别	分类名称
一、供电方式	1.地面 35 kV 以上双回路电源供电
	2.地面 10 kV(6 kV)双回路电源供电
	3.地面 660 V 低压供电
	4.采区钻孔供电
	5.地面专用机房双回路电源供电
	6.井下双回路电源供电
	7.井下 6 kV、10 kV 供电
	8.井下 660 V、1 140 V 供电
二、安全保护	1.电子综合保护
	2.单相接地保护
	3.防雷保护
	4.防触电保护
三、节能技术	1.主变压器优化运行
	2.动态功率因数补偿
	3.静态功率因数补偿
	4.提高供、用电电压等级
	5.矿用节能照明灯
四、供电装备	1.YBK2 系列煤矿用隔爆型三相异步电动机
	2.矿用防爆型组合开关、多回路真空启动器

表 4-37　　　　《煤炭生产技术与装备政策导向》(井工供电——限制类)

类　　别	分类名称
地面供电方式	单回路与发电机备用电源联合供电

表 4-38　　　　《煤炭生产技术与装备政策导向》(井工供电——禁止类)

类　　别	分类名称
一、地面供电方式	1.矿井单回路电源供电
	2.带自动重合闸的向井下高压馈电
	3.地面中性点直接接地的电网或发电机直接向井下供电

类　　别	分类名称
二、供电装备	1. 供电电源变电所负荷定量器
	2. 采用 HD6、HD3 系列刀开关的开关
	3. 采用 DZ10 系列塑壳断路器的矿用隔爆馈电开关
	4. 采用 DW10 型断路器的低压开关
	5. 采用 DW80 空气断路器的馈电开关
	6. 采用 CJ8、CJ10 系列交流接触器的低压开关
	7. QC10、QC12、QC8 系列电磁启动器
	8. 矿用隔爆型插销开关
	9. 采用 JR0、JR9、JR14、JR15、JR16-A、JR16-B、JR16-C、JR16-D 系列热继电器的矿用隔爆型电磁启动器和综合保护装置
	10. GL 动圈式反时限过流继电器
	11. PB_2、PB_3、PB_4 矿用高压隔爆开关
	12. BJO_2、BJO_3 矿用隔爆型三相异步电动机
	13. KSJ、KSJL 系列变压器
	14. 钴酸锂离子蓄电池
	15. 铝包电力电缆
	16. 低压铝芯电力电缆
	17. 非阻燃电缆
	18. YB 系列隔爆型三相异步电动机
	19. YB2 系列隔爆型三相异步电动机
	20. 油浸式电器设备
	21. 油断路器构成的 GG-1A 型高压开关柜
	22. BKD9 系列矿用隔爆型真空馈电开关
	23. 油浸纸绝缘电缆
	24. QC 系列矿用隔爆电磁启动器
	25. 3 t 直流架线式井下矿用电机车
	26. 单光源矿用安全帽灯
	27. 非本安型电话机

表 4-39　　　　　　　《煤炭生产技术与装备政策导向》(井工提升——鼓励类)

类　　别	分类名称
一、拖动方式	1. 交直交四象限变频调速交流拖动
	2. 低速交流电机拖动
	3. 内装式电机交流拖动
二、提升控制	提升机自动化控制
三、安全保护	1. 提升机液压盘式制动系统安全监护
	2. 提升载荷监测
	3. 摩擦轮提升机滑动保护

表 4-40　　　　　　《煤炭生产技术与装备政策导向》(井工提升——推广类)

类　别	分类名称
一、提升方式	1.立井箕斗(罐笼)缠绕式提升
	2.立井箕斗(罐笼)摩擦轮提升
	3.斜井箕斗(矿车)缠绕式提升
	4.斜井带式输送机提升
	5.斜井(巷)大倾角带式输送机
	6.斜井运人装置
二、提升机安全保护	1.立井提升过卷过放保护装置
	2.斜井提升过卷保护装置
	3.液压制动
	4.立(斜)井提升机过速保护装置
	5.立(斜)井提升机过负荷和欠电压保护装置
	6.立(斜)井提升限速装置
	7.立(斜)井提升机深度指示器失效保护装置
	8.立(斜)井提升机闸间隙保护装置
	9.立(斜)井提升机松绳保护装置
	10 立(斜)井满仓保护装置
	11.立(斜)井提升机减速功能保护装置
	12.立井防坠保护装置
	13.立井井口安全门(摇台)闭锁保护装置
	14.斜井防跑车保护装置
三、带式输送机安全保护	1.带式输送机电气保护装置
	2.带式输送机驱动滚筒防滑保护装置
	3.带式输送机堆煤保护装置
	4.带式输送机温度保护装置
	5.带式输送机烟雾保护装置
	6.带式输送机高温自动洒水保护装置
	7.带式输送机跑偏保护装置
	8.带式输送机断带保护装置
	9.钢绳芯输送带在线监测装置
	10.输送带张紧力保护装置
	11.带式输送机防纵撕保护装置
	12.上运带式输送机制动器、逆止器保护装置
	13.沿线急停装置
四、提升装备	1.组合式罐道
	2.轻型箕斗

表 4-41　　　　《煤炭生产技术与装备政策导向》(井工提升——限制类)

类　别	分类名称
一、提升方式	斜井人车
二、提升装备	木罐道

表 4-42　　　　《煤炭生产技术与装备政策导向》(井工提升——禁止类)

类　别	分类名称
一、拖动方式	1. TKD 交流拖动
	2. 电阻调速交流拖动
	3. F-D 供电直流拖动
二、提升控制技术	闸控系统
三、提升装备	1. JKA 矿井提升机
	2. XKT 矿井提升机
	3. KJ 矿井提升机
	4. 使用继电器结构原理的提升机电控装置
	5. JTK 矿用提升机
	6. 用于主井提升的内齿轮绞车
	7. KJ1600/1220 单筒缠绕式绞车
	8. 单绳提人无防坠器罐笼
	9. 非阻燃、非抗静电输送带

表 4-43　　　　《煤炭生产技术与装备政策导向》(井工运输——鼓励类)

类　别	分类名称
一、运输方式	1. 无轨胶轮车运输
	2. 无极绳绞车运输
二、控制技术	1. 输送机变频调速
	2. 刮板输送机变频调速

表 4-44　　　　《煤炭生产技术与装备政策导向》(井工运输——推广类)

类　别	分类名称
一、运输方式	1. 固定式带式输送机运输
	2. 吊挂式带式输送机运输
	3. 可伸缩带式输送机运输
	4. 架线式电机车轨道运输
	5. 防爆特殊型蓄电池式电机车轨道运输
	6. 单轨吊运输
	7. 大倾角带式输送机运输
	8. 乘人装置

类　　别	分类名称
二、控制技术	1. 可控启动技术
	2. 信集闭集中控制
	3. 带式输送机连锁控制
	4. 下运制动技术
三、斜巷安全保护	1. 斜巷防跑车保护
	2. 带式输送机电气保护
	3. 带式输送机驱动滚筒防滑保护
四、带式输送机安全保护	1. 带式输送机堆煤保护
	2. 带式输送机温度保护
	3. 带式输送机烟雾保护
	4. 带式输送机高温自动洒水保护
	5. 带式输送机跑偏保护
	6. 带式输送机断带保护
	7. 钢绳芯输送带在线监测
	8. 输送带张紧力保护
	9. 带式输送机防纵撕保护
	10. 上运带式输送机制动器、逆止器保护
	11. 下运超速保护
	12. 沿线急停
五、运输装备	道轨

表 4-45　　　　　《煤炭生产技术与装备政策导向》(井工运输——限制类)

类　　别	分类名称
运输装备	钢丝绳牵引带式输送机

表 4-46　　　　　《煤炭生产技术与装备政策导向》(井工运输——禁止类)

类　　别	生产技术(装备)
运输方式	1. 非防爆无轨胶轮车运输
	2. 单缸防爆柴油机无轨胶轮车运输
	3. 非阻燃、非抗静电输送带
	4. 水阻调速调度绞车
	5. 3 t 直流架线式井下矿用电机车
	6. 防爆三轮无轨胶轮车
	7. 8 t 及以上电阻调速防爆特殊型蓄电池电机车
	8. 7 t 及以上电阻调速架线式工矿电机车

四、煤矿机电运输事故新案例

2012 年 11 月 3 日 0 时 20 分,枣庄矿业(集团)有限责任公司蒋庄煤矿(以下简称蒋庄煤矿)3上 906 综采工作面运输巷发生一起运输事故,造成 5 人死亡,直接经济损失 792.36 万元。

(一)矿井基本情况

1. 矿井概况

蒋庄煤矿隶属于枣庄矿业(集团)有限责任公司,为省属国有煤矿。井田南北长约 10 km,东西宽约 3.5 km,面积约 36.639 4 km²。矿井设计生产能力 150 万 t/a,设计服务年限 69 年,现核定生产能力 275 万 t/a,矿井剩余服务年限 9.2 年。

2. 事故地点概况

本次事故发生在矿井南九采区 3上 906 综采工作面运输巷。3上 906 综采工作面平均走向长 503 m,平均倾向宽 210 m,煤层厚度 3.3～4.5 m,煤层倾角 0°～18°,平均 8°,可采储量 52.3 万 t。3上 906 综采工作面因断层跳面,综采工作面外面于 2012 年 9 月 25 日至 10 月 27 日安装,11 月 2 日前正在调试设备,完善运输系统。

3上 906 综采工作面运输巷长 820 m,采用锚网支护,巷道设有胶带和轨道。3上 906 综采工作面因断层跳面,运输系统重新进行了调整。轨道调整后,轨道右侧距胶带机架最小距离 360 mm,轨道左侧距煤壁最小距离 360 mm,最大距离 500 mm。运输巷外段有一段上山,长度 161 m,坡度 16°。上车场距离变坡点 10.5 m 处,安装一部 JD-40 型 40 kW 调度绞车提升,钢丝绳直径为 18.5 mm。2012 年 5 月中旬绞车安装在该巷原轨道中心线处,轨道调整后,10 月 26 日综采一区申请挪移该绞车到现在的安设位置,绞车基础为混凝土基础,绞车右侧边缘距轨道的距离 400 mm,提升中心线偏离轨道中心线 990 mm。绞车挪移后已接通电源,但未经调整、验收,绞车不具备安全运行条件。

运输巷上山上车场变坡点以上有站柱式挡车器,变坡点以下 7 m 处有一处常闭阻车器(卧闸)。下车场设有信号硐室。巷道中部超速挡车器、下车场单轨吊梁挡车装置正在安装施工,不能正常使用。

3上 906 综采工作面运输巷下车场与 3上 904 运道斜巷呈直角平面交叉,正前方与 3上 904 运道斜巷交叉处有一硐室,硐室内安装有 3上 906 运输巷掘进施工时使用的已闲置绞车和开关,安设胶带机操作台,并兼作 3上 904 运道斜巷信号硐室。3上 906 综采工作面运输巷下车场安装有综采工作面第三部胶带机机头,交叉处 3上 904 运道内安装有综采工作面第二部胶带机机尾。

10 月 30 日,矿安监处检查时,对 3上 906 综采工作面运输巷安全设施不完善的问题,向综采一区下达隐患整改通知单。11 月 2 日,蒋庄煤矿组织安全质量检查时,运输巷上山中部超速吊梁、下车场挡车梁已放在现场,但尚未安装到位,运输工区向综采一区下达了 3上 906 综采工作面运输巷安全设施隐患整改通知单,要求立即整改,但未采取断电措施。11 月 2 日夜班,综采一区组织人员落实整改。

(二)事故经过

1. 事故发生经过

11 月 2 日综采一区夜班(检修班)班前会,值班技术员丁某安排工长魏某带领李某、孔某、仝某负责先将一矿车水槽运到 3上 906 运输巷下车场,将第二部胶带机尾处一台开关回收装车,然后安装完善 3上 906 运输巷超速吊梁和下车场挡车吊梁等安全设施。

11 月 2 日巷修工区夜班班前会,值班技术员周某安排副工长兼绞车司机陈某、信号把钩工刘某在 3₌ 906 运输巷进料,将两个料车中装有的 260 套锚杆及托盘运送到 3₌ 906 运输巷上山上车场。

11 月 2 日夜班,巷修工区陈某、刘某将两车锚杆及托盘通过 3₌ 904 运道 25 kW 绞车运到 3₌ 906 运输巷下车场。综采一区魏某、李某、孔某、仝某随后将水槽车运到 3₌ 906 运输巷下车场,把一辆平板车运到 3₌ 904 运道下部挡车辊以上的位置。平板车准备用于回收开关。

11 月 2 日夜班,综采一区跟班安检员吴某沿 3₌ 906 运输巷到综采工作面检查一遍,发现斜巷安全设施不全,综采一区正准备安装的超速吊梁、下车场挡车吊梁正停放在现场,两矿车锚杆、托盘停放在车场。

3 日 0 时左右,陈某、刘某在 3₌ 906 运输巷下车场准备将两车锚杆、托盘提运到上车场。刘某在下车场把钩,陈某到上车场开绞车提车。0 时 20 分,陈某将两个料车沿斜巷提升约 80 m时,绞车钢丝绳缠绳跑偏,偏出右侧滚筒槽导入离合闸被滚筒边缘挤压切断,发生跑车,两矿车冲入下车场对面的硐室内,车辆及车上的物料将在该硐室外侧的信号把钩工刘某、综采一区在硐室内回收设备的魏某、李某、孔某、仝某撞伤和砸伤。

2. 事故报告及抢险经过

11 月 3 日 0 时 20 分,综采一区班长马某在 3₌ 904 运道第二部胶带机道离事故地点约 50 m 处巡检胶带,听到"嘭"的一声巨响,立即向第三部胶带机头跑去,发现运输巷发生跑车事故,立即向矿调度室、综采一区汇报,并通知在第二部胶带机头处的梁某到现场施救。调度员接到汇报后,立即通知值班领导矿党委书记和调度室主任,并立即启动了应急预案,并要求在事故现场的马某通知综采一区工作面上的工作人员进行抢救,同时通知井下带班领导机电副总赶赴现场组织抢救。综采一区跟班领导接到事故通知后,从工作面带领李某等 5 人约 1 时左右赶到事故地点,与先期到达的马某等一起救出绞车硐室操作台处的 3 名受伤人员。矿保健站值班医务人员 1 时 20 分左右赶到事故现场,对已救出的 3 人进行施救,经简单处理后安排升井。井下带班领导赶到事故现场后,会同先后赶到的张某、等人继续组织现场抢救,2 时 30 左右将刘某、李某救出,经检查确认已无生命体征。3 时 50 分,蒋庄煤矿调度室将事故情况向枣庄矿业(集团)公司调度室进行了汇报。4 时 28 分,蒋庄煤矿调度室向鲁南煤监分局报告了事故。

接到事故报告后,山东煤矿安全监察局、山东省煤炭工业局、鲁南煤监分局、山东能源集团、枣庄矿业(集团)有限责任公司等单位的领导及有关人员陆续到达蒋庄煤矿,查看井下事故现场,安排指导伤员救治及善后处理工作。

(三) 事故原因和性质

1. 直接原因

3₌ 906 综采工作面运输巷上山 40 kW 绞车挪移、安装后,绞车安装位置提升中心线偏离轨道中心线 990 mm,未经调整、验收;运输巷上山中部和下车场安全设施不完善,不具备安全提升条件;绞车司机严重违章作业,在钢丝绳爬绳时未及时处置,致使钢丝绳偏出绞车滚筒导入离合闸侧,在滚筒边缘剪切、挤压作用下被切断,发生断绳跑车事故,是导致事故发生的直接原因。

2. 间接原因

（1）现场安全管理不到位，机电设备管理有漏洞。综采一区在 $3_上$ 906 运输巷提升安全设施未完善、绞车挪移安装后未经调整、验收情况下，接通绞车电源，造成严重安全隐患。

（2）现场安全监督检查不到位。矿井安全生产管理人员和监督检查人员对 $3_上$ 906 运输巷上山绞车爬绳、运输巷安全设施不完善等安全隐患重视不够，监督检查不力，安全防范工作不到位，没有及时发现和制止违章提升行为。

（3）矿井安全管理人员、工区管理人员和值班人员隐患督促整改不到位，安排工作失当。巷修工区与综采一区在 $3_上$ 906 运输巷交叉作业，未充分沟通协调，巷修工区值班人员在提升安全设施不完善的情况下安排职工运输物料，综采一区有关人员未予以制止。

（4）矿井安全教育不到位，职工安全意识差，侥幸麻痹思想严重。巷修工区职工在绞车不具备安全运行条件和安全设施不完善情况下严重违章提升物料，在提升车辆过程中，下车场把钩工和综采一区回收设备的人员安全防范意识差，未按规定躲避到安全地点。

3. 事故性质

经现场勘查、调查取证、技术分析，认定是一起责任事故。

（四）事故防范措施

1. 认真接受事故教训

举一反三，切实接受事故教训，加强矿井安全管理工作，全面认真排查治理安全隐患，交叉作业要制定并严格落实交叉作业的工作流程，使用非本单位管理区域的设备、设施，必须向设备管理单位提出申请后，确认设备完好、安全设施齐全可靠，方可使用。

2. 加强机电设备管理工作

强化监督，落实责任，强化对井下运输安全薄弱环节的管理及监督检查，严格落实井下运输各项制度和规定，切实履行区队管理人员、技术人员和安全检查工的岗位职责，及时完善和落实井下运输安全设施、现场安全技术措施和岗位责任制。

3. 强化教育培训工作

加大职工教育培训力度，提高业务技能，加强对职工的安全意识教育，特别是增强按章作业意识，增强自主保安意识，提高应急反应能力。

4. 健全完善机电运输管理机构

按照职能分工明确、科学合理原则，合理设置机电运输管理机构，强化机电运输管理职能部门的职责，确保部门管理责任落实到位。加强提升运输安全管理，严格执行提升运输设备、设施的设计、审批、安装、使用、撤除、挪移等安全技术管理制度。各类小绞车的安装、挪移要有专门设计或补充措施。

5. 做好隐患排查治理工作

超前防范，扎实做好隐患排查和治理工作，深入分析研究排查作业场所安全管理死角、薄弱环节等各类问题和隐患，采取可靠的治理措施，确保整改落实到位。

第八节　矿井热害预防与处理

我国自淮南九龙岗煤矿开采到 $-630 m$ 水平出现高温问题以来，高温热害矿井的数量增加较快,危害程度逐步加深。随着矿井开采深度逐渐增加,综合机械化程度不断提高,地热和井下设备向井下空气散发的热量显著增加。此外,一些地处温泉地带的矿井,虽然开采深度不大,但从岩石裂隙中涌出的热水以及受热水环绕与浸透的高温围岩也都能使矿内气温升高,湿度增大。矿内高温、高湿的环境严重地影响着井下作业人员的身体健康和劳动生产效率的提高,已形成一种新的矿井灾害——热害。根据平顶山矿区的统计,在煤层标高－380 m以下的矿井,夏季采掘工作面温度大多在33 ℃,相对湿度95%以上,到了不降温就无法组织职工正常生产的地步。目前,我国高温热害煤矿主要分布在河北、辽宁、黑龙江、江苏、江西、安徽、山东、河南、湖北、湖南、重庆、广西、福建等13个省市,以东部地区为主,其中山东、河南、安徽最多,其次为江苏、河北、辽宁等省份。

一、矿井热害防治的相关规定和新标准

(一)热害矿井等级

1.井田热害区等级的划分

井田热害区等级应按原始岩温划分为一级热害区(31～37 ℃)和二级热害区(≥37 ℃)。

2.矿山地温类型的划分

矿山地温类型应按地温梯度划分为低温类(≤1.6 ℃/100 m)、常温类(1.6 ℃/100 m～3.0 ℃/100 m)和高温类(≥3.0 ℃/100 m)。

3.热害矿井等级的划分

热害矿井应按采掘工作面的风流温度划分为一级热害矿井(28～30 ℃)、二级热害矿井(30～32 ℃)和三级热害矿井(≥32 ℃)。

对于一级热害矿井应加强通风,采掘工作面风流速度应为2.5～3.0 m/s;对于二级和三级热害矿井,除加强通风、提高风速外,还应采取人工制冷降温措施。对于三级热害矿井若不采取有效的降温措施,则应停止作业。

(二)热害防治的相关规定

《煤矿安全规程》规定,当采掘工作面空气温度超过26 ℃、机电设备硐室超过30 ℃时,必须缩短超温地点工作人员的工作时间,并给予高温保健待遇。当采掘工作面的空气温度超过30 ℃、机电设备硐室超过34 ℃时,必须停止作业。新建、改扩建矿井设计时,必须进行矿井风温预测计算,超温地点必须有降温设计。

进行矿井风温预测计算所依据的资料应准确可靠,所必需的资料主要有:恒温带深度、温度、平均地温梯度及其变化;地温剖面图;煤层底板地温等值线图,包括一、二级高温区的范围,各煤层及其上下主要岩层的热物理性参数,如导热系数、比热、密度等;煤层自燃情况;热水流入矿井的途径、水温、流量、水压、水质及超前疏放等治理热水的条件;矿区或本地区气象台站历年气象资料,包括年平均气温、各月平均气温、大气压力、相对湿度,邻近生产或在建矿井的地质资料和井下作业环境气象资料;矿井开拓、开采及通风资料;生产矿井、改扩建矿井和延深矿井可采用实测统计资料。预测内容应为矿井热害评价和热害治理提供基本资料和依据,主要内容有采煤工作面的下口、上口和掘进工作面迎头的最热月平均气象参数;主要机电设备硐室的最热月平均气象参数及机电设备硐室中设备同时运行台数最多时的月平均气象参数;采掘工作面和主要机电设备硐室气温超限的月份及矿井降温的年运行时间;移交生产时和热害最严重时的采掘工作面和主要机电设备硐室的冷负荷计算等。

（三）矿井热害防治原则

矿井热害防治应遵循下列原则：

（1）以预防为主，采取综合防治措施。

（2）应推广应用国内外已有的新技术、新装备和成熟的经验。

（3）所采用的技术装备，应符合《煤矿安全规程》及国家相关法律法规的要求。

（4）所采用的技术措施，应进行能效分析，符合国家的节能减排政策。

（5）对于新设计的矿井，应根据矿井通风的难易程度、矿井热环境条件变化，分期规划实施热害防治措施。

二、矿井热害防治技术和装备

目前我国矿井热害防治的方法有间接措施和直接措施。

（一）间接措施

1. 加强安全教育提高自我保护能力

针对矿井中高温、高湿、热害对人体的严重危害，为了保护矿工的身心健康，必须加强对此危害问题的深刻认识，加强矿工的安全教育，定期对矿工进行安全知识和安全技能的培训，提高矿工的安全防患意识，使矿工熟悉矿井热病的症状，学会现场急救措施，提高矿工的自我保护能力。

2. 加强对矿工的耐热检验

国外矿山企业为了保证生产安全，依据工人的耐热素质来挑选矿工，对保护企业安全生产、减少安全事故的发生，起到了非常重要的作用。

（二）直接措施

1. 非人工制冷空调降温

（1）通风降温。采用通风降温的主要方法是增加风量法。增加风量可以大大降低空气的含热量，改善矿井通风。矿井通风是采用机械或自然的通风方法，为矿内采掘工作面及机电硐室提供足够的新鲜空气来冲淡、带走有毒有害气体，以满足工作人员和产生的要求，是一种有效的降温措施。

（2）采用合理的开拓方式降温。开拓方式不同，入风线路长度不同，则风流到达工作面的风温也不同。一般情况下，采用分区式开拓方式可以大大缩短入风线路长度，从而降低入风流到达工作面前的温升。

（3）采用充填采矿法降温。采用充填采矿法有利于采场降温。这是因为减少了采空区岩石散热的影响，同时采空区漏风量也大大降低，另外充填物还可大量吸热，可起到冷却井下空气的作用。

（4）减少热源法降温。① 岩层热的控制：采用隔热物质喷涂岩层，防止围岩传热；使巷道保持适当的干湿，提高风速以提高空气冷却能力；预冷矿层等。② 机械热的控制：采取机电硐室独立通风；选择辅助风扇并选择合适的位置；避免使用低效率机械等。③ 热水及管道热的控制：采取超前疏排热水，并用隔热管道排至地面，或经过有隔热盖板的水沟导入水仓；将高温排水管和热压风管敷设于回风道，或将压缩空气冷却后再送入井下。④ 爆破热的控制：井下采掘爆破产生的热量，一般在爆破后不久即由回风道排到井外，为了免受其影响，通常采取将爆破时间与井下人员的工作时间分开的方法。

2. 制冷空调降温

制冷空调降温即通过安装制冷系统制造低温空气抵抗矿井热害。制冷空调降温的技术关键是制冷、输冷、传冷与排热控制。必须根据矿井的实际情况设计矿井制冷空调系统。

(1)制冷。制冷机按其结构特征分为离心式、螺杆式和活塞式,按对风流的冷却方式不同又分为冷风机组和冷水机组。由于煤矿井下空气中含有瓦斯、煤尘等可燃易爆气体,因此,要求制冷机所用的制冷剂必须符合无毒、不可燃和无爆炸危险的要求。

(2)输冷。在大范围的矿井降温工程中,制冷站制取的冷量大都通过管道用水作为载冷剂进行输冷。

(3)排热。制冷机安设在地面时,排热问题比较简单,容易解决。当安设在井下时,排热问题比较复杂,且难以解决。目前世界上许多井下大型降温系统都是利用回风流排热。

(三)我国矿井热害防治技术现状和问题

目前,山东、河南和安徽三省不仅热害煤矿数量最多,煤矿机械制冷降温系统的总装机量也居于首位,分别为 28.3 MW、26.4 MW 和 20 MW,占全国煤矿机械制冷降温总装机量的 50% 以上。

20 世纪 90 年代至今,煤矿高温热害防治理论及技术更加丰富,在理论研究方面,对矿井热交换、矿山地热学及矿井降温系统热力学等进行了深入的研究,我国矿井降温的理论体系得到了进一步的完善。在技术设备方面,对集中空调制冷、涡轮膨胀制冷、矿井压气空调制冷、冰冷辐射矿井降温、HEMS 降温、热—电—乙二醇降温等技术进行了深入的理论和实践研究,取得很好的效果。

在技术设备方面,山东新汶矿务局孙村煤矿、平顶山八矿相继设计及应用了我国第一、二套井下集中降温系统,总制冷能力分别为 23~26 kW 和 46~52 kW。

我国热害煤矿数量多,但是还有很多煤矿没有采取机械制冷降温措施。原因是多方面的,例如没有用于热害治理的资金、煤矿的生产条件无法满足煤矿降温工程实施的要求、领导不重视等等,使得他们在需求上显得不是很迫切。另外,目前国内大部分高温煤矿是使用国外的设备,制冷主机和很多配件都需要从国外进口,价格昂贵、维护困难;国内虽然也相继推出了相应的煤矿制冷降温设备,但是在市场上的占有率非常的低,因此制冷设备供应、市场容量与需求之间呈现出很大的差异。

目前我国在煤矿热害治理方面采用的技术和国外基本一致,煤矿降温主要面临的问题是缺乏关键的核心设备(比如局部制冷机组、大型防爆集中制冷降温机组等)。不论是向大型化发展的集中式降温系统还是向灵活化、小型化发展的局部移动式降温系统,在关键核心设备上需要有大的突破。在充分认识井下的高温、高湿、高尘、受限空间四大特点的基础上,在提高关键设备可靠性性能的同时,降低开发成本,这才有利于推动整个煤炭行业煤矿降温技术的进步。

煤矿高温热害防治逐步朝着经济、节能、合理、高效的趋势发展。虽然不同的高温煤矿各取所需,选择不同的降温系统,但是国家鼓励采取节能、废热利用、新能源利用等措施,在环境保护上提出了更高的要求。比如,利用煤矿抽出来的瓦斯进行发电,瓦斯发电厂余热用于溴化锂机组制冷或制热,制冷用于地面办公楼及井下降温,制热用于供应热水及冬天供暖。这种热电冷联产联供的模式已在多个煤矿得到应用,变废为宝,成为煤矿热害治理的一种新的发展模式。需要清楚的是该模式并非适用于所有的煤矿,只适用于那些高瓦斯煤矿或者有余热可利用的煤矿。总的来说,高温热害煤矿应因地制宜,在充分调研煤矿降温技术的基础上,汲取其他煤矿高温热害防治经验教训,根据自身实际,选择合理的降温方式,避免不合实际的跟风,从源头上来确保煤矿高温热害防治的科学决策。

（四）煤炭生产技术与装备政策导向

有热害的矿井在矿井设计时,应当结合降温需要选择有利于矿井热害治理的矿井开拓方式、巷道布置、采煤方法和通风系统。根据我国国情及国内外生产实践经验,应优先采用非人工制冷降温措施,当此法不经济或不可能实现时才采用人工制冷降温措施。2014 年 10月国家发展和改革委员会制定了《煤炭生产技术与装备政策导向》,其对井工热害防治鼓励类和推广类技术与装备作了相应说明,如表 4-47 和表 4-48 所列。

表 4-47　　　　煤炭生产技术与装备政策导向(井工热害防治——鼓励类)

类　别	生产技术	相关装备	适用条件
一、井工热害防治技术	1.采用冷风机组进行井下局部制冷降温	煤矿井下用冷风机组(制冷量:120～450 kW),水冷却装置或其他排热装置	大型、中型、小型热害矿井
	2.采用冷水机组进行井下局部制冷降温	煤矿井下用冷风机组(制冷量:500～2 000 kW),煤矿井下用保冷管道,水冷却装置或其他排热装置,矿用空气冷却器	大型、中型、小型热害矿井
	3.井下集中制冷降温	煤矿井下用冷风机组(制冷量:500～2 000 kW),煤矿井下用保冷管道,水冷却装置或其他排热装置,矿用空气冷却器	大型和中型热害矿井
	4.地面集中制冷降温技术	非防爆型冷水机组,高压水减压装置,煤矿井下用保冷管道,矿用空气冷却器	大型和中型热害矿井
	5.热电冷联产集中制冷降温	非防爆型冷水机组,高压水减压装置,煤矿井下用保冷管道,矿用空气冷却器	有井口电厂或其他可利用热能的热害矿井

表 4-48　　　　煤炭生产技术与装备政策导向(井工热害防治——推广类)

类　别	生产技术	相关装备	适用条件
一、井工热害防治技术	1.非制冷降温技术	加大通风强度,避开局部热源,大型机电硐室独立通风,缩短进风路线长度,减少采空区漏风和处理进风巷高温涌(淋)水	热害矿井
	2.地面井下联合制冷降温	非防爆型冷水机组,煤矿井下用冷水机组,高压水减压装置,煤矿井下用保冷管道,矿用空气冷却器	大型和中型热害矿井
	3.矿井冰冷低温辐射降温技术	低温乙二醇机组,片冰机,螺旋输送机,井下融冰水仓,煤矿井下用保冷管道,矿用空气冷却器	超深大型热害矿井
二、井工热害防治装备	1.地面用非防爆型冷水机组	螺杆式冷水机组和吸收式冷水机组	制冷机组布置在地面的各种降温系统,大中型矿井
	2.水冷却装置或其他排热装置	矿井水排热的水冷却装置,矿井回风排热的水冷却装置,地面供水排热的水冷却装置	热害矿井
	3.煤矿井下用保冷管道	矿用聚氨酯外保冷管道,矿用聚乙烯外保冷管道	各类降温系统冷冻水输送,适合热害矿井
	4.矿用空气冷却器	光管式矿用空气冷却器,肋管斜置式矿用空气冷却器,喷淋式矿用空气冷却器	各类降温系统传冷,适合各类热害矿井

类 别	生产技术	相关装备	适用条件
二、井工热害防治装备	5.高压水减压装置	高低压换热器,贮水池或减压阀,三腔式水能转换装置	热害矿井
	6.涡轮式空气制冷机		热害矿井
	7.矿用冷却服		热害矿井

三、矿井热害防治新经验

(一)平煤四矿热—电—乙二醇低温制冷矿井降温技术

平顶山煤业集团四矿提出利用瓦斯发电厂及矸石电厂余热,采用热—电—乙二醇降温机组这项新技术,对采掘工作面实施降温,取得良好效果。同时,实现不可再生资源的重复利用。

四矿二水平己三采区是 2001 年正式投产的采区,采区开采顺序为采区前进式,采煤方法为走向长壁后退式,回采标高为-380~-616 m,最大垂深为 1 200 m,所回采的己煤层是突出煤层。回采工作面配风量一般在 1 400~1 600 m³/min,掘进工作面采用 2 某 30 kW 对旋式风机,吸入风量 500 m³/min。

由于矿井埋深较大,采掘工作面生产过程中遇到了严重的地热问题,根据四矿 2007 年 7 月对高温采掘工作面温度的测量,采煤工作面最高温度达到 35.2 ℃,掘进工作面温度达到 33.4 ℃,职工进入工作面就汗流浃背,多数职工出现呕吐、中暑、身上长湿疹的现象,己16-23070 采煤工作面及三水平回风下山出现 18 人次的晕倒现象。职工出勤率大幅下降,采掘工作面正常的生产无法组织。

根据四矿对己组煤温度的测量,己15-23140 机巷煤体温度 41 ℃,三水平上车场开拓巷道原岩温度达 44 ℃。按此地温递增关系计算,己组煤地温梯度达 3.7 ℃/hm,以此推算三水平下部垂深 1 500 m 处,原岩温度将达到 73.5 ℃。如果不采取措施,三水平中下部将不可能进行开采。为了矿井的长远发展及职工的身体健康,矿井必须采取降温措施。

1. 热—电—乙二醇降温系统工艺流程

热—电—乙二醇降温技术,就是利用矸石电厂的蒸气余热,通过溴化锂吸收式冷水机组一级制出 5.2 ℃的乙二醇低温水。乙二醇是一种无色、无味、黏稠有甜味的液体,冰点温度-12.5 ℃,沸点 197 ℃,极易吸、放热的液体。乙二醇溶液的配制由设在制冷机组旁的乙二醇制备池配兑,其在纯水中的浓度必须控制在 25％以上,否则会对制冷机组及管理造成腐蚀。配兑后的溶液通过设在池中的潜水泵打入膨胀水箱,补入溴化锂机组。溴化锂机组制出的低温冷媒水再进入螺杆式乙二醇机组二级制出-3.4 ℃的乙二醇高压冷媒水,冷水通过保温管道输送到井下换冷硐室,乙二醇冷媒水在换冷硐室内通过高低压换冷器,把冷量置换给低压侧的普通水冷媒介质后,通过回水管路重新进入溴化锂机组循环使用,形成高压冷媒回路。换冷硐室安装有多台高低压换冷器、冷水泵、回水箱及供电设备,冷媒水经高低压换冷器换冷后通过进水管道到达采掘工作面空冷器,空冷器把能量置换到工作面进风流后经回水管道返回高低压换冷器,形成低压冷媒回路(见图 4-6)。

2. 电厂余热回收

(1)瓦斯发电厂余热收集。四矿瓦斯发电站安装有 4 台 500 kW 低浓度瓦斯发电机组,发电功率 1 600 kW/h。根据瓦斯发电机组热变电转换功率计算,有 38％的热量并未转换成电能,而是通过烟气排放。在发电机组上安装余热吸收锅炉,锅炉通过吸收高温烟气余热将锅炉内的水加热至150 ℃以上,变成饱和蒸汽,饱和蒸汽经过集汽罐由管道输送到溴化锂制冷机组。

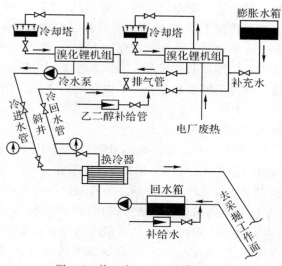

图 4-6　热—电—乙二醇降温工艺

（2）矸石电厂余热收集。四矿矸石电厂安装有 3 台锅炉,设备规格 35 t/h,汽轮机 2 台,最大抽汽量 55 t/h,额定抽汽压力 0.5 MPa,抽汽温度 250 ℃。利用管道把电厂锅炉排放的高温蒸汽通过供热交换站直接把高温蒸汽输送到溴化锂制冷机组。

3. 采掘工作面降温方式

从换冷硐室置换出的低压冷媒水进入采掘工作面进风流的空冷器。空冷器由多组组成,每组由 4～6 台串联运行,每组配置 2×11 kW 局部通风机 1 台,由通风机把通往采面的风流吸入空冷器,然后排出。掘进工作面空冷器安装在局部通风后 50～100 m 处的风筒内,由通风机直接把风流吹进空冷器,以达到降温的作用（见图 4-7）。

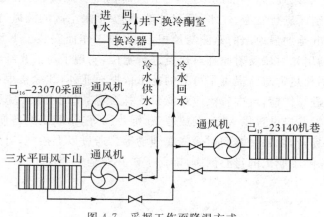

图 4-7　采掘工作面降温方式

4. 降温效果分析

工作面实施降温后,采掘工作面的干温度下降 7～8 ℃,掘进工作面迎头温度最高下降了 8.8 ℃,干、湿温度差值进一步扩大,从降温前的不足 1 ℃增大到 2～3 ℃,相对湿度由 99％下降到 80％左右。采掘工作面相对湿度下降幅度较大,工作面空气湿度已由过度湿润向较为舒适的湿度转变。该降温工程系统总装机制冷量 12 260 kW,采掘工作面设计降温幅度 5～7 ℃。其中一期工程总装机制冷量 7 055 kW,有功功率 1 466 kW,供冷范围能满足"二面两头"降温需要,二期工程完工后,供冷范围将延伸至更多工作地点。整个乙二醇低温循环系统管道直径 250 mm,流量达 284 m³,长度 4 100 m,高差 530 m,乙二醇溶液浓度 25％～30％,为国内最大的乙二醇低温循环系统。该系统能同时向井下"一面三头"和热电厂办公楼供冷,为国内第一座井下降温和办公楼中央空调相结合的系统,可实现地面公共建筑集中供冷。

(二) 北徐楼煤矿综合防治技术除热害

北徐楼煤矿西风井以开采-900 m 左右的 3$_{下}$煤为主,属于深井开采,由于地温梯度的原因,加之设备运行及煤矸运输产生的热量,井下平均气温在 30 ℃左右,尤其在暑期温度更高,给工人的身心健康和安全造成了严重的影响。为有效防治地温热害,北徐楼煤矿从西风井开采之始就开始致力于矿井地热综合技术研究,通过积极探索,加强与山东科技大学、北京科技大学等科研院校专家教授的密切合作,认真借鉴周边矿井成熟的防治技术,开展技术攻关,形成了一套科学有效的综合防治技术。一是加强通风管理,增加施工地点有效风量,全部更换使用 FBD-2×15 kW 局部通风机,使用 φ800 mm 大直径风筒,提高了风速。同时,合理调整通风方式,适当选取下行通风,风流流动方向与采空区内向上的热风压运动的方向相反,一定程度抑制了采空区风化煤的氧化过程和热量的产生,使煤矿运输及设备运行产生的热量缓慢散入回风流中,降低了采面内的温度。目前,该矿 3$_{下}$04 综采工作面采用下行通风,比原有通风方式平均温度下降 0.5 ℃。二是安装使用制冷设备,投资 3 000 多万元引进了德国 KM1000 集中式水冷机组,在采掘工作面轨道平巷安装空冷器,利用局部风机将冷却后的凉风送到采掘工作地点,工作面平均温度下降 2～3 ℃。三是实施洒水、注水降温措施,坚持"逢煤必注"的原则,提高煤层的含水率和导热条件,经过注水的煤层温度同比下降 0.5～1.2 ℃。同时,严格执行喷雾除尘措施,在净化风流的基础上,降低了空气温度。四是封闭采空区并注水、灌浆处理,每推进 10～15 m 及时构筑黄泥墙,喷涂赛福特进行封堵,利用预理的管路对采空区进行发泡、注水、灌浆处理,减少了采空区的漏风,抑制了采空区内浮煤氧化产生热量。五是加强地温的监测与预报,在采煤工作面安装了 KJ558 矿用光纤分布式温度监测装置,利用光时域反射原理对热点进行定位,实现了对沿光纤温度场的分布式实时测量,为地温监测和热害防治提供了可靠的技术依据。此外,北徐楼煤矿还定期对井下高温工作面作业人员进行体检,班中餐供应高能量含盐食品,适时开展"夏季送清凉"活动,给职工分发雪糕、饮料,井口设置供水点,发放凉茶、绿豆汤等,给职工配备便携式水壶,高温地点设置防暑专用医务箱,配备足够的避暑降温药物等。通过以上措施,有效防治了深部矿井地温热害的影响,保障了职工的身心健康,确保了矿井安全生产。

第五章　矿山事故应急救援

第一节　我国矿山应急救援体系现状

一、我国矿山应急救援现状

国家"十二五"规划中明确指出，要"完善我国应急救援体系，提高事故救援和应急处置能力"。目前，我国建立了统一领导、综合协调，分类管理、分级负责、属地为主的应急管理体制。矿山应急救援体系作为国家应对矿山安全生产事故的基础力量，近年来得到了进一步的发展和完善，强化了矿山救援队伍的指挥体系，推动完成了省、市、县应急管理指挥机构建设，实现了矿山救援组织有力、协调有序、指挥顺畅的工作目标。

目前，我国已建成矿山救援的纵向体系和横向网络，矿山事故救援基本实现了全覆盖。截至 2013 年，我国矿山应急救援队伍发展到 400 多支，人员近 3 万人，拥有国家矿山应急救援队 7 支（开滦队、大同队、平顶山队、鹤岗队、淮南队、芙蓉队和靖远队），区域矿山应急救援队 14 支。配备了排水、钻探等一大批具有国内外领先水平的救援装备，有能力承担起全国各大区域内以及跨区域重特大、特别复杂矿山事故的应急救援任务。在历次煤矿事故抢险救灾中，煤矿事故应急救援体系都发挥了重要作用。

2014 年 12 月 7 日，中国矿山应急救援体系建设国际研讨会召开。国家安监总局生产安全应急救援办公室主任李万疆和国家矿山救援指挥中心主任王志坚分别做了题为《中国安全生产应急救援体系设想》和《中国矿山应急救援体系及工作机制建设》的专题报告，煤矿安全生产管理人员可以认真学习这两个报告，能对我国矿山应急救援体系现状和发展前景会有更加深入的了解。

二、我国矿山应急救援体系组成

（一）我国矿山应急救援体制机制

我国矿山事故应急救援工作在"安全第一、预防为主、综合治理"的安全生产方针指导下，贯彻统一指挥、分级负责、区域为主、矿山企业自救和社会救援相结合的原则，实行"统一指挥、功能齐全、反应灵敏、运转高效"的应急机制，形成了以政府为主导的国家（区域）、地方和矿山企业三级应急救援格局。

（二）我国矿山应急救援体系

1. 我国矿山应急救援体系构成

我国矿山应急救援体系由救援管理系统、救援队伍系统、技术支持系统、通讯信息系统和装备保障系统组成。各系统如图 5-1～图 5-5 所示。

2. 矿山应急救援资金保障

我国矿山应急救援资金由政府、企业和社会多方共同保障，如图 5-6 所示。

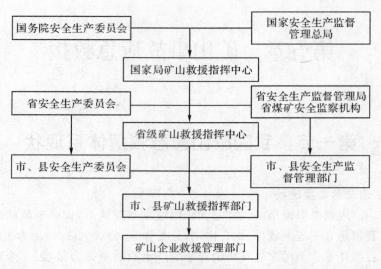

图 5-1　我国矿山应急救援管理系统

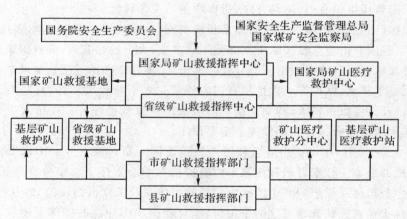

图 5-2　我国矿山应急救援队伍系统

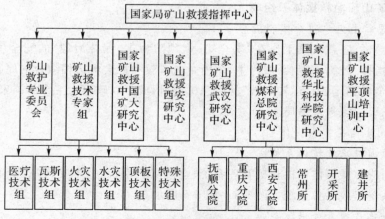

图 5-3　我国矿山应急救援技术支持系统

图 5-4　我国矿山应急救援通讯信息系统

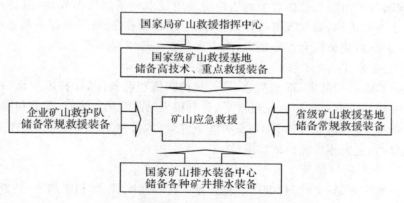

图 5-5　我国矿山应急救援装备保障系统

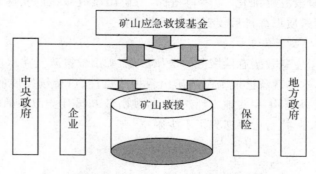

图 5-6　我国矿山应急救援资金保障机制

3. 矿山应急救援指挥程序

我国矿山应急救援指挥程序如图 5-7 所示。

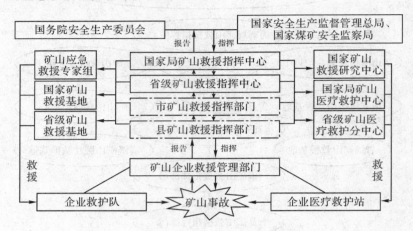

图 5-7　我国矿山应急救援指挥程序

三、我国矿山应急救援体系存在的问题

（一）矿山应急救援法制建设有待进一步完善

目前,我国与矿山应急救援有关的法律法规建设取得了较快的发展,但是还不够完善,急需制订一系列的法规,如灾害事故评估程序、应急救援程序、灾区数据采集程序、救援决策程序、矿山救护队指战员社会保障规定、矿山应急救援经费保障规定等。

（二）矿山救护队建设不平衡,战斗力参差不齐

我国主要矿山救援基地、排水基地、骨干救护队伍在装备配置、技术演练、技术管理、实战经验等方面都接近或达到国际先进水平,具有很强的战斗力。然而,还有很多基层矿山救护队存在装备水平落后、装备种类不全、演练条件差、人员素质低等缺点,整体战斗力不强,仅能应对简单的、危害程度低的矿山事故。

（三）矿山救护队演练科目系统性、科学性有待提高

我国矿山救护队是一支实行准军事化管理的特别能吃苦、特别能战斗、特别能奉献的队伍,平时训练科目多、训练强度大,但是在演练项目系统性、科学性方面需要进一步进行研究。目前的训练科目没有标准化、无考核指标,与矿山事故救援的实际情况相比针对性较差,对救护队员心理素质训练科目较少或者根本没有。

（四）有偿服务机制不完善

我国还没有关于应急救援有偿服务的法律法规,矿山救援队伍在承担了社会责任后,又得不到适当的补偿,这一现象已成为制约矿山救护队良性、可持续发展的重要因素。目前,我国已有部分省(区)出台了一些地方性法规,对矿山救6援社会服务的收费办法作出了规定,但覆盖面不够,实际执行中也遇到了不少困难。

第二节 矿山应急救援体系建设新精神、新举措

一、国家安全监管总局办公厅《关于进一步加强生产经营单位一线从业人员应急培训的通知》

2014 年 4 月 22 日国家安全监管总局办公厅印发了《关于进一步加强生产经营单位一线从业人员应急培训的通知》（安监总厅应急〔2014〕46 号），要求各类企业和各级安全生产监管监察部门一定要提高认识，认真履行职责，以全面提高一线从业人员应急能力为目标，制订培训计划、设置培训内容、严格培训考核，切实抓好培训责任的落实，牢牢坚守"发展决不能以牺牲人的生命为代价"这条红线，牢固树立培训不到位是重大安全隐患的理念，扭转从业人员特别是基层厂矿企业中存在的"培训不培训一个样"的错误观念。同时对全面落实企业应急培训主体责任和进一步落实部门应急培训监督管理责任提出要求。

（一）全面落实企业应急培训主体责任

（1）健全培训制度。企业要建立健全适应自身发展的应急培训制度，保障所需经费，严格培训程序、培训时间、培训记录、培训考核等环节。对于无法进行自主培训的企业，要与具有相应条件的培训机构签订服务协议，确保一线从业人员全部接受科学规范的应急培训。

（2）明确培训内容。企业要根据生产实际和工艺流程，全面准确地梳理各岗位危险源，明确各岗位所需共性的和特有的应急知识和操作技能。一线从业人员应急培训基本内容应包括：工作环境危险因素分析；危险源和隐患辨识；本企业、本行业典型事故案例；事故报告流程；事故先期处置基本应急操作；个人防灾避险、自救方法；紧急逃生疏散路线；初级卫生救护知识；劳动防护用品的使用和应急预案演练等。特种作业人员的培训内容和培训时间必须符合国家相关法律法规和标准的要求。

（3）丰富培训形式。企业要充分分析本单位一线从业人员的群体特性，编写科学实用、简单易懂的应急培训读本，采取集中培训、半工半训、网络自学、现场"手指口述"、师傅带徒弟、知识竞赛、技能比武和应急演练等多种方式方法，充分调动一线从业人员参加培训的积极性。同时，要不断学习借鉴应急培训工作成效突出的地区和企业的经验，使应急培训能够始终紧密贴合企业生产发展的趋势。

（4）加大考核力度。企业要将应急技能作为一线从业人员必需的岗位技能进行考核，并与员工绩效挂钩，要建立健全一线从业人员应急培训档案，详细、准确记录培训及考核情况，实行企业与员工双向盖章、签字管理，严禁形式主义和弄虚作假。企业要定期开展内部应急培训工作的检查，及时发现和解决各种实际问题，切实做到安全生产现状需要什么就培训什么，企业每发展一步培训就跟进一步，始终保持培训的规范化、制度化。

（二）进一步落实部门应急培训监督管理责任

（1）加强监督指导。各级安全监管监察机构要和相关行业主管部门加强协调配合，强化对本辖区内企业特别是高危行业企业一线从业人员应急培训的监督、指导和检查，及时制修订符合地区实际的政策标准。

（2）严格执法检查。要定期开展一线从业人员应急培训专项执法检查，进一步细化检查项目，规范执法程序，创新检查方法，将抽考职工应急处置基础知识和现场组织应急演练

作为日常执法检查的重要内容,将应急培训制度落实情况纳入"打非治违"、隐患排查治理体系建设和生产安全事故调查的重要内容和重点环节,严肃追究有关企业培训不到位的责任。

(3)注重服务引导。要坚持执法与服务相结合,及时发现和研究应急培训新情况新问题,全力帮助企业尤其是中小企业解决一线从业人员应急培训中的实际困难,要注重总结和推广在一线从业人员应急培训工作中涌现出来的创新经验和有效做法,推动应急培训工作切实有效开展。

除此之外,近两年国家安监总局和国家煤矿安监局还相继出台了《国家矿山应急救援队训练与考核大纲(试行)》(2014年11月)、《生产安全事故应急处置评估暂行办法》(安监总厅应急〔2014〕95号)和《生产安全事故应急预案管理办法》(修订稿)等规范性文件。

二、《突发事件应急预案管理办法》

2013年10月25日,国务院办公厅印发了《突发事件应急预案管理办法》(国办发〔2013〕101号),对突发事件应急预案的规划、编制、审批、发布、备案、演练、修订、培训、宣传教育等工作进行了详细的规定和规范。其中涉及煤矿企业的主要内容有以下几方面。

(一)分类和内容

(1)应急预案按照制定主体划分,分为政府及其部门应急预案、单位和基层组织应急预案两大类。

(2)单位和基层组织应急预案由机关、企业、事业单位、社会团体和居委会、村委会等法人和基层组织制定,侧重明确应急响应责任人、风险隐患监测、信息报告、预警响应、应急处置、人员疏散撤离组织和路线、可调用或可请求援助的应急资源情况及如何实施等,体现自救互救、信息报告和先期处置特点。大型企业集团可根据相关标准规范和实际工作需要,参照国际惯例,建立本集团应急预案体系。

(3)政府及其部门、有关单位和基层组织可根据应急预案,并针对突发事件现场处置工作灵活制定现场工作方案,侧重明确现场组织指挥机制、应急队伍分工、不同情况下的应对措施、应急装备保障和自我保障等内容。

(4)政府及其部门、有关单位和基层组织可结合本地区、本部门和本单位具体情况,编制应急预案操作手册,内容一般包括风险隐患分析、处置工作程序、响应措施、应急队伍和装备物资情况,以及相关单位联络人员和电话等。

(5)对预案应急响应是否分级、如何分级、如何界定分级响应措施等,由预案制定单位根据本地区、本部门和本单位的实际情况确定。

(二)预案编制

(1)单位和基层组织可根据应对突发事件需要,制定本单位、本基层组织应急预案编制计划。

(2)编制应急预案应当在开展风险评估和应急资源调查的基础上进行。

(3)单位和基层组织应急预案编制过程中,应根据法律、行政法规要求或实际需要,征求相关公民、法人或其他组织的意见。

(三)审批、备案和公布

(1)单位和基层组织应急预案须经本单位或基层组织主要负责人或分管负责人签发,审批方式根据实际情况确定。

(2)自然灾害、事故灾难、公共卫生类政府及其部门应急预案,应向社会公布。对确需保密的应急预案,按有关规定执行。

（四）应急演练

矿山、建筑施工单位和易燃易爆物品、危险化学品、放射性物品等危险物品生产、经营、储运、使用单位,公共交通工具、公共场所和医院、学校等人员密集场所的经营单位或者管理单位等,应当有针对性地经常组织开展应急演练。

（五）评估和修订

（1）应急预案编制单位应当建立定期评估制度,分析评价预案内容的针对性、实用性和可操作性,实现应急预案的动态优化和科学规范管理。

（2）有下列情形之一的,应当及时修订应急预案:

① 有关法律、行政法规、规章、标准、上位预案中的有关规定发生变化的。② 应急指挥机构及其职责发生重大调整的。③ 面临的风险发生重大变化的。④ 重要应急资源发生重大变化的。⑤ 预案中的其他重要信息发生变化的。⑥ 在突发事件实际应对和应急演练中发现问题需要作出重大调整的。⑦ 应急预案制定单位认为应当修订的其他情况。

（六）培训和宣传教育

（1）应急预案编制单位应当通过编发培训材料、举办培训班、开展工作研讨等方式,对与应急预案实施密切相关的管理人员和专业救援人员等组织开展应急预案培训。各级政府及其有关部门应将应急预案培训作为应急管理培训的重要内容,纳入领导干部培训、公务员培训、应急管理干部日常培训内容。

（2）对需要公众广泛参与的非涉密的应急预案,编制单位应当充分利用互联网、广播、电视、报刊等多种媒体广泛宣传,制作通俗易懂、好记管用的宣传普及材料,向公众免费发放。

（七）组织保障

各级政府及其有关部门、各有关单位要指定专门机构和人员负责相关具体工作,将应急预案规划、编制、审批、发布、演练、修订、培训、宣传教育等工作所需经费纳入预算统筹安排。

三、国务院安委会关于进一步加强生产安全事故应急处置工作的通知

2013 年 11 月 15 日,国务院安委会发出《关于进一步加强生产安全事故应急处置工作的通知》(安委〔2013〕8 号),针对一些地方和行业领域仍存在应急主体责任不落实、救援指挥不科学、救援现场管理混乱等突出问题,要求如下:

（一）高度重视事故应急处置工作

各地区、各部门和单位要始终把人民生命安全放在首位,以对党和人民高度负责的精神,进一步加强事故应急处置工作,最大限度地减少人员伤亡。要牢固树立"以人为本、安全第一、生命至上"和"不抛弃、不放弃"的理念,坚持"属地为主、条块结合、精心组织、科学施救"的原则,在确保救援人员安全的前提下实施救援,全力以赴搜救遇险人员,精心救治受伤人员,妥善善后,有效防范次生衍生事故。

（二）严格落实事故应急处置责任

生产经营单位(以下统称企业)必须认真落实安全生产主体责任,严格按照相关法律法规和标准规范要求,建立专兼职救援队伍,做好应急物资储备,完善应急预案和现场处置措施,加强从业人员应急培训,组织开展演练,不断提高应急处置能力。

地方人民政府负责本行政区域内事故应急处置工作,负责制定与实施救援方案,组织开展应急救援,核实遇险、遇难及受伤人数,协调与调动应急资源,维护现场秩序,疏散转移可能受影响人员,开展医疗救治和疫情防控,并组织做好伤亡人员赔偿和安抚善后、救援人员抚恤和荣誉认定、应急处置信息发布及维护社会稳定等工作。

地方人民政府安全生产监管部门和负有安全生产监督管理职责的有关部门应进一步加强机构和队伍建设,健全专职的安全生产应急处置工作机构和配备专职的工作人员。

（三）进一步规范事故现场应急处置

（1）做好企业先期处置。

（2）加强政府应急响应。

（3）强化救援现场管理。

（4）确保安全有效施救。

（5）适时把握救援暂停和终止。

（四）加强事故应急处置相关工作

（1）全力强化应急保障。

（2）及时发布有关信息。

（3）精心组织医疗卫生服务。

（4）稳妥做好善后处置工作。

（五）建立健全事故应急处置制度

（1）建立分级指导配合制度。

（2）完善总结和评估制度。

（3）落实应急奖惩制度。

第三节　煤矿应急救援新技术、新装备

近年来,我国在矿山应急救援技术上面也有了很大的进展,自主研发了许多先进的技术和装备,推动了煤矿事故应急救援能力的提升。

一、安全科技"四个一批"重要成果

2014年1月,国家安监总局和国家煤监局公布了安全科技"四个一批"重要成果,其中涉及煤矿应急救援的新技术新装备有以下几种:

（1）重大矿山事故钻孔救援关键技术及配套装备(国家安监总局矿山救援指挥中心研发)。

（2）地面应急救援技术与装备(中煤科工集团西安研究院有限公司研发)。

（3）精确人员定位系统[天地(常州)中煤科工集团重庆研究院有限公司研发]。

（4）矿用人员定位管理系统[天地(常州)自动化股份有限公司研发]。

（5）矿用救灾指挥系统(中煤科工集团重庆研究院有限公司研发)。

（6）矿用救灾指挥系统(中煤科工集团沈阳研究院有限公司、中煤科工集团重庆研究院有限公司研发)。

（7）煤矿井下逃生及紧急避险技术及装备(中煤科工集团沈阳研究院有限公司等研发)。

（8）矿用应急救援装备(唐山开诚电控设备集团有限公司研发)。

（9）矿井可移动式救生舱（北京科技大学研发）。

（10）煤矿井下逃生及紧急避险技术与装备（中煤科工集团重庆研究院有限公司研发）。

（11）煤矿紧急避险用成套设备（煤炭科学研究总院研发）。

（12）隔绝式压缩氧自救器（煤炭科学研究总院研发）。

（13）矿用救灾无线通信系统（煤炭科学研究总院研发）。

（14）矿井可移动式救生过渡站（煤科集团沈阳研究院有限公司等研发）。

（15）气体分析化验车（煤炭科学研究总院研发）。

二、煤矿应急救援技术与装备政策导向

为了鼓励和推广先进适用的生产技术与装备的应用，限制和淘汰落后的技术与装备，提升煤炭工业技术与装备水平，国家发展和改革委员会于 2014 年编制了《煤炭生产技术与装备政策导向》，其中对矿山救灾装备做了相关说明，如表 5-1、表 5-2、表 5-3 所列。

表 5-1　　　　　　《煤炭生产技术与装备政策导向》（矿山救灾装备——鼓励类）

类　　别	分类名称
一、井下避难硐室	1. 井下固定式避险硐室
	2. 采区避难所（硐室）
二、井上下通信	1. 井下广播通信系统
	2. 矿井无线通信系统
三、矿山救灾车辆	车载矿山救灾指挥系统

表 5-2　　　　　　《煤炭生产技术与装备政策导向》（矿山救灾装备——推广类）

类　　别	分类名称
一、自救装备及其附属装置	1. 压缩氧自救器
	2. 化学氧自救器
	3. 压风自救系统
二、矿山救灾车辆	1. 矿山救灾化验车
	2. 矿山救灾装备车
	3. 矿山救护车
	4. 集成式照明侦检车
三、氧气呼吸器及其附属装备	1. 正压氧气呼吸器
	2. 呼吸器检验仪
	3. 氧气充填泵
	4. 呼吸器烘干机
四、矿山救灾破拆、起重工具	1. 液压剪
	2. 液压起重器
	3. 救护气垫
	4. 井下快速成套支护设备

续表 5-2

类　　别	分类名称
五、矿山救灾气体测量装备	1.便携式煤矿气体可爆性测定仪
	2.多种气体检测仪
	3.光学瓦斯检定器
	4.一氧化碳检定器
六、救灾通信装备	救灾通信成套装备
七、抑爆装置	1.自动抑爆装置
	2.被动抑爆装置
八、灭火救灾装置	1.高倍数机械泡沫灭火装备
	2.燃油惰气灭火装备
	3.化学惰气泡沫灭火装备
	4.化学泡沫灭火器
	5.消防水管系统
	6.移动型直注式液态二氧化碳储运、汽化灭火装备
九、强排水装备	强排水
十、冲击地压防护	1.安全防护
	2.个体防护
	3.巷道全断面整体支护
十一、通风引排装备	智能引排装备

表 5-3　　　　《煤炭生产技术与装备政策导向》(矿山救灾装备——禁止类)

类　　别	生产技术(装备)
一、氧气呼吸器及其附属装备	负压氧气呼吸器
二、矿工自救装备及其附属装置	过滤式自救器

附录1　淮南矿业集团瓦斯综合治理基本经验

　　淮南矿区地处安徽省中北部,国家批准煤炭资源量 285 亿 t,是我国黄河以南煤炭资源储量最大、最具开发潜力的一块整装煤田,全国 13 个亿吨级煤炭基地和 6 个大型煤电基地之一。淮南矿业集团为国有独资企业,主要经营煤炭开采与销售、火力发电、房地产、物流、瓦斯(煤层气)综合利用、金融等业务,现有生产矿井 13 对,在建矿井 2 对,在岗职工 7.2 万人。2010 年,原煤产量 6 619 万 t,电力权益规模 1 192 万 kW,销售收入 512 亿元,上缴税费 60 亿元,资产总额 1 001 亿元。企业煤炭产量规模、电力权益规模、房地产规模、资产规模、上缴税费和职工收入均列省属企业第一位,被命名为国家首批循环经济试点企业、中华环境友好型煤炭企业、国家级创新型试点企业。

　　淮南矿区煤炭赋存条件十分复杂,是全国高瓦斯、高地压、高地温条件下开采的典型矿区。煤层气(瓦斯)资源量 6 000 亿 m³,煤层瓦斯含量 12~36 m³/t,2010 年矿区绝对瓦斯涌出量 1 332 m³/min,现有的 13 对生产矿井中,煤与瓦斯突出矿井 12 对、高瓦斯矿井 1 对。淮南矿业集团所属煤矿历史上曾是瓦斯事故重灾区,1980~1997 年共发生瓦斯爆炸事故 17 起、死亡 392 人。淮南矿业集团痛定思痛,积极主动、全面系统地治理瓦斯,建立综合治理体系,探索出了一条具有淮南煤矿特色的高瓦斯矿区瓦斯防治的新路子,连续 13 年杜绝了瓦斯爆炸事故,2006 年以来杜绝了煤与瓦斯突出事故,成为全国煤矿瓦斯治理的典范,企业煤炭产量、经济效益和职工收入大幅度提高,走上了健康快速发展的轨道。

一、坚持安全发展,树立积极全面的瓦斯防治理念

　　淮南矿业集团通过深入分析矿区历史上的瓦斯事故教训,清醒地认识到,要根治瓦斯、保障职工生命安全,实现企业健康发展,就必须从根本上转变瓦斯治理理念。

　　(1)确立了"一先进三保护"(发展先进生产力、保护生命、保护环境、保护资源)的核心理念,以此统领企业安全发展和瓦斯治理工作。

　　(2)提出了"瓦斯不治,矿无宁日"的理念。淮南矿区被炸怕了,也被炸醒了,不控制住瓦斯事故,矿区不得安宁。保护职工生命,维护企业健康持续发展,必须从根本上治理瓦斯;提出了"瓦斯事故是可以预防和避免的"的理念。破除"淮南矿区发生瓦斯事故是必然的"特殊论,树立积极主动全面的瓦斯治理观;提出了"瓦斯超限就是事故"的理念。杜绝瓦斯超限,严禁超限作业,隐瞒瓦斯超限就是犯罪;提出了"瓦斯是害也是宝"的理念。变被动抽放瓦斯为主动抽采瓦斯,以抽保用,以用促抽,实现了煤与瓦斯共采,治理与利用并重,变废为宝。

　　(3)实施"可保尽保、应抽尽抽"的瓦斯治理战略。凡具备条件的,都要开采保护层。能够抽采瓦斯的都应抽采,做到抽采最大化。

　　(4)贯彻"先抽后采、监测监控、以风定产"瓦斯治理十二字方针。将工作面由高瓦斯状态卸压抽采到低瓦斯状态后,再进行采掘作业。执行瓦斯浓度达到 0.8% 就自动断电,确保监测监控系统真实、精确、可靠。根据通风和抽采能力安排产量,保证瓦斯不超限。

　　(5)落实"高投入、高素质、强技术、严管理、重利用"的瓦斯综合治理措施。保障投入,

提高素质,强推技术创新,严抓流程和现场管理,强化综合利用。

二、坚持综合治理,构建高效有力的瓦斯防治体系

淮南矿业集团在瓦斯防治工作中着力强化"四个综合",即:人才和投入的综合,技术和管理的综合,装备和培训的综合,抽采和利用的综合。以全面落实"抽采达标"和"两个四位一体"防突措施为抓手,构建"通风可靠、抽采达标、监控有效、管理到位"的煤矿瓦斯综合治理工作体系,通过科学统筹瓦斯治理资金、人才、技术、管理、装备、培训等要素,努力把安全与生产的矛盾统一于先进生产力,有效地保护了职工生命安全,解放了生产力,促进了企业可持续发展。

(1)建立简捷高效的瓦斯综合治理组织架构。集团班子成员中一半以上直接对以瓦斯治理为重点的安全生产负责。董事会、总经理办公会研究确定瓦斯治理重大政策措施,日常管理由安全生产技术板块4位负责人负责。集团总工程师担任董事和常务副总经理,牵头进行安全生产技术板块工作,实行安全生产技术经济一体化,从体制上解决安全与生产之间的协调统一问题。在全行业率先组建了瓦斯地质管理研究院,瓦斯与地质相结合,管理与研究并重;成立了专门的瓦斯治理与利用实验室、瓦斯治理督导组,建立了打钻、抽采、井巷揭煤等瓦斯治理专业化队伍。集团和所属煤矿配备地测、通风副总工程师,配强安全机构,配足安全人员。

(2)确保瓦斯综合治理资金投入。2002~2004年,淮南矿业集团投入40亿元,对矿井进行全面技术改造,简化生产系统,更新"一通三防"和采掘装备,使生产力水平与瓦斯治理全面协调。2005~2007年,按吨煤33元提取使用安全费用;2008年以来,按吨煤50元提取使用安全费用,其中70%用于矿井瓦斯治理,占总成本的15%。通过充足的资金投入,补还了欠账,建立健全了瓦斯治理相关的系统、工程和设施,加快了瓦斯治理装备升级换代。2002~2010年,淮南矿业集团用于瓦斯治理与利用技术研发、设备更新、材料和相关工程等方面的资金投入达到139亿元。

(3)注重提升全员瓦斯治理综合素质。集团公司大力引进瓦斯治理专业人才,主要领导同志亲自带队到中国矿业大学等十几所高校招纳专门人才,并在全国国有企业率先实行"进门费"(大学毕业生到企业工作即可领取2.5~3万元的安家费)等政策,从全国100多所大学引进瓦斯治理专业毕业生1 800多人,引进煤矿瓦斯治理专业硕士学历以上研究生90人,培养在职专业技术人才280人。企业主办了一所在教育部备案的高等职业技术学院,为本企业培养瓦斯治理等主体专业学生4 000多人,委托培养1 500名技能工人。设立五级安全培训中心,聘请企业内外瓦斯治理专家对专业技术人员每两年进行一次脱产培训。聘请企业内部拔尖的专业技术人员及高技能操作人才,开展瓦斯治理基础知识培训。注重加强班队长队伍建设,实行动态考核置换。所有入井人员,每年接受不少于1周的瓦斯治理脱产培训。实行一日一题、一周一案、一月一考、一月一讲,推行"两规范"(规范干部管理行为和规范工人操作行为)和"手指口述",建立过失性解除劳动合同及待岗、末位淘汰制度。

(4)创新瓦斯综合治理关键技术。企业制定了瓦斯治理科技发展中长期规划,每年确定年度重大创新课题,实行集团公司分管领导项目负责制。积极承担国家级科技计划攻关项目,解决重大技术难题。组建了宝塔式瓦斯治理创新团队,加强与国内外几十家科研院所的产学研合作,全方位鼓励技术创新。每年召开1次以瓦斯治理为重点的技术创新大会,表彰奖励创新项目和创新人才。先后承担并完成了国家"十五"和"十一五"部分重点攻关项

目和多个国家科技重大专项。自主创新了卸压开采抽采瓦斯、无煤柱煤与瓦斯共采、煤层群
开采条件下井上下立体抽采、深井低透气性煤层揭煤防突等关键技术，为复杂地质条件下高
瓦斯、突出矿井安全高效开采奠定了坚实的基础。在瓦斯利用方面，自主研发了低浓度瓦斯
气水二相流安全输送技术，解决了低浓度瓦斯利用的安全输送难题，建成了世界第一座低浓
度瓦斯发电站。引进创新瓦斯发电余热制冷联供技术，建成亚洲首座瓦斯发电余热制冷集
中降温系统和热电冷联供地面集中降温系统。主持或参与编制国际标准 1 项、国家标准 2
项、行业标准 13 项，获国家科技进步奖 4 项。

（5）制定并执行刚性管理制度。为防止重特大瓦斯事故，淮南矿业集团坚持以刚性制
度严管，提高瓦斯防治工作的执行力、落实力。出台了《关于加强防突治本工作的决定》，明
确规定一旦发生重大及以上瓦斯责任事故，给予矿长过失性解除劳动合同处理。出台瓦斯
治理十项刚性制度，在瓦斯防治上不存侥幸、不走捷径，实施瓦斯区域性治理，坚定不移地开
采保护层。出台以瓦斯管理为重点的"安全管理二十条红线"，凡触犯者，一律给予解除劳动
合同处理。在全行业率先制定并执行瓦斯浓度 0.8% 断电制度，并明确规定，凡瓦斯超限作
业、隐瞒瓦斯超限、擅自调高监控断电值或缩小断电范围的，一律解除直接责任人劳动合同。
将瓦斯超限作为责任事故追查处理，对瓦斯超限煤矿，要求其行政正职在全公司月度安全生
产视频会上作检查。集团每周三召开一次视频会议，每次解剖一个矿的瓦斯问题。严格执
行各矿瓦斯治理"一矿一策"、"一面一策"，针对不同矿、不同工作面的具体情况制定针对性
措施。严格执行各级领导干部带班下井、瓦斯治理督查、瓦斯变化日分析、瓦斯超限分级追
查等制度，对一般问题下达整改意见书，对较严重问题盯住不放。实行安全谈话制度，对安
全生产被动、瓦斯治理等工作滞后的单位，集团董事长、总经理直接对其党政负责人进行安
全谈话。

（6）强化瓦斯综合治理现场管理。规范开采流程，可保尽保、应抽尽抽，能开采保护层
的必须先行开采，提前释放被保护层的瓦斯压力。对不具备开采保护层条件的，施工专门的
顶板或底板岩巷，在岩巷顶底板施工穿层抽采钻孔，提前预抽煤层中的瓦斯，把瓦斯抽采到
安全状态。成立集团、矿两级瓦斯治理督查组和防治煤与瓦斯突出专职督导组，对高瓦斯、
突出煤层采掘工作面实行跟踪监管。各矿增加瓦斯传感器设置密度，并实现矿区联网，24 h
动态全程监控。瓦斯治理重点工作面全部安设专职瓦斯检查员。瓦斯检查员、防突员、爆破
员、安监员做到持证上岗，现场交接班，盯住瓦斯治理现场。对突出煤层实行瓦斯地质图管
理，对采掘工作面现场实行防突预测图管理。采掘工作面发生重大地质变化时，立即下达停
止生产通知书，采取针对性措施。对所有开采煤层进行瓦斯压力测定和瓦斯含量测定。所
有瓦斯抽采计量测定人必须挂牌留名。抽采自动计量装置、设备开停、主要风门开关等全部
实现与监控系统联网运行。

（7）综合利用瓦斯（煤层气）资源。2002 年以来，企业变传统的瓦斯"抽放"为"抽采"，
实行煤与瓦斯共采，以抽保用、以用促抽。集团对各矿的瓦斯抽采与利用、开采保护层等采
取激励政策，每抽采 1 m³ 奖励 0.1 元，每利用 1 m³ 另增加奖励 0.2 元，对开采保护层的追
加工资基金。目前矿区年保护层开采面积达 300 万 m³ 以上，抽采瓦斯 4 亿 m³，瓦斯抽采率
62% 以上。建设矿区瓦斯民用联网工程，民用瓦斯用户 6 万户，瓦斯储配能力达 23 万 m³。
实施瓦斯发电，建成高浓度（大于 30%）瓦斯发电机组 6 万 kW，建成低浓度（10%～30%）瓦
斯发电站 3 座，装机规模 1 万 kW。建成亚太地区第一座热电冷联供项目。开展 CDM 项目

国际交流合作，已有 5 个矿井减排指标通过联合国 CDM 执行理事会审核，并与外方签署了购买协议。其中潘集三矿瓦斯利用 CDM 项目是世界上第一个获得签发的煤层气利用项目。

附录 2　陕煤化集团黄陵矿业公司一号煤矿
智能化无人开采技术经验

　　黄陵矿业公司隶属于陕西煤业化工集团,始建于 1989 年 9 月,以一号煤矿、二号煤矿为主力矿井,生产能力分别为 600 万 t/a、800 万 t/a,已形成煤、化、电、路等产业多元互补的循环经济发展模式。该矿区煤炭储量丰富,煤田总面积 549 km²,地质储量 13.4 亿 t,可采储量 9.6 亿 t。矿区煤层赋存稳定,厚度变化较大,煤、油、气共生,开采技术条件较复杂。煤质优良,为低磷、低灰、低硫、中高挥发分、高发热量的二分之一中黏煤、弱黏煤和气煤,是优质的煤化工原料和动力煤。多年来,黄陵矿业公司坚持科学技术是第一生产力,实施科技创新驱动战略,不断提升安全科技装备水平,在综采、大采高综采的基础上,以一号煤矿为试点,成功完成国产综采装备智能化无人开采技术研究与应用,在国内率先实现了地面远程操控采煤,填补了我国煤矿综采工作面智能化无人开采的空白,达到了国际领先水平,是我国煤炭工业开采史上的重大创举,是能源生产领域的技术革新,为建设本质安全型矿井、现代化煤矿企业探索出一条新路子、迈出一大步,具有重要的里程碑式意义。

　　总结黄陵一号煤矿智能化无人开采技术的具体做法与成功经验,可简要概括为“五新、六高、七到位”。

　　一、迎难而上、坚定信心,为开展国产综采装备智能化无人技术研究与应用奠定思想基础

　　黄陵矿业公司采煤技术发展先后经历了房柱式开采、综采、大采高综采三个阶段,主采煤层厚度基本都在 2 m 以上。一号煤矿可采储量 3.47 亿 t,其中厚度 0.8～1.8 m 之间的煤层储量超过 1.2 亿 t,占全矿井的 35％ 左右。由于煤层厚度变化大,现有的设备难以适应,造成这部分资源从建矿以来未得到开采。为了提高资源利用率,实现矿井的可持续发展,必须动用较薄的煤层储量,实施“薄厚、肥瘦”配采。但是,薄煤层综采存在诸多问题和不便,如工作面空间低狭、操作人员多、跟机作业难、劳动强度大,生产环境恶劣,容易造成生产安全事故、引发职业病。如果沿袭传统的生产方式,就必须加快工作面推进速度来保障矿井的稳产高效,势必会激化生产和安全的矛盾,陷入“生产任务无法完成—增加人员追赶进度—不安全因素增加—事故多发”的恶性循环。

　　困难面前勇者胜。面对复杂的开采条件,黄陵矿业公司为保证安全生产,促进煤炭资源高效开发利用,在综合分析矿井地质条件、系统配套、员工素质和管理水平,认真调研当前国内外薄煤层综采工作面开采技术现状和发展趋势的基础上,果断决策,决定通过开展技术合作与创新,研究探索符合黄陵矿区实际的开采工艺和技术装备,在一号煤矿 1001 工作面开展 1.4～2.2 m 煤层国产装备智能化无人开采技术研究和应用。

　　一石激起千层浪。公司决定出台后,立刻在矿区引起轩然大波和众多猜疑。一些管理人员认为,“有肉不吃豆腐”,眼下矿区产量高、效益好,没有必要开采薄煤层,这些问题应该留给后人解决;一些技术人员认为,国内智能化无人采煤技术装备无成功应用先例,不如直接引进国外成熟技术装备,成功可能性更大,我们没必要充当第一个吃螃蟹的人;一些职工怕学不会新技术,也怕下岗、怕收入降低,存在畏难和抵触情绪。2013 年下半年,智能化无人开采项目经过 5 年多的研究摸索,进入正式实施阶段,由于煤炭市场不景气,企业经济效益下滑,许多人认为,这个时候引进智能化无人开采技术,一旦失败等于雪上加霜,应该立即叫停。针对这些质疑,黄陵矿业公司积极做好职工思想动员工作,认真分析煤炭经济运行和安全形势,增强科学发展、安全发展的危机感、紧迫感和责任感,提出企业壮年期一定要有忧患意识,本着对企业负责、对后人负责、对发展负责的担当精神,把智能化无人开采技术作为"一号工程"来抓,主要领导深入井下参与攻关,充实团队统筹项目推进,向一号煤矿作出政策倾斜,向职工承诺不降低收入,消除职工顾虑、坚定信心,为开展智能化无人开采技术研究与应用扫清了思想障碍。

二、科技引领、攻坚克难,开展智能化无人开采技术创新

　　智能化无人开采技术的研究和应用,既是世界煤炭工业科技发展的前沿课题,也是一项复杂的系统工程,涉及多部门、多厂家的联合攻关和配合。黄陵矿业公司组织中国煤炭科工集团开采所、北京天地玛珂电液控制公司、西安煤机公司、平阳机械厂、张家口煤机厂等设备厂家和国内知名专家进行多次论证,在深入调研的基础上,摒弃了单纯依靠煤岩识别或记忆截割技术实现智能化无人开采的思维方式,攻坚克难,开创新思路,提出新方案,即:以实现综采工作面常态化无人作业为目标,以采煤机记忆截割、液压支架自动跟机及可视化远程监控为基础,以生产系统智能化控制软件为核心,实现在地面(平巷)综合监控中心对综采设备的智能监测与集中控制,确保工作面割煤、推溜、移架、运输、消尘等智能化运行,达到工作面连续、安全、高效开采。可以说是另辟蹊径地诠释了国内智能化无人开采技术的新概念。

　　"1.4~2.2 m 煤层国产综采装备无人化技术研究与应用"于 2013 年 1 月立项,选定一号煤矿 1001 综采面为试点,投入 1 000 多万元,2014 年 4 月经安装调试后正式运行,2014 年 5 月通过了陕煤化集团公司的验收和中国煤炭工业协会的科技成果鉴定,达到了国际领先水平。其具体做法可归纳为以下"五个创新":

　　(1)理念创新。采煤工作面作业环境差、劳动强度大,是煤矿生产人员密集场所和安全管理的薄弱环节。一号煤矿大胆创新、先行先试,树立"采场零伤害"的安全目标,通过智能化无人开采技术研究应用,实现"无人则安",确立了"两解放、两提高"的安全理念。"两解放"是把矿工从艰苦危险的环境中解放出来,切实保护从业人员安全健康,体现"安全第一、预防为主、综合治理"的安全生产方针;把矿工从超强度体力劳动中解放出来,采煤司机在地面远程操控实现煤炭开采,体现"以人为本、安全发展"的改革方向。"两提高"是提高煤炭工业科技装备水平,打造国产民族品牌,增强煤炭行业的自豪感;提高煤矿形象,改变煤矿工人"傻、大、黑、粗"和煤矿企业"脏、乱、险、差"的形象,增强煤矿工人和企业的荣誉感。通过一系列的理念创新,为智能化无人开采营造了良好的文化氛围。

　　(2)技术创新。长期以来,智能化无人开采难以实现的主要原因是综采装备的自适应、采煤机的工作面煤岩识别、工作面自动调直等核心技术至今没有实现重大突破。因此,一号煤矿结合自身实际,跳出传统思维,联合国内知名煤机企业,共同攻关,创新技术攻关思路,瞄准综采自动化、信息化、智能化、无人化的目标,建立工作面内"有人巡视、无人操作"的技术路线。一是创新了基于煤流系统负荷为决策依据的采煤机、液压支架、刮板输送机动态分析、智能决策控制技术,实现了工作面"一键启停"、采煤机记忆割煤、液压支架全工作面跟机自动化和运输设备智能控制。二是在综采设备自动化的基础上,创新了综采工作面实时跟机全景可视化及远程干预控制技术,解决了设备无法全过程适应工作面地质条件变化的难题。三是探索出了适合黄陵矿业一号煤矿开采特点的 22 道工序记忆割煤工艺,解决了回刀扫煤不彻底及三角煤截割难题,实现了端头支架自动跟机拉架推溜,并获得了 6 项国家专利。

(3) 装备创新。综采装备是实现智能化无人开采的重要保障。为实现安全高效低投入的目标,一号煤矿按照"综采成套装备全部国产化"的思路,联合国内知名煤机装备服务商,发挥集成优势。一是提升走集成配套模式,对所有厂家相关配套设备,统一设计平台和标准,合理布局和优化设计,提高设备可靠性,最大限度发挥设备的协同作用,实现了年产 200 万 t 智能化国产综采设备的成功应用。二是在单机运行和手动操作的基础上,进行了液压支架电液控制系统、采煤机智能记忆截割、智能集成供液、可视化监测系统、设备姿态检测及定位、装备故障诊断系统等有机融合,实现了全工作面设备联动控制。三是建立集监控中心、1 000 M 工业以太环网、工作面全景视频监控、语音通信、远程控制等为一体的智能化无人开采信息化系统,实现了在地面调度中心远程操控。四是在运行中,职工自主研发采煤机电缆防脱槽装置、煤机摇臂二次负压降尘装置,完成了煤壁视频盲区、远程供液过滤站、采煤机红外线发射器 12 V 电源等 11 项技术改造。

(4) 管理创新。智能化综采工作面生产工序由原来的 3 名煤机司机跟机操作、5 名支架工分段跟机拉架,变为 1 人在地面或平巷监控中心远程操控;平巷设备控制由以往的 1 人就地控制变为远程操控。针对新的生产模式,一号煤矿及时调整管理思路和工作重点,实现"三个改变"。首先,从井下向地面转变。完善平巷(地面)监控中心操控工艺规程,建立了适应智能化生产需要的生产工序、流程安排和管理规范,对采煤机司机井上操作与井下操作按同等标准结算工资,鼓励职工在地面采煤。其次,从人多向人少转变。智能化生产系统上的每台设备、每个环节都是"牵一发而动全身"。综采队管理重心由劳动组织管理、现场管理向设备管理、系统维护转变,建立检修台账,提高检修质量,保证设备完好率 100%。再次,从人工现场操控向智能化远程操控转变。重新修订综采工作面各岗位作业规程,明确规定凡是智能化系统功能范围内的动作,严禁职工手动操作,生产期间人工只允许对系统程序执行不到位的动作进行干预修正,改变职工固有的思维模式,培养职工适应智能化生产的良好习惯。

(5) 培训创新。智能化工作面对员工培训提出更高要求,必须掌握机电设备、自动化控制、信息网络知识和操作维护等技能。一号煤矿 1001 面综采队邀请专家、教授和厂家工程技术人员开展了 22 次专题培训,试验初期该队 143 名职工,其中高级技师 4 人、技师 4 人、大专以上人员 10 人,占全队人数的 12.6%,全面参与了智能化工作面的设计、讨论、安装、调试和验收等各个环节,通过各类培训适应智能化开采的急需。一是强化安装前基础培训,选派主要岗位员工前往设备和软件厂家学习,提前了解和掌握智能化无人采煤的理论知识、技术要点,把建设智能化工作面变成了学习新知识、掌握新技术的"大课堂"。二是强化安装过程中实操培训,采取厂家技术人员现场辅导、高级技师传授操作要领、现场技术研讨、小组技术攻关等多种形式开展现场培训,组织专题知识竞赛和设备安装、故障判断、系统调试技术比武,把工作面安装过程变成了实操技能培训的"练兵场"。三是强化调试过程中系统培训。该综采队详细记录每台设备、每个系统运行履历,对设备调试中出现的问题及时登记,建立设备调试日志,对存在的难题进行研究,提出解决方案、改进建议和完善措施,把工作面调试过程变成了技术会诊的"研究所"。通过培训,该队职工素质明显提高,取得科技创新成果 20 项。

三、取得的成效

一号煤矿 1001 智能化无人综采工作面投产以来,整套系统运行稳定可靠,地面远程操控采煤实现了常态化,安全生产和经济社会效益都取得了显著成效。享受着井下一线工资待遇、在地面(平巷)操作着智能化无人综采装备的职工一致称赞叫好,说什么也不愿再回到原来的跟机作业采煤了。"穿着白衬衣去采煤"在一号煤矿已不是天方夜谭,令黄陵矿区其他综采队职工羡慕不已。智能化无人综采工作面与相同开采条件和生产能力的综采工作面相比,具有以下"六高"的特点:

(1)安全可靠性高。采煤司机通过地面或平巷远程操控非常简便,工作面实现了无人跟机作业,现场 1 人巡检,实现了"少人则安、无人则安"。

(2)工程质量高。由于割煤、推溜、移架等生产工艺实现了自动化程序控制,工作面平直畅通、整齐划一,采面直线度可以精确到毫米级,确保了工作面动态达标。

(3)企业效益高。1001 综采工作面实现单班连续推进 8 刀半的最高纪录,月均产量 17 万 t,年生产能力 200 万 t,回采工效达 133 t/工。工作面作业人员由 9 人减至 1 人,仅此一项每年可节约 500 多万元。

(4)资源利用率高。1001 综采工作面煤炭资源回收率达 98% 以上,解决了黄陵矿区较薄的煤层资源呆滞问题,提高了资源利用率。

(5)队伍素质高。该项目的实施大大促进了综采队人员素质的提高,涌现出了一批技术骨干和革新能手,如"张胜利割煤精优作业法"、"刘锦集控中心精优作业法"等以员工名字命名的操作流程,泵站司机刘金峰等一批农民协议工成长为熟练掌握智能化无人开采技术的生产骨干。

(6)技术装备及国产化率高。1001 综采面成套装备自动化率达 95% 以上,设备国产化率为 100%,设备对矿井条件的适应性明显提高,技术装备先进,设备故障率低,成本比国外同类型设备降低一半以上。

四、经验与启示

黄陵矿业公司一号煤矿国产综采装备智能化无人技术研究与应用的成功经验和深刻启示是"必须坚持七到位":

(1)必须坚持思想解放到位。思想是行动的先导。在困难面前,黄陵矿业公司没有止步、更没有退却,而是解放思想、大胆创新,百尺竿头更进一步,在综采的基础上实现了智能化无人开采,实现了煤炭企业发展的历史性跨越。

(2)必须坚持顶层设计到位。凡事预则立,不预则废。黄陵矿业公司把实现国产综采装备智能化无人开采技术作为企业发展升级转型的战略之举,列入重大科技攻关项目,统筹规划,制订方案,划拨专项资金,成立专门领导小组,公司主要领导亲自抓,带头研究解决技术难题,确保了项目有序推进。

(3)必须坚持灾害治理到位。黄陵矿区自然灾害较重,水、火、瓦斯、煤尘、顶板以及油型气、油气井"七害"俱全。一号煤矿煤层瓦斯含量 $8 \sim 10$ m³/t,绝对瓦斯涌出量 139 m³/min,水文地质条件属极复杂型。工作面开采前,该矿对水、火、瓦斯、油型气等灾害进行超前治理,确保了工作面回采安全可靠。

（4）必须坚持地质保障到位。目前，因设备、技术等条件限制，智能化无人开采对地质、煤层条件有一定要求。一号煤矿 1001 工作面煤层平缓，倾角 0°～5°，厚度 1.4～2.2 m，硬度系数为 3 左右，顶、底板为泥质砂岩且较稳定平整，采煤工作面长度 235 m，走向长度 2 271 m，为实施智能化无人开采提供了地质保障。

（5）必须坚持管理到位。智能化无人开采不仅技术装备先进，对管理的精细化也提出了更严要求。近年来，黄陵矿业公司以"三零"（安全零死亡、瓦斯零超限、生产零伤害）为目标，强化"双险双控"（系统风险预控、岗位危险管控）安全管理，推行"五精管理"（精细、精准、精确、精益、精美），开展"双述"（手指口述、岗位描述）活动和"三功两素"（知识功底、专业功力、作业功夫，身心素质、职业素质）训练，为智能化无人开采奠定了坚实基础。

（6）必须坚持系统配套到位。智能化无人开采技术离不开机械化、自动化、信息化等高新技术和装备的支撑。近年来，黄陵矿业公司先后对矿井水泵、供电、主运输、防灭火等系统进行了自动化改造，并通过建设数字化矿井，实现了安全生产、综合调度、企业管理等多个系统的联网整合，被评为"国家级两化融合管理体系贯标试点单位"。

（7）必须坚持人员培训到位。智能化综采装备必须由一支安全技术素质高，并掌握信息化知识的员工队伍来驾驭。通过一号煤矿实践证明，一般的综采队伍通过厂家技术辅导和安装调试实操培训，完全能够满足智能化无人开采的需要。

主要参考文献

[1] 卞卫忠. 一次采全高短壁工作面采煤机及"割内放外"新型采煤工艺研究[J]. 科技创新与应用,2013 (28):43-44.

[2] 柴建设. 核安全文化理论与实践[M]. 北京:化学工业出版社,2012.

[3] 陈安,陈宁,倪慧荟,等. 现代应急管理理论与方法[M]. 北京:科学出版社,2009.

[4] 陈婷,田水承,董智杭,等. 煤矿人因组织错误事故致因研究[J]. 安全,2008(3):21-24.

[5] 曹庆仁. 煤矿组织错误及其危害性研究[J]. 中国科技成果,2011(2):23-26.

[6] 杜春立. 煤矿安全生产应急管理[M]. 北京:煤炭工业出版社,2012.

[7] 邓万涛. 煤矿应急预案评价方法研究[J]. 中国安全科学学报,2010(5):167-171.

[8] 邓军,李贝,李海涛,等. 中国矿山应急救援体系建设现状及发展刍议[J]. 煤矿开采,2013(6):5-9,66.

[9] 国家煤矿安全监察局行管司. 煤矿主要负责人安全培训教材[M]. 徐州:中国矿业大学出版社,2014.

[10] 国家煤矿安全监察局行管司. 煤矿安全生产管理人员安全培训教材[M]. 徐州:中国矿业大学出版社,2014.

[11] 盖金亭. 浅谈安全生产标准化管理理念[J]. 吉林劳动保护,2010(3):44-45.

[12] 国家安全生产监督管理总局. AQ/T 1093—2011 煤矿安全风险预控管理体系规范[S]. 北京:煤炭工业出版社,2011.

[13] 国家安全生产监督管理总局. AQ/T 9006—2010 企业安全生产标准化基本规范[S]. 北京:煤炭工业出版社,2010.

[14] 国家质量监督检验检疫总局. GB/T 29639—2013 生产经营单位生产安全事故应急预案编制导则[S]. 北京:中国质检出版社,2013.

[15] 顾义磊,龚书贤. 矿山绿色开采技术浅析[J]. 西部探矿工程,2010(5):99-100.

[16] 高平,傅贵. 我国煤矿顶板事故特征及发生规律研究[J]. 工业安全与环保,2014(8):46-48.

[17] 郝贵. 煤矿安全风险预控管理体系[M]. 北京:煤矿工业出版社,2012.

[18] 黄庆享. 煤炭资源绿色开采[J]. 陕西煤炭,2008(1):18-21.

[19] 胡立年. 煤矿顶板灾害预警及防治对策研究[J]. 山西焦煤科技,2014(3):52-53,56.

[20] 姜耀东,潘一山,姜福兴,等. 我国煤炭开采中的冲击地压机理和防治[J]. 煤炭学报,2014(2):205-213.

[21] 蓝航,齐庆新,潘俊锋,等. 我国煤矿冲击地压特点及防治技术分析[J]. 煤炭科学技术,2011(1):11-15,36.

[22] 李乃文,季大奖. 行为安全管理在煤矿行为管理中的应用研究[J]. 中国安全科学学报,2011(12):115-121.

[23] 罗云. 企业安全文化建设——实操　创新　优化[M]. 第2版. 北京:煤炭工业出版社,2013.

[24] 刘伟,钱高峰. 利用电厂余热制冷新技术治理矿井地热灾害的实践[J]. 煤矿安全,2008(10):24-26.

[25] 缪协兴,钱鸣高. 中国煤炭资源绿色开采研究现状与展望[J]. 采矿与安全工程学报,2009(1):1-14.

[26] 潘俊锋,毛德兵,蓝航,等. 我国煤矿冲击地压防治技术研究现状及展望[J]. 煤炭科学技术,2013(6):21-25,46.

［27］乔九新.煤矿安全生产标准化管理模式研究［J］.内蒙古科技与经济,2012(17):18.

［28］乔方庭,袁瑞华.安全生产标准化管理与 QHSE 管理的区别与联系的探讨［J］.今日科苑,2011(2):118.

［29］钱鸣高,许家林,缪协兴.煤炭绿色开采技术［J］.中国矿业大学学报,2003(4):343-348.

［30］山东能源肥城矿业集团,中国科学院大学.安全心智培训［M］.北京:中国劳动社会保障出版社,2013.

［31］田水承,景国勋.安全管理学［M］.北京:机械工业出版社,2009.

［32］汪海平,王庆,兰永伟.煤矿的绿色开采［J］.煤炭技术,2007(9):51-53.

［33］于广涛.行为科学关于安全控制的研究述评与未来研究展望［J］.中国安全科学学报,2009(3):86-92.

［34］闫少宏,张华兴.我国目前煤矿填充开采技术现状［J］.煤矿开采,2008(3):1-3,10.

［35］杨俊哲,陈苏社,王义,等.神东矿区绿色开采技术［J］.煤炭科学技术,2013,41(9):34-39.

［36］张铁岗,曲凯.第三届全国煤矿机械安全装备技术发展高层论坛暨新产品技术交流会论文集［M］.徐州:中国矿业大学出版社,2012.